W0079486

Mechanisches Verhalten von Polymeren

Wechselwirkung in Polymeren bzw. kolloiden Systemen

Vorträge der
Hauptversammlung der Kolloid-Gesellschaft e.V.
in Regensburg, 2. bis 5. Oktober 1979

Herausgegeben von

Prof. Dr. H. RUPPRECHT – Regensburg
Prof. Dr. R. BONART – Regensburg
Prof. Dr. F. H. MÜLLER – Marburg
Prof. Dr. A. WEISS – München

Mit 163 Abbildungen und 24 Tabellen

SPRINGER-VERLAG BERLIN HEIDELBERG GMBH 1980

ISBN 978-3-662-16044-2   ISBN 978-3-7985-1813-1 (eBook)
DOI 10.1007/978-3-7985-1813-1

Contents · Inhalt

Corrections · Berichtigungen

PROGRESS IN COLLOID AND POLYMER SCIENCE

Fortschrittsberichte über Kolloide und Polymere

Supplements to "Colloid and Polymer Science" · Continuation of „Kolloid-Beihefte"

Vol. 67   1980

Progr. Colloid & Polymer Sci. **67**, 1 – 5 (1980)
© 1980 Dr. Dietrich Steinkopff Verlag, Darmstadt
ISSN 0340-255 X

Bericht über die 29. Hauptversammlung der Kolloid-Gesellschaft e.V. vom 2.–5. Oktober 1979

H. Rupprecht (Regensburg) und *A. Weiss* (München)

Begrüßungsabend:

Zum Begrüßungsabend am 2. 10. 1979 im Hotel Bischofshof der Altstadt Regensburgs fanden sich eine große Zahl von Gästen, vor allem aus dem Ausland, ein.

1. Sitzungstag:

Am Mittwoch, den 3. Oktober 1979 wurde die Sitzung im Hörsaal des Fachbereichs für Chemie und Pharmazie an der Universität Regensburg um 9.00 Uhr feierlich in Anwesenheit des Präsidenten der Universität Regensburg, Herrn Prof. Dr. *Henrich* und des Dekans des Fachbereichs Chemie und Pharmazie an der Universität Regensburg, Herrn Prof. Dr. *Range*, vom Vorsitzenden der Gesellschaft, Herrn Prof. Dr. *Armin Weiss* eröffnet:

Eröffnungsveranstaltung

Die Tagungsteilnehmer wurden durch den Präsidenten der Universität Regensburg und den Dekan der Fakultät für Chemie und Pharmazie begrüßt. Der Vorsitzende der Kolloidgesellschaft dankte dem örtlichen Organisationskomitee, vor allem Herrn Prof. *Rupprecht* und seinen Mitarbeitern, für die hervorragende Vorbereitung der Tagung, den Vortragenden für ihre Bereitschaft, zum wissenschaftlichen Gehalt der Tagung beizutragen und den Teilnehmern aus neun verschiedenen Ländern für ihr Interesse.

Nach einem kurzen historischen Überblick über die Entwicklung der Kolloidgesellschaft und der Kolloidwissenschaft in der Bundesrepublik Deutschland wurde die Notwendigkeit betont, mindestens 2 Lehrstühle für Kolloidchemie einzurichten. Diese Notwendigkeit zeigt sich besonders deutlich an der Nachfrage nach dem Fortbildungskurs in Kolloidchemie, an dem in den letzten 4 Jahren ca. 300 Chemiker aus der Industrie, aus Behörden und staatlichen Forschungsinstituten teilgenommen haben.

Wie bei allen Hauptversammlungen der Kolloidgesellschaft wurde auch dieses Mal der verstorbenen Mitglieder ehrend gedacht. Besonders stark ist die Kolloidgesellschaft durch den Tod von *Jürgen Steinkopff* betroffen worden. *Jürgen Steinkopff* war stellvertretender Vorsitzender, Schriftführer und Kassenwart der Gesellschaft. Er hat die zuletzt genannten Tätigkeiten bereits in der dritten Generation des Hauses Steinkopff wahrgenommen.

Als Höhepunkt der Eröffnungssitzung wurden der Wolfgang-Ostwald-Preis und der Theodor-Steinkopff-Preis verliehen.

Nach der Satzung verleiht die Kolloidgesellschaft den Wolfgang-Ostwald-Preis für hervorragende Leistungen auf dem Gebiet der reinen oder angewandten Kolloidwissenschaft. Die Preisverleihung erfolgt ohne Rücksicht auf die Nationalität des Preisträgers. Vorstand und Vorstandsrat hatten einstimmig beschlossen, den Preis dieses Mal an Prof. Dr. *Ron H. Ottewill*, Bristol, zu verleihen. Prof. *Ottewill* ist den Teilnehmern früherer Tagungen aus seinen Vorträgen bekannt. Er hatte auf einer Tagung in Bad Oeynhausen, in München und in Darmstadt jeweils einen Hauptvortrag gehalten. Prof. *Ottewill* ist 1927 geboren und hat in London (BSc, PhD) und

Cambridge (MA, PhD) studiert. Er ist heute Head of the Department of Physical Chemistry an der Universität Bristol, die auf dem Fachgebiet durch ihre herausragende Ausbildung, die zum Master in Colloid and Surface Science führt, weltweit bekannt ist. 1974 erhielt er von der Chemical Society London die Unilever Medal for Colloid and Surface Chemistry. Der wissenschaftlichen Fachwelt ist er durch zahlreiche Vorträge und ca. 140 Veröffentlichungen über kolloide Systeme und Grenzflächen bekannt geworden. Alle seine Arbeiten zeichnen sich durch prägnante Fragestellung, klare experimentelle Konzeption und sachliche Aussagen ohne effekthaschende Spekulationen aus. Die Urkunde lautet: „Die Kolloid-Gesellschaft verleiht durch ihren Vorstand anläßlich der 29. wissenschaftlichen Hauptversammlung in Regensburg Herrn Prof. *R. H. Ottewill*, M.A.Ph.D. Professor of Colloid Science, Bristol, den Wolfgang-Ostwald-Preis. Die Verleihung geschieht in Anerkennung und Würdigung der hervorragenden und grundlegenden Experimentalarbeiten über die Wechselwirkung kolloider Teilchen. Regensburg, am 3. Oktober 1979 Kolloid-Gesellschaft e.V. 1. Vorsitzender".

Der Steinkopff-Verlag war der Kolloidgesellschaft seit ihrer Gründung engstens verbunden. Er gibt die älteste wissenschaftliche Zeitschrift über die Kolloidwissenschaft heraus, die Kolloid-Zeitschrift, die inzwischen in Colloid and Polymer Science umbenannt ist. Dieser Verlag hat vor 4 Jahren den Theodor-Steinkopff-Preis gestiftet. Satzungsgemäß soll dieser Preis an jüngere Fachwissenschaftler verliehen werden für hervorragende Arbeiten im industriellen technologischen Anwendungsbereich der Kolloid-, Polymer- und Grenzflächenforschung, insbesondere im Blick auf einen wirksamen Umweltschutz. Vorstand und Vorstandsrat haben bei ihren Beratungen gemerkt, wie schwierig in unserer Zeit die Auszeichnung eines Einzelnen durch diesen Preis ist. Die meisten Verbesserungen und Beseitigungen von technischen Mißständen ergeben sich aus vielen winzigen Teilschritten. Es existieren nur wenige Berichte, wo ein Einzelner durch seinen Einsatz eine Idee gegen Trägheit und Skepsis auch bis zur Anwendung vorantreiben kann. Der Vorstand meint, einen solchen Bereich gefunden zu haben. Denken Sie an unsere Flüsse vor 30–40 Jahren: Hinter jeder Schleuse und jedem Stauwehr drehten sich jahraus-jahrein hohe Schaumberge, die praktisch nie verschwanden.

Verursacht wurden sie durch die Waschmittel. Viele der darin enthaltenen Tenside waren biologisch nicht oder nur sehr langsam abbaubar. Hier war es die Idee von Prof. *Barrer*, Zeolithe als Molekülsiebe einzuführen und biologisch abbaubare Tensidrohstoffe von nicht abbaubaren zu trennen. Tatsächlich verschwanden die Schaumberge als Folge dieser Idee. Aber bald machte sich ein neues Problem bemerkbar: Die Phosphate, welche zur Verhinderung der Bildung von Kalkseifen und Kesselstein und zur Schonung des Gewebes den Waschmitteln zugesetzt werden müssen, wirken im Abwasser als Dünger für die Mikroorganismen. Als Folge ergab sich eine ständig fortschreitende Eutrophierung der Gewässer. Zeolithe werden in ihrer Natriumform als billige Ionenaustauscher eingesetzt. Sie binden in einer Ionenaustauschreaktion die zwei- und mehrwertigen härtebildenden Ionen und ersetzen so die Phosphate. Vorstand und Vorstandsrat haben in dieser Idee den wichtigsten Beitrag der letzten Jahre zur Verbesserung der Wasserqualität in den Flüssen und Seen gesehen. Sie haben daher beschlossen, den Theodor-Steinkopff-Preis erstmals an Dr. *Milan Josef Schwuger* zu verleihen. Dr. *Schwuger* ist 1938 in Semlin, Kreis Belgrad, geboren. Sein Lebensweg war nicht einfach. Während des Studiums mußte er sich Geld verdienen durch eine Tätigkeit bei der Bergbauforschungs-GmbH in Essen-Kray. Bereits in der Diplom- und Doktorarbeit hat er sich mit Adsorptionen und Adsorptionskinetik beschäftigt. Seit 1966 ist er bei der Firma Henkel in Düsseldorf tätig. Er war zunächst Leiter der Arbeitsgruppe „Grundlagen des Waschens", dann Leiter der Abteilung „Neue Wasch- und Reinigungssysteme", seit 1977 leitet er die physikalisch-chemische Arbeitsgruppe. Die Zahl der Publikationen nähert sich 50; ca. 13 davon betreffen den Ersatz der Phosphate in Waschmitteln durch Natrium-Aluminium-Silicate. Er ist an über 30 Patentanmeldungen beteiligt. Die Urkunde lautet: „Die Kolloid-Gesellschaft verleiht durch ihren Vorstand anläßlich der 29. wissenschaftlichen Hauptversammlung in Regensburg Herrn Dr. *M. J. Schwuger*, Düsseldorf, den Theodor-Steinkopff-Preis. Die Verleihung geschieht in Anerkennung und Würdigung der Arbeiten über den Ersatz von Phosphaten in Waschmitteln durch zeolithische Silicate und dem damit verbundenen Fortschritt in den Bemühungen um die Reinhaltung der Gewässer. Regensburg, am 3. Oktober 1979. Kolloid-Gesellschaft e.V. 1. Vorsitzender".

Nach kurzen Dankesworten der Preisträger wurde die Tagung mit den wissenschaftlichen Vorträgen eröffnet.

Nach den Grußworten des Präsidenten der Universität und des Dekans wurde der Wolfgang-Ostwald-Preis an Prof. Dr. *R. Ottewill*, Universität Bristol, für seine Untersuchungen zu Wechselwirkungen kolloider Teilchen und Herrn Dr. *M. J. Schwuger*, Düsseldorf, der erstmals vergebene Theodor-Steinkopff-Preis für besondere Verdienste auf dem Gebiet des Umweltschutzes für seine Entwicklungen von phosphatsubstituierenden Waschmittelzusätzen verliehen.

In der Vormittagssitzung, an der ca. 90 Personen teilnahmen, trugen unter dem Vorsitz von Herrn Prof. *Boehm* folgende Herren vor:

Prof. Dr. *G. Manecke*, Universität Berlin:
„Neues auf dem Gebiet der immobilisierten Enzyme"

Prof. Dr. *C. H. Rochester*, Universität Nottingham:
„Infrared Spectroscopic Studies of Adsorption at the Solid / Liquid Interface"

Dr. *U. Kittelmann*, Universität Mainz:
„Oberflächenacidität von porösem Siliciumdioxid, Bestimmung durch heterogenen Isotopenaustausch, Infrarotspektroskopie und Titration im aprotischen Solvens"

In der Nachmittagssitzung wurden unter dem Vorsitz von den Herren Professoren *Lagaly* und *Manecke* folgende Vorträge gehalten:

Prof. Dr. *H. Knözinger* und Dr. *W. Stählin*, Universität München:
„Adsorption von Alkoholen an Siliciumdioxid"

Prof. Dr. *E. Killmann* und Dr. *M. Korn*, TU München:
„Infrarotspektrometrische und mikrokalorimetrische Untersuchungen zur Haftstellenzahl estergruppenhaltiger Polymerer an der Silica-CCl$_4$-Grenzfläche"

Dr. *G. R. Joppien*, Universität Stuttgart:
„Viskoelastizitätsstudien zur Charakterisierung der Überbrückungsflockung von wäßrigen Aerosildispersionen durch oligomere Poly (oxyethylen)e"

Prof. Dr. *P. W. Schindler* und Dr. *A. C. M. Bourg*, Universität Bern:
„Ternäre Komplexe in Grenzflächen Oxid-Wasser"

Prof. Dr. *W. Helfrich*, Universität Berlin:
„Untersuchungen zur Myelinstruktur"

Prof. Dr. *M. L. Huggins*, Arcadia Inst. Sci. Res., Woodside, Calif.:
„Structural Changes in the Transformation from α- to β-Keratin"

Prof. Dr. *G. Peschel, P. Belouschek, M. Selig* und *P. Sadeghi*, Universität Essen:
„Zum Nachweis eines Solvatationsterms bei der Wechselwirkung hydrophober Oberflächen in dispersen Systemen"

Dr. *B. Dobias*, Universität Regensburg:
„Elektrokinetische Untersuchung der Wechselwirkung von Proteinen mit Lipidschichten"

Am Abend fand im historischen Reichssaal des Alten Rathauses in Regensburg ein Empfang durch den Oberbürgermeister von Regensburg statt, in dessen Verlauf u. a. ein historischer Vortrag die 1800-jährige Geschichte Regensburgs den Gästen nahe brachte.

2. Sitzungstag:

Donnerstag, 4. Oktober 1979

Tagungsort: Hörsaal der Fakultät Chemie u. Pharmazie der Universität Regensburg. Ca. 100 Teilnehmer

Vorsitzende: Prof. Dr. *E. Wolfram*
Dr. *H. Schuller*
Prof. Dr. *R. Hosemann*
Prof. Dr. *G. Rehage*

Prof. Dr. *H. Ottewill*, Universität Bristol:
„Direct Measurements of Particle – Particle Interactions"

Dr. *E. A. Nieuwenhuis, C. Pathmamanoharan* und *A. Vrij*, Universität Utrecht:
„Particle Interactions in Colloidal Dispersions of PMMA-Latex in Benzene"

Dipl.-Ing. *M. Bongards*, Universität Dortmund:
„Messungen der Elektrolytstabilität von Polystyrollatices"

Prof. Dr. *E. Wolfram* und Dr. *J. Pintér*, Universität Budapest:
„Kapillare Adhäsion durch Flüssigkeitsbrücken zwischen polymeren und polaren Oberflächen"

Dr. *H. Schlüter* und Dr. *G. Schreiner*, Chem. Werke Hüls AG, Marl:
„Zur Wechselwirkung von anionischen Seifen und Hydrokolloiden auf der Oberfläche von Synthesekautschuklatexteilchen"

Dr. *U. Kaatze*, Universität Göttingen:
„Dielektrische Relaxation und molekulare Bewegungen in wäßrigen Lösungen von Mizellen und Membranen"

Dipl.-Chem. *M. Liphard*, Dr. *P. Glanz*, Dr. *G. Pilarski* und Prof. *Findenegg*, Universität Bochum:
„Einfluß von Endgruppen auf die präferentielle Adsorption von Kettenmolekülen aus nicht-wäßrigen Lösungen"

Prof. Dr. *G. Kanig*, BASF Ludwigshafen:
„Mechanisch und thermisch verursachte Strukturveränderungen des kolloiden Systems ‚Polyethylen' "

Dr. *B. Heise* und Prof. Dr. *H.-G. Kilian*, Universität Ulm:
„Deformation und Mikrostruktur in Polyethylen"

Prof. Dr. *G. Rehage, W. Oppermann* und *N. Renner*, TU Clausthal-Zellerfeld:
„Dynamisch mechanisches Verhalten und Struktur von amorphen Polymer-Netzwerken"

Dr. *E. Paredes* und Prof. Dr. *E. W. Fischer*, Universität Mainz:
„Röntgenkleinwinkel-Untersuchungen zur Struktur der Crazes (Fließzonen) in Polycarbonat und Polymethylmethacrylat"

Dipl.-Phys. *W. Ullmann* und Dr. *J. H. Wendorff*, Dt. Kunststoffinstitut Darmstadt:
„Morphologie von Polyvinyliden-Polymethylmethacrylat-Mischungen"

Um 17.45 Uhr fand die ordentliche Mitgliederversammlung statt:

Protokoll

der Mitgliederversammlung der Kolloid-Gesellschaft am 4. 10. 1979 in Regensburg
Beginn: 17.43 Uhr
Versammlungsleiter: Prof. Dr. *Armin Weiß*,
Protokollführer: Prof. Dr. *H.-P. Boehm*

T.O.P. 1: Bericht des Vorstandes

Durch den Tod von *Jürgen Steinkopff*, der als Kassenwart und Schriftführer der Gesellschaft fungierte, hat sich eine Reihe von Problemen ergeben, die in der Zwischenzeit weitgehend geklärt sind.

Die nächste Hauptversammlung soll in Ulm stattfinden. Die Tagungsleitung übernimmt Prof. *Kilian*. Der genaue Termin soll sobald wie möglich festgelegt und bekanntgegeben werden.

Arbeitstagungen:

Eine Arbeitstagung über Adsorption aus Lösungen ist für den Herbst 1980 in Bochum geplant. Die örtliche Organisation übernehmen Prof. *Findenegg* und Dr. *Schwuger*. Eine weitere Arbeitstagung soll zum Thema „Filmbildung" stattfinden. Ort und Zeit werden noch festgelegt. Herr Dr. *Schuller* wird sich an der Organisation beteiligen.

Stil der zukünftigen Hauptversammlungen:

Es wurde die Frage aufgeworfen, ob für Diskussionsvorträge eine Parallelsitzung vorgesehen werden soll. Prof. *Wolfram:* Zustimmung, aber nicht mehr als 2 Parallelsitzungen. Prof. *Erbring:* Zustimmung; Prof. *Rehage:* Zustimmung, weil dann mehr Zeit für Diskussionen zur Verfügung steht. Prof. *Killmann:* nur gut, wenn zwei sehr verschiedene Themen. Prof. *Kilian:* Vorschlag – 1 Halbtagssitzung mit einem festgelegten Thema, für die restliche Zeit freie Themen in Parallelsitzungen.

Beziehungen zu anderen Gesellschaften:

Die European „Chemistry of Interfaces" Conferences sind an die Kolloid-Gesellschaft angeschlossen (affiliated to Kolloid-Gesellschaft). Die 1. Konferenz unter Beteiligung der Kolloid-Gesellschaft hat im Oktober 1978 in Varna, Bulgarien, stattgefunden. Die nächste Konferenz wird im Juni 1980 in Åbo, Finnland, stattfinden. Eine weitere Konferenz ist für 1982 in Ungarn geplant.

Der Stand der Diskussionen über die Bildung einer „International Association of Colloid and Surface Scientists" wurde kurz erläutert. Die Kolloid-Gesellschaft wird organisatorische Hilfestellung geben. Sie ist für die Dauer dieser Hilfestellung permanent im Vorstand dieser Association vertreten. Anläßlich der internationalen Konferenz in Stockholm wurde ein provisorisches „Counsel" gebildet, von dem 4 Mitglieder der Kolloid-Gesellschaft sind. Zum Vorsitzenden des provisorischen Counsels wurde Prof. *Parfitt* gewählt. Vizepräsidenten sind Prof. *Matijevic*, Prof. *A. Weiß*, Prof. *Derjaguin* und Prof. *Suito*. Die endgültige Etablierung der Gesellschaft soll beim nächsten internationalen Kongreß im Jahr 1981 in Jerusalem stattfinden. Der übernächste internationale Kongreß soll 1985 in den USA stattfinden und wird von Prof. *Matijevic* organisiert werden.

T.O.P. 2: Kassenbericht und Kassenprüfung

Die Gesellschaft verfügte zu Beginn der Tagung über DM 25 724,42; (Postscheckkonto: DM 7 416,99; Sparkonto: DM 18 197,20; Handkasse: DM 110,23).

Die Kosten der laufenden Hauptversammlung werden voraussichtlich DM 12 000,— betragen. Der Kontostand nach Abrechnung der Tagung wird demnach gegenüber der letzten Hauptversammlung nur wenig verändert sein.

Die Kassenprüfung wurde von den Herren Prof. *Erbring* und Prof. *Kanig* vorgenommen und die Kassenführung als ordnungsgemäß festgestellt.

T.O.P. 3: Entlastung des Vorstandes

Prof. *Erbring* berichtet über die Kassenprüfung und beantragt Entlastung des Vorstandes. Die Mitgliederversammlung entlastet den Vorstand einstimmig.

T.O.P. 4: Neuwahl des Vorstandes

Der Versammlungsleiter fordert zu Vorschlägen für die Neuwahl des Vorstandes auf. Prof. *Boehm* schlägt vor, den bisherigen Vorsitzenden, Prof. *Weiß*, und den stellvertretenden Vorsitzenden, Prof. *Schuller*, wiederzuwählen und anstelle von *Jürgen Steinkopff* Prof. *Lagaly*, Kiel, als weiteren stellvertretenden Vorsitzenden, Schriftführer und Kassenwart zu wählen. Weitere Vorschläge gehen nicht ein. Prof. *Erbring* übernimmt die Versammlungsleitung und Durchführung der Wahl. Als neuer Vorstand wird gewählt: Vorsitzender: Prof. A. *Weiß*, München, stellvertretender Vorsitzender: Dr. H. *Schuller*, Ludwigshafen, stellvertretender Vorsitzender (Schriftführer und Kassenwart) Prof. G. *Lagaly*, Kiel. Die Wahl erfolgte ohne Gegenstimme bei 3 Enthaltungen.

T.O.P. 5: ----

Sitzungsende: 18.15 Uhr.

(Prof. Dr. *H.-P. Boehm*)

Am Abend hatte die Kolloid-Gesellschaft alle Tagungsteilnehmer zum traditionellen Gesell-schaftsabend in die Räume der gotischen Patrizierburg Heuport in unmittelbarer Nähe des Regensburger Doms eingeladen. Der Abend verlief in einer heiteren Atmosphäre und gab viel Gelegenheit zu persönlichen Kontakten unter den Tagungsteilnehmern.

3. Sitzungstag

Freitag, 5. Oktober 1979

Tagungsort: Hörsaal der Fakultät Chemie und Pharmazie der Universität Regensburg. Teilnehmer: Ca. 80

Vorsitzende: Prof. Dr. *G. Eberth*
                  Prof. Dr. *D. Göritz*

Prof. Dr. *R. Hosemann*, Fritz-Haber Institut, Berlin-Dahlem:
„Mikroparakristalle und mechanisches Verhalten in Polymeren"

Dr. *B. J. Jungnickel*, Dt. Kunststoff-Institut, Darmstadt:
„Analyse des Orientierungszustandes zweiachsig gereckter Polyethylenterephthalat-Folien"

Dr. *K. Holland-Moritz*, Universität Köln:
„FTIR-spektroskopische Untersuchungen an Polymerfilmen während des Reckens und Relaxierens"

Dr. *J. H. Wendorff*, Dt. Kunststoff-Institut, Darmstadt:
„Beeinflussung mechanischer Eigenschaften durch Strukturdefekte"

Dr. *W. Rose* und Dr. *Chr. Meurer*, Siemens AG, Erlangen:
„Elektronenmikroskopischer Nachweis der Gefügeveränderung bei Tieftemperaturbrüchen in linearem Polyethylen"

Prof. Dr. *G. Eberth*, Universität Marburg:
„Dehnungscalorimetrische Untersuchungen an Poly-α-Aminosäuren"

Dr. *H. Craubner*, Max-Planck Institut Köln:
„Untersuchungen über die mechano-chemischen Prozesse beim Mastizieren von Polymerschmelzen. Das Walzverhalten von Polyethylen"

Gegen 14.00 Uhr schloß Herr Prof. Dr. *Armin Weiss*, der Vorsitzende der Kolloid-Gesellschaft, die Sitzung mit einem nochmaligen Dank an alle Vortragenden, Diskussionsteilnehmer und alle an der Vorbereitung und Durchführung der 29. Hauptversammlung Beteiligten, insbesondere den Herren *Bonart*, *Heckmann* und *Rupprecht*.

Progr. Colloid & Polymer Sci. **67**, 7 – 17 (1980)
© 1980 by Dr. Dietrich Steinkopff Verlag GmbH & Co. KG, Darmstadt
ISSN 0340-255 X

Lectures during the conference of the Kolloid-Gesellschaft e.V.,
October 2–5, 1979 in Regensburg

Chemistry Department of the University of Nottingham, England

Infrared studies of adsorption at the solid/liquid interface

C. H. Rochester

With 15 Figures

1. Introduction

Despite the extensive use of infrared spectroscopy for the study of surfaces and adsorption behaviour at the solid/gas interface there have been comparatively few infrared studies of the solid/liquid interface. Infrared spectra have been reported of surface species which have been adsorbed from solution followed by separation of the solid adsorbent plus adsorbed layer from the liquid phase before spectroscopic examination. Such separation is not entirely satisfactory because the nature of the surface-adsorbate interactions and the orientation of adsorbed molecules may be influenced by the removal of the liquid dispersion medium. Results giving unambiguous information about the solid/liquid interface can only be obtained by direct spectroscopic examination of the surfaces of solids immersed *in situ* in the liquid phase. Unfortunately water adsorbs infrared radiation too strongly to be able to be studied in this context at present. The majority of work so far has, for spectroscopic reasons, involved use of carbon tetrachloride as the predominant component of the liquid phase. However infrared spectra of surface species at the oxide/liquid hydrocarbon interface have also been reported.

The applicability of infrared reflection spectroscopy to the study of adsorbed species *in situ* at the solid/liquid interface has been investigated by *Yang* et al. (1). However, transmission spectroscopy has been the most widely used technique. The earliest work appears to be that of *Filimonov* and *Terenin* (2, 3) who measured spectra of microporous glass, and powdered silica-alumina immersed in liquids and solutions. *Low* and *Hasegawa* (4, 5) subsequently described cells for the measurement of spectra of species adsorbed onto powdered oxides in the form of self supporting pressed discs. Broadly speaking two main experimental methods have emerged one involving pressed discs of powdered solid immersed in the liquid phase and the other involving direct spectroscopic examination of loose dispersions of small solid particles in liquid. The present brief report describes the results of some of the infrared studies of the solid/liquid interface carried out by the author and his coworkers at Nottingham University. More general reviews have been published elsewhere (6, 7).

2. Infrared cells

The simplest cell which has been used for studying adsorption onto pressed discs of oxide powders was fitted with silica optical windows 0.5 mm apart (fig. 1) (8). The cell was glassblown to a conventional vacuum apparatus which enabled the cell to be evacuated and which included vessels for the storage of liquids and burettes for the mixing and admission of liquids to the cell. An oxide disc was placed between the windows and was heated *in situ* by an external furnace. Liquid or solution was admitted after removal of the furnace and cooling of the disc. When equilibration was complete the spectrum of the disc immersed in the liquid phase was recorded. The cell shown in fig. 1 was specifically developed for the study of systems in which the predominant component of the liquid phase was a hydrocarbon. As short an optical path length as possible was necessary

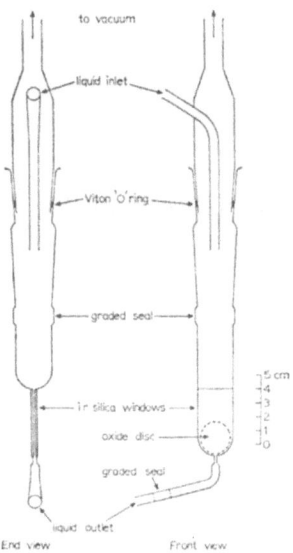

Fig. 1. Infrared cell with silica windows (8).

to prevent too much absorption of infrared radiation by the liquids. The cell suffered from the disadvantage that the silica optical windows were effectively opaque to infrared radiation below ~ 2100 cm^{-1}.

Cells with fluorite windows have been used to record spectra below 2100 cm^{-1}. It is not possible to use an external furnace around the optical compartment of a cell with fluorite windows. The cells were therefore constructed with a furnace section mounted vertically above the optical compartment. Fig. 2 shows a cell in which the lower section was constructed predominantly from brass and the upper section from pyrex glass (9). The optical path length was governed by the ability to lower, using a modified grease-free tap winding mechanism, a pressed disc in a platinum wire holder to a position between the fluorite windows. A minimum path length of ~ 2.8 mm could be achieved. Cells of this magnitude path length were suitable for studying adsorption from carbon tetrachloride. The furnace section of the cells were constructed from silica when it was required to pre-evacuate oxide discs at temperatures above ~ 720 K. More recently a simpler cell has been described in which the lower section consisted of two fluorite windows fixed with araldite to internal flanges on a pyrex glass lower section fitted with a drain tap (10). In general cells with a pyrex base section have proved to be easier to use than those with a brass base section, although the former suffer from the disadvantage that they cannot be dismantled for cleaning.

The cells described so far did not have any mechanism for stirring or thermostating the adsorption system. Results referred to the ambient temperatures of samples in the optical compartment of the infrared spectrometer. Equilibration times were sometimes long, in part because rates of mixing of solutions were diffusion controlled. Three cells have been described (11 – 13) in which stirring and thermostating were provided by circulating the liquid phase from a reservoir through the optical compartment of the infrared cell. *Low* and *Hasegawa* (4, 5) had adopted a similar method in their early studies involving pressed discs immersed in liquids. A typical arrangement adopted by *Rochester* et al. (11 – 13) is shown in fig. 3. The cell compartment was of identical design to that shown in fig. 1. With silica windows and an optical path length of 0.5 mm the cell was suitable for studies of adsorption from hydrocarbon liquids and for the recording of spectra down to ~ 2100 cm^{-1} (13). A stainless steel cell with fluorite windows combined the design of cell shown in fig. 2 with a circulating system which included a subsidiary optical compartment which did not contain a disc, but circulating liquid alone (11).

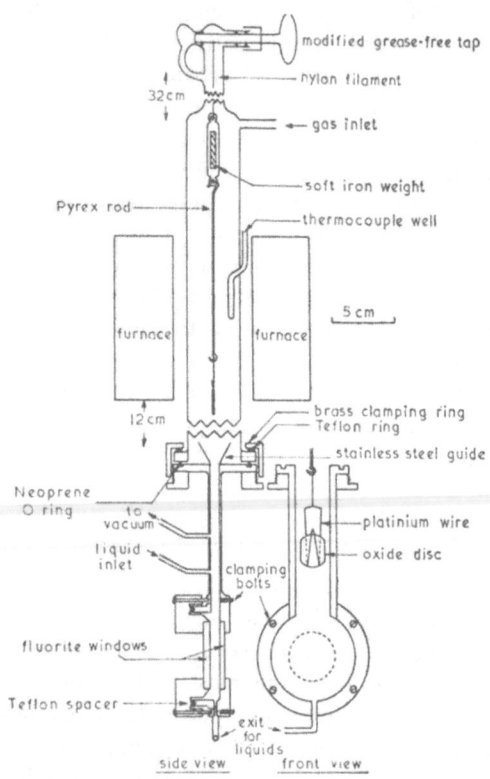

Fig. 2. Infrared cell with metal base and fluorite windows (9).

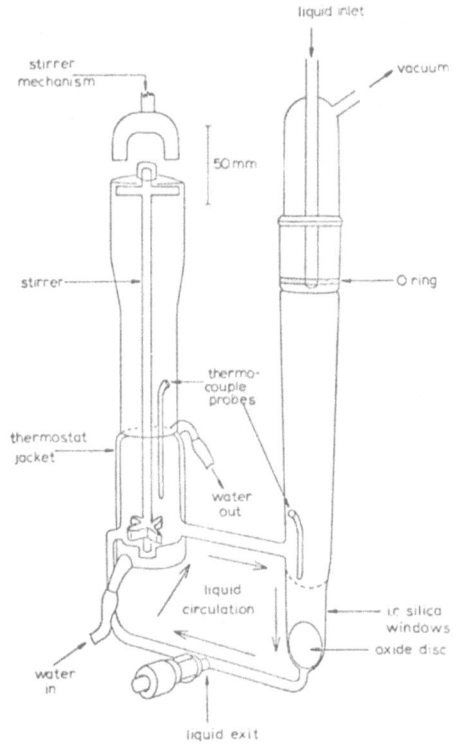

Fig. 3. Infrared cell with silica windows and circulating liquid (13).

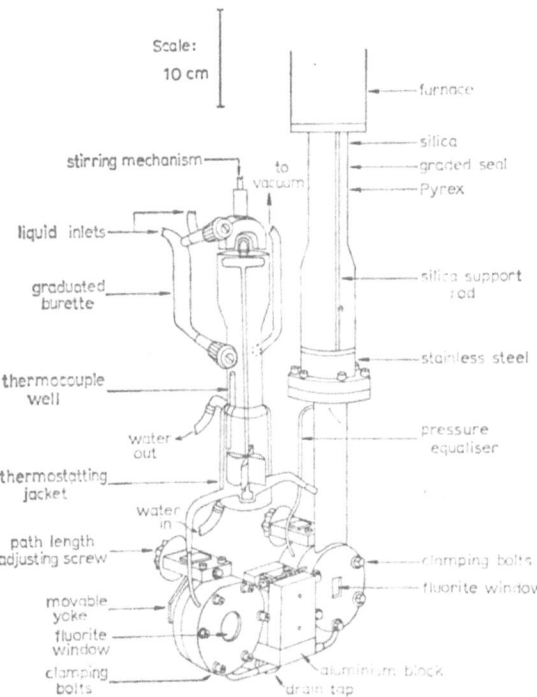

Fig. 4 Infrared cell with fluorite windows, circulating liquid, subsidiary cell compartment and variable optical path-length (12).

The second compartment enabled the equilibrium concentrations of adsorbate species in solution to be monitored by infrared spectroscopy. Experiments in which a second heavier disc of oxide was included in the system have enabled spectra of adsorbed species and adsorption isotherms to be simultaneoulsy measured (11). The optical path length of the cell compartment containing the disc was necessarily long and the cell has therefore only been used for studies of adsorption from carbon tetrachloride. A similar cell with variable path lengths in both the main and subsidiary compartments (fig. 4) has facilitated study of the surface of silica immersed in predominantly, or entirely, hydrocarbon liquids (12). The two fluorite windows in a given cell compartment were linked through cylindrical steel bellows which enabled one window to be moved with respect to the other. In the main sample compartment the path length was kept long whilst the disc was lowered from the furnace section to its position between the windows. The path length was then reduced to a value close to the thickness of the disc before spectroscopic examination of the oxide immersed in solutions of adsorbates in liquid hydrocarbons.

3. Spectroscopic results

3.1. Adsorption onto silica immersed in carbon tetrachloride

The transparency of carbon tetrachloride over wide ranges of the infrared spectral region has led to it being widely used as the main component of the liquid phase in infrared studies of adsorbed species at the solid/liquid interface. Some typical results for small adsorbate molecules are now considered.

3.1.1. Ketones

Spectra of acetone (9), pentan-3-one (14) and cyclohexanone (15) adsorbed on silica immersed in carbon tetrachloride have enabled two modes of adsorption to be distinguished. Results for cyclohexanone adsorbed on silica which had been preheated at 683 K are shown in fig. 5. The spectrum of silica in vacuum [fig. 5(a)] exhibited a band at 3745 cm^{-1} due to the OH-stretching vibrations of isolated surface silanol groups and a shoulder at ~ 3660 cm^{-1} due to the correspond-

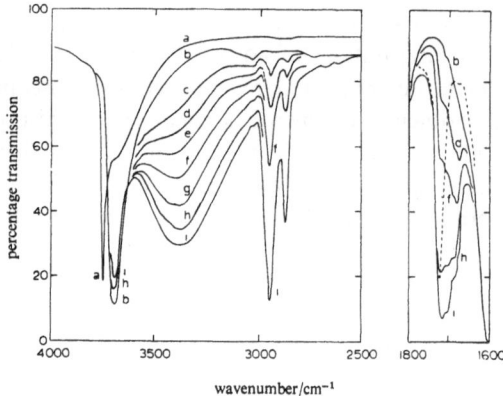

Fig. 5. Silica after (a) evacuation (16 h, 683 K), (b) immersion in carbon tetrachloride, (c) – (i) contact with increasing concentrations of cyclohexanone in carbon tetrachloride. The dashed curve is for cyclohexanone in solution in carbon tetrachloride (15).

ing vibration of adjacent interacting surface silanol groups. On immersion of the oxide in carbon tetrachloride the maximum at 3745 cm^{-1} shifted to 3686 cm^{-1} [fig. 5(b)]. Subsequent admission of increasing concentrations of cyclohexanone led to decreases in the intensity of the band at 3686 cm^{-1} and concomitant increases in intensity of a broader band at 3380 cm^{-1} [fig. 5(c) – (i)]. The adsorption process involved the formation of hydrogen bonds between surface silanol groups and the carbonyl groups of adsorbed molecules. Two types of perturbation of carbonyl groups occurred. The band at 1719 cm^{-1} due to the (C=O)-stretching vibrations of cyclohexanone molecules in solution was shifted to either 1700 or 1679 cm^{-1} for cyclohexanone in the adsorbed state [fig. 5]. The band at 1700 cm^{-1} is assigned to carbonyl groups which were perturbed by one hydrogen bond from a single surface silanol group. The band at 1679 cm^{-1} is assigned to carbonyl groups which were each simultaneously perturbed by two hydrogen bonds from a pair of adjacent surface silanol groups. The latter constituted a stronger mode of adsorption and was enhanced for silica which had been preheated at lower temperatures and therefore had a higher population of adjacent surface silanol groups (9, 16). Spectra of cyclohexanone on silica which had been preheated at 1073 K have established that a few pairs of isolated surface silanol groups may also interact simultaneously with a single adsorbate molecule, despite being too far apart to interact laterally with each other (12).

A study of the adsorption of four diketones on silica has shown that the surface-adsorbate inter-

actions were influenced by the separation of the carbonyl groups in the diketone molecules (14). A maximum at 1730 cm^{-1} due to the (C=O)-stretching vibrations of hexan-2,5-dione molecules in solution was shifted to 1712 cm^{-1} for adsorbed hexan-2,5-dione molecules up to at least 67% coverage of isolated surface silanol group sites. The adsorption of hexan-2,5-dione involved the formation of hydrogen bonds between surface silanol groups and both carbonyl goups in each adsorbed molecule. In contrast, spectra of hexan-2,3-dione in the adsorbed state gave evidence for the presence of both perturbed and unperturbed carbonyl groups. Only one carbonyl group in each adsorbed hexan-2,3-dione molecule was involved in a hydrogen bonding interaction with a surface silanol group. Related infrared studies by *Fontana* and *Thomas* (17 – 19) and *Thies* et al. (20 – 22) have emphasized how valuable information concerning the modes of adsorption of polyesters may be deduced from quantitative analysis of the intensities of infrared bands due to perturbed and unperturbed carbonyl groups in adsorbed polymer molecules. Infrared spectroscopy provides an important method for the evaluation of the numbers of segments in adsorbed polymers which are directly interacting with surface silanol groups.

3.1.2. Pyridines

Griffiths et al. (9) measured spectra of silica immersed in solutions of pyridine and seven substituted pyridines in carbon tetrachloride. Adsorption involved the formation of hydrogen bonds between surface silanol groups and the nitrogen atoms of pyridine molecules. The perturbation of pyridine molecules led to a shift of 5 – 8 cm^{-1} in the position of a band due to a vibration of the pyridine ring. For example a band at 1441 cm^{-1} for unsubstituted pyridine in solution was shifted to 1448 cm^{-1} for pyridine in the adsorbed state. The perturbation of surface silanol groups led to shifts $\Delta \nu_{OH}$ in the position of the maximum due to the OH-stretching vibrations which were greater than the corresponding shifts for the formation of hydrogen bonds between surface silanol groups and carbonyl groups in adsorbed molecules. Furthermore the shifts were a function of the basicity of the pyridine molecules. The $\Delta \nu_{OH}$ values are plotted in fig. 6 against the pK_a values (water solvent, 298 K) of the pyridinium conjugate acids. The higher the pK_a, the stronger is the pyridine

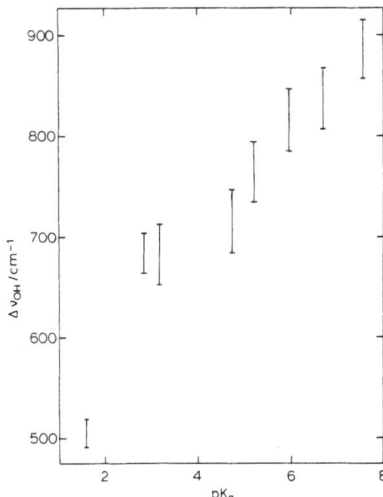

Fig. 6. Variation of $\Delta\nu_{OH}$ with pK_a for the adsorption of pyridines on silica immersed in carbon tetrachloride (9).

as a base, and the greater was the spectroscopic shift $\Delta\nu_{OH}$. The magnitudes of the shifts for a series of related compounds give direct information about the relative strengths of the hydrogen bonds between silanol groups and adsorbate molecules.

Spectra of silica immersed in solutions of 4-formylpyridine or 3-acetylpyridine exhibited two bands due to vibrations of perturbed surface OH-groups. For 3-acetylpyridine [fig. 7] bands at 3000 and 3380 cm^{-1} may be assigned to silanol groups perturbed by interaction with nitrogen atoms and carbonyl groups, respectively, in adsorbed mole-

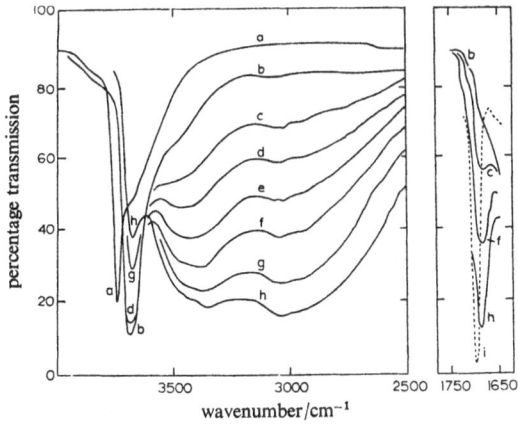

Fig. 7. Spectra of silica after (a) evacuation (16 h, 673 K plus 2 h, 713 K), (b) immersion in carbon tetrachloride, (c) – (h) contact with increasing concentrations of 3-acetylpyridine in carbon tetrachloride. Spectrum (i) (dashed line) is for 3-acetylpyridine in solution in carbon tetrachloride (9).

cules. The interaction with nitrogen atoms was confirmed by the shift of a band at 1422 cm^{-1} for 3-acetylpyridine in solution to 1430 cm^{-1} for the pyridine adsorbed on silica. The interaction with carbonyl groups was confirmed by a similar shift from 1697 to 1682 cm^{-1} in the position of the infrared band due to the (C=O)-stretching vibration. Infrared spectroscopy has therefore distinguished two types of surface-adsorbate interaction by direct observation of the perturbations of both surface groups and adsorbed molecules.

3.1.3. Carboxylic acids

Spectra of silica immersed in solutions of aliphatic saturated carboxylic acids in carbon tetrachloride have been recorded by *Low* et al. (23, 24). The adsorption of unsaturated acids was studied by *Marshall* and *Rochester* (15, 25). In general three modes of adsorption have been distinguished by the spectroscopic results. At low surface coverages, particularly for silica with a residual population of vicinal surface OH-groups, pairs of silanol groups interacted simultaneously with the carbonyl groups of single adsorbed acid molecules (25). The predominant mode of adsorption involved the formation of a hydrogen bond between one surface silanol group and the carbonyl group of an adsorbed acid molecule. At high surface coverages acid dimers existed on the surface. For unsaturated acids interactions between the silica surface and hydrocarbon chains were also recognized.

Figs. 8 and 9 show spectra of linolenic acid in solution and in the adsorbed state on silica, respectively. The latter were recorded after a washing procedure during which the silica disc remained immersed in liquid throughout. After immersion of silica in solutions of linolenic acid and allowing time for adsorption to take place, the solutions were replaced by pure solvent. Because the rates of desorption were slow this enabled spectra to be recorded of adsorbed linolenic acid with negligible linolenic acid in the liquid phase. The appearance of a broad band at ~ 3400 cm^{-1} at the expense of the maximum at 3686 cm^{-1} [fig. 9] confirms that the main surface-adsorbate interaction involved the formation of hydrogen bonds between isolated silanol groups and the carboxylic acid groups of adsorbed molecules. However, a maximum at 3015 cm^{-1} [fig. 8] due to the CH-stretching vibrations of $-CH=CH-$ groups of linolenic acid in solution was appreciably de-

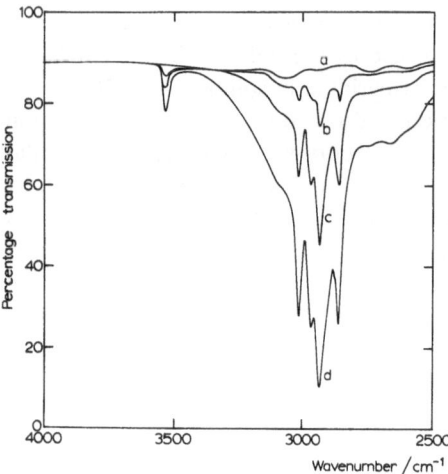

Fig. 8. Spectra of (a) 0, (b) 0.4, (c) 1.8 and (d) 5.3 mmol dm^{-3} concentrations of linolenic acid in carbon tetrachloride (25).

creased in intensity, relative to the intensities of bands due to CH-stretching vibrations of CH$_2$ and CH$_3$ groups, for linolenic acid in the adsorbed state [fig. 9]. Perturbation of the alkenyl segments of the hydrocarbon chains had accompanied the adsorption process suggesting that the acid molecules were adsorbed with their chains either parallel to the silica surface or in a looped configuration (26). A similar conclusion was consistent with spectra of oleic (25) and linoleic (15) acids adsorbed on silica immersed in carbon tetrachloride.

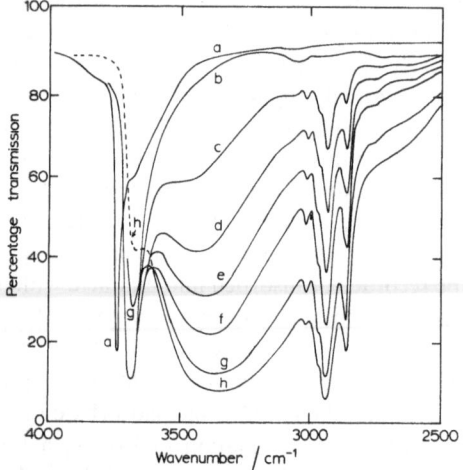

Fig. 9. Spectra of (a) silica after evacuation (16 h, 673 K plus 30 min, 723 K), (b) silica immersed in carbon tetrachloride, (c)–(h) linolenic acid adsorbed at a series of increasing surface coverages on silica in contact with pure liquid carbon tetrachloride (25).

3.2. Simultaneous measurement of infrared spectra and adsorption isotherms

Infrared spectra of species at the solid/liquid interface and adsorption isotherms can be measured simultaneously providing there are determinable differences between the added and equilibrium concentrations of adsorbate in solution. *Marshall* and *Rochester* (11) included in their system a thin silica disc for spectroscopic examination and a thick disc to ensure appreciable depletion of the concentration of material in solution. Spectra of silica immersed in solutions of phenol in carbon tetrachloride were recorded, and the equilibrium concentrations of phenol in solution were also determined using infrared spectroscopy. Hydrogen bonding interactions between isolated silanol groups and the hydroxy groups of phenol molecules led to the growth of a broad band at ~ 3400 cm^{-1} with increasing surface coverage. Linear relationships existed between the loss of intensity at 3686 cm^{-1}, the growth of the band at 3400 cm^{-1}, and the weights of phenol adsorbed per unit weight of silica. The fractional surface coverages of isolated surface silanol group sites could therefore be deduced from absorbance values at either 3686 or 3400 cm^{-1}. Half coverage corresponded to 28.2 mg of phenol adsorbed per gram of silica which had been preheated at 753 K and had a surface area of 176 m^2 g^{-1}. Hence, on the assumption that one-to-one interactions between isolated silanol groups and adsorbed phenol molecules were predominant, a value of 2.05 nm^{-2} for the population of isolated silanol groups on the silica was calculated and was consistent with previous data determined by other methods. The spectroscopic method enabled the population of specific surface sites to be estimated. Related studies have established an important method for the determination of fractions of bound segments in polymer molecules adsorbed on silica. For example, *Killmann* et al. (27–30) showed that the losses of intensity of the infrared band due to the OH-stretching vibrations of isolated silanol groups on silica were not linearly related to the weights of polyethylene glycol adsorbed from solution. Fractions of bound segments calculated from the results decreased with increasing coverage of the silanol group sites. Changes of orientation of adsorbed polymers with coverage may be deduced from adsorption isotherms and the spectroscopically determined fractions of surface silanol groups perturbed by the adsorbate molecules.

3.3 Adsorption onto silica immersed in hydrocarbons

3.3.1. Adsorption of anisoles and phenols

Rochester and *Trebilco* (31) recorded spectra of silica preheated at 873 K and immersed in solutions in *n*-heptane of anisole and six substituted anisoles. With one exception the adsorption of anisoles resulted in the appearance of two infrared bands due to perturbed surface silanol groups. Typical spectra, for anisole, are shown in fig. 10. A band at 3405 cm^{-1} was assigned to silanol groups which were involved in hydrogen bonding interactions with the methoxy groups of adsorbed anisole molecules. A band at 3610 cm^{-1} was ascribed to silanol groups interacting with the aromatic π-electron systems of adsorbed molecules. The corresponding band positions for substituted anisoles depended on the electronic properties of the substituent groups. Electron donating substituents enhanced the strength of hydrogen bonding between silanol groups and both methoxy groups and aromatic π-electrons. The

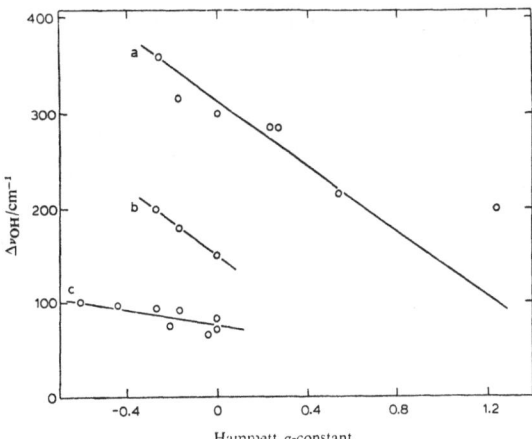

Fig. 11. Correlations between $\Delta\nu_{OH}$ and the Hammett σ-constants for the adsorption from *n*-heptane of substituted (a) anisoles, (b) nitrobenzenes, and (c) benzenes onto surface silanol groups on silica (31).

spectroscopic shifts $\Delta\nu_{OH}$ caused by the formation of hydrogen bonds were increased [fig. 11(a) and (c), respectively] for both types of interaction. Electron withdrawing substituents had the reverse effect.

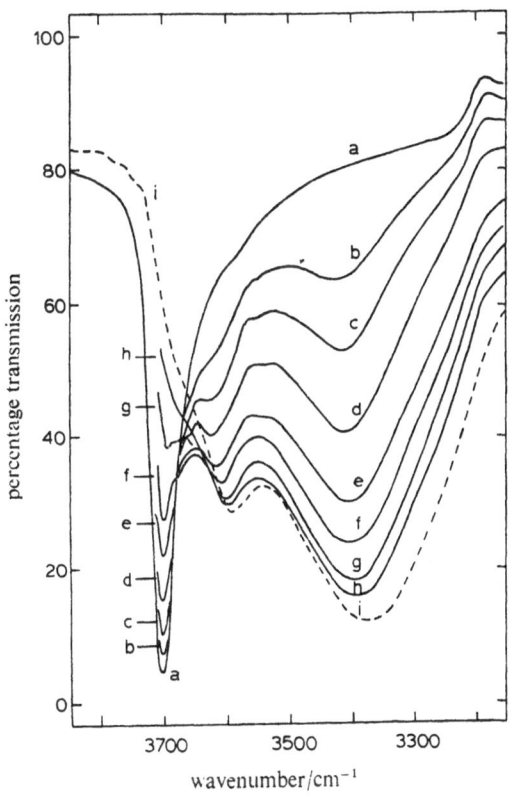

Fig. 10. Spectra of silica immersed in (a) *n*-heptane, (b)–(h) solutions in *n*-heptane of anisole at concentrations/mmol dm^{-3} of 10, 19, 32, 57, 113, 305 and 764, respectively, (i) anisole (31).

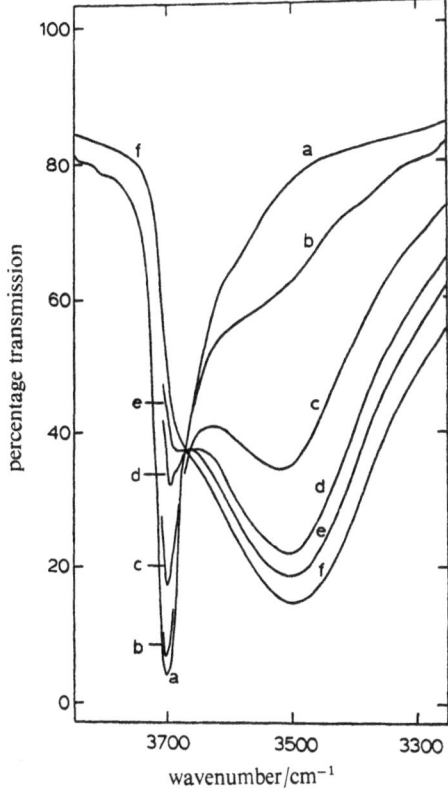

Fig. 12. Spectra of silica immersed in (a) *n*-heptane, (b)–(f) solutions in *n*-heptane of 4-nitroanisole at concentrations/mmol dm^{-3} of 2.7, 5.4, 11, 16 and 27, respectively (31).

Spectra of silica immersed in solutions of 4-nitroanisole did not conform with the results for the other anisoles (31). The spectra [fig. 12] only displayed one band due to vibrations of perturbed silanol groups. The electron withdrawing power of the 4-nitro group weakened the SiOH to π-electron interaction to such an extent that it could not be detected. Furthermore the band observed at 3505 cm^{-1} [fig. 12] did not fit the general correlation [fig. 11 (a), σ for 4-nitro 1.24] between Δv_{OH} for interactions between silanol and methoxy groups and the Hammett substituent constants. However the band shift was consistent with corresponding Δv_{OH} data for the adsorption of nitrobenzene and 4-nitrotoluene on silica immersed in n-heptane [fig. 11 (b)]. 4-Nitroanisole was absorbed on silica by the formation of hydrogen bonds between surface silanol groups and the nitro groups in adsorbed molecules. In general the results for anisoles illustrate how three types of surface-adsorbate interaction represented by structures (I)–(III) for an X-substituted anisole may

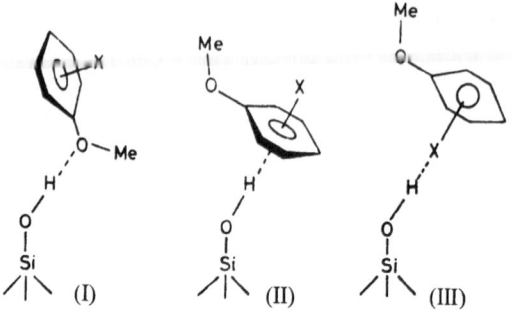

be readily distinguished using infrared spectroscopy. Information from the relative intensities of infrared bands may also be obtained concerning the existence of adsorbed molecules for which two functional groups in each molecule were simultaneously involved in the formation of hydrogen bonds with a pair of surface silanol groups.

Spectroscopic results for the adsorption of phenol and seven alkylphenols on silica immersed in n-heptane also showed that surface silanol groups formed hydrogen bonds either with aromatic π-electrons or phenolic hydroxyl groups (32). The Δv_{OH} shift data for the former conformed to the same plot [fig. 11 (c)] as the corresponding results for substituted anisoles. For three halogeno-phenols no interaction between silanol groups and aromatic π-electrons could be detected. For 2, 4, 6,-trimethylphenol spectra showed bands at 3570 and 3410 cm^{-1} due to silanol groups perturbed by interactions with aromatic

π-electrons and with phenolic hydroxy groups, respectively. At moderate coverages of the silanol group sites both bands grew in intensity with increasing coverage. However at high coverages further growth of the band at 3410 cm^{-1} was accompanied by decreases in intensity, not only of the band at 3705 cm^{-1} due to silanol groups in contact with n-heptane solvent molecules, but also the band at 3570 cm^{-1}. Hydrogen bonds between silanol groups and phenolic hydroxy groups were being generated in part at the expense of interactions between silanol groups and aromatic π-electrons. These results illustrate how changes with coverage in the nature of surface-adsorbate interactions involving specific surface sites may be monitored using infrared spectroscopy.

3.3.2. Silica immersed in two-component mixtures

Fig. 13 shows spectra of silica which, after heat treatment at 1023 K, was immersed in n-heptane, toluene and a series of n-heptane + toluene mixtures (8). Silica in liquid mixtures gave two infrared bands each corresponding to surface silanol groups perturbed by the adsorption of one of the components of the liquid phase. The band positions were independent of the liquid composition and the series of spectra displayed a good isosbestic point. The Beer-Lambert Law was applicable. The proportions of silanol groups perturbed by each component of the liquid mixtures were therefore evaluated from the absorbance values at the two absorption maxima. Adsorption onto specific surface sites from two component liquid

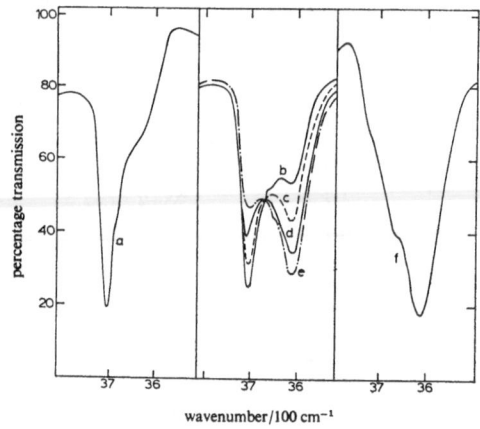

Fig. 13. Spectra of silica immersed in (a) n-heptane, (b)–(e) n-heptane + toluene mixtures with mole fractions of toluene of 0.067, 0.132, 0.194, 0.313 respectively, (f) toluene (8).

Fig. 14. (A) Spectra of silica in (a) toluene, (b) – (i) propionitrile + toluene mixtures with mole fractions x_P of propionitrile given by $10^3 x_P$ equal to (b) 0.74, (c) 2.20, (d) 5.30, (e) 13.1, (f) 27.2, (g) 48.1, (h) 97.2 and (i) 217. (B) Spectra of silica in (a) a 2,2,4-trimethylpentane + toluene mixture with a mole fraction ratio (x_T/x_M) of (9.19/1), (b) – (f) propionitrile + 2,2,4-trimethylpentane + toluene mixtures with a constant mole fraction ratio (x_T/x_M) of (9.19/1) and mole fractions of propionitrile given by $10^3 x_P$ equal to (b) 0.14, (c) 0.41, (d) 1.06, (e) 3.45 and (f) 6.67 (8).

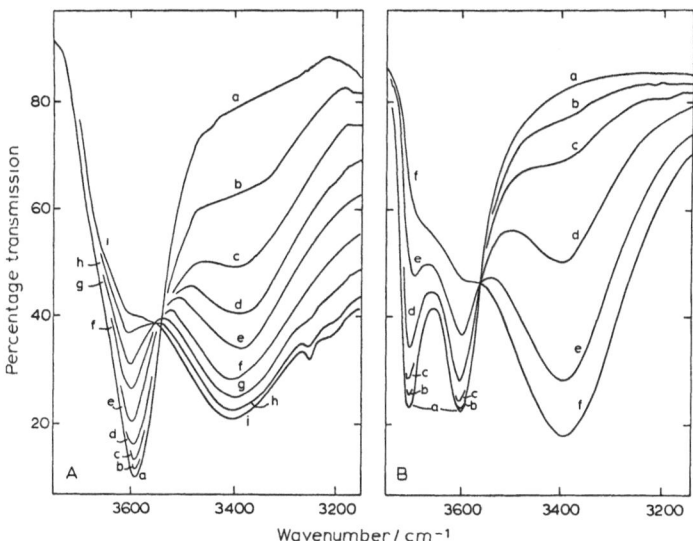

mixtures over the entire liquid composition range can be monitored by infrared spectroscopy. One requirement is that the two components must perturb the silanol groups by amounts which produce detectably different infrared bands. The bands for *n*-heptane + toluene mixtures were separated by 95 cm^{-1}, easily enough for reliable quantitative analysis of the absorbance data. Similar results were obtained for *n*-heptane + benzene mixtures despite the complicating factor that benzene itself gave infrared bends in the spectral region under investigation (8).

3.3.3. Silica immersed in three-component mixtures

Infrared spectroscopy provides a simple method for studying the perturbation of surface silanol groups by the molecules contained in three-component liquid mixtures. A preliminary study of silica immersed in *n*-heptane + toluene + acetone mixtures (33) was followed by more detailed investigations involving 2,2,4-trimethylpentane + 1,4-dimethylbenzene + cyclohexanone (12) and 2,2,4-trimethylpentane + toluene + propionitrile mixtures (13). Typical results for the latter mixture are shown in fig. 14. Silica discs were heated to 873 K before cooling and immersion in liquid and therefore no adjacent interacting hydroxyl groups existed on the surface. Spectra of discs in vacuum contained a single maximum at 3745 cm^{-1} due to stretching vibrations of isolated unperturbed hydroxyl groups. Immersion in liquid mixtures perturbed the surface hydroxyl groups. Maxima in spectra at 3705, 3595 and

3395 cm^{-1} were due to silanol groups which were perturbed by interactions with 2,2,4-trimethylpentane, toluene and propionitrile molecules, respectively. The band positions were, within experimental error, independent of the composition of the liquid phase. For example the band for silanol groups involved in hydrogen bonding interactions with propionitrile molecules was at 3395 cm^{-1} when the other components of the liquid mixtures were 2,2,4-trimethylpentane (13), *n*-heptane (34), toluene (fig. 14 A), or a 2,2,4-trimethylpentane + toluene mixture (13). Measurements of absorbance values at the absorption maxima have enabled the fractions of isolated surface silanol groups perturbed by each component of the liquid mixtures to be independently evaluated. Evidence for the reliability of the results was provided by the sums of the three fractions equalling 1.00 ± 0.03 (13). The extents of adsorption of the three components of the liquid onto specific, isolated silanol group, surface sites can be calculated from infrared spectroscopic results. As with two-componont mixtures it is a requirement of the method that the perturbation of silanol groups by adsorbed molecules produces distinguishable maxima in the infrared spectra.

The spectra in fig. 14 B are of silica immersed in solutions containing increasing concentrations of propionitrile and fixed mole fraction ratio of toluene to 2,2,4-trimethylpentane. The loss in intensities of the maxima at 3705 and 3595 cm^{-1} and the gain in intensity of the band at 3395 cm^{-1} were linear functions of each other (13). The adsorption of propionitrile displaced approximately

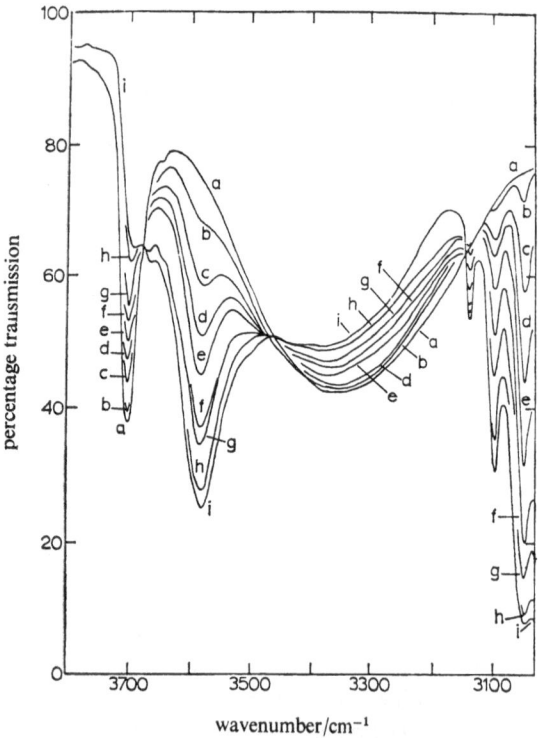

percentage transmission

wavenumber/cm⁻¹

Fig. 15. Spectra of silica (a) in nitrogen gas, (b) in a 2,2,4-trimethylpentane + 1,4-dimethylbenzene mixture with a mole fraction ratio $(x_T/x_D) f$ (7.54/1, (c) − (j) in 2,2,4-trimethylpentane + 1,4-dimethylbenzene + cyclohexanone mixtures with a constant mole fraction ratio (x_T/x_D) of (7.54/1) and mole fractions of cyclohexanone given by $10^4 x_c$ equal to 1.65, 3.36, 4.77, 8.26, 12.9, 25.4, 48.5 and 105, respectively (12).

equal proportions of the other two components from surface silanol group sites. In contrast spectra are shown in fig. 15 of silica immersed in solutions containing increasing concentrations of 1,4-dimethylbenzene and a fixed mole fraction ratio of 2,2,4-trimethylpentane to cyclohexanone (12). The increase in intensity of the band at 3585 cm⁻¹ occurred at the expense primarily of the band at 3705 cm⁻¹ and to a lesser extent the broader maximum at 3370 cm⁻¹. 1,4-Dimethylbenzene preferentially displaced 2,2,4-trimethylpentane molecules rather than cyclohexanone molecules from the adsorption sites.

Summary

Infrared spectroscopy provides an extremely important method for the study of surface-adsorbate interactions at the solid-liquid interface. The characterization of types of interaction and modes of adsorption can often be achieved in a way which is not possible by any other experimental method. Several modes of adsorption involving a single adsorbate can sometimes be dis-tinguished and unambiguously characterized. Competitive adsorption from multi-component liquid mixtures can be monitored. Information can be gained about the orientation of adsorbed molecules, and changes of orientation with coverage recognized. The application of infrared spectroscopy to study of the solid/liquid interface appears to promise the rewards already experienced from infrared investigations of the solid/vapour interface. The addition of a liquid phase is a complicating experimental factor which may limit the spectral regions available for study. The use of cells with short optical path-lengths is essential. Work at Nottingham has entirely involved study of the adsorption of small molecules onto pressed discs of oxides immersed in liquids. The use of discs is unsuitable for systems containing polymeric adsorbate. Studies of polymer adsorption are better carried out by spectroscopic examination of 'loose' dispersions of solid adsorbents in liquid dispersion medium (17 − 22, 27 − 30).

Acknowledgement

The Figures in this report are reproduced with permission from the Journal of the Chemical Society (Faraday I) (refs. 8, 9, 12, 13, 15, 25, 31).

Zusammenfassung

Die IR-Spektroskopie hat sich zu einer der wichtigsten Methoden für die Untersuchung von Wechselwirkungen bei Oberflächenadsorbaten an der Grenzfläche fest/flüssig entwickelt. Sie ist bei der Aufklärung der verschiedenen Wechselbeziehungen während der Adsorption vielen anderen Methoden weit überlegen: So lassen sich in einem Adsorbat verschiedene Sorptionsmechanismen nebeneinander deutlich unterscheiden und eindeutig zuordnen. In Systemen mit mehreren Komponenten einer flüssigen Mischung ist die Bestimmung der kompetitiven Adsorption möglich. Ebenso lassen sich Informationen über die Orientierung der Moleküle an der Grenzfläche und Änderung der Sorbatstruktur in Abhängigkeit vom Bedeckungsgrad gewinnen. Die Anwendung der IR-Spektroskopie an der Grenzfläche flüssig/fest verspricht ähnliche Erfolge, wie sie bereits bei fest/gas-Grenzflächen erzielt wurden. Allerdings erschwert die Anwesenheit einer flüssigen Phase die Auswertung der Spektren, da die zur Beurteilung zur Verfügung stehenden Spektralbereiche eingeschränkt sind. Daneben müssen Meßzellen mit geringer Schichtdicke zum Einsatz kommen. Der Arbeitskreis in Nottingham beschäftigt sich vor allem mit der Aufklärung der Sorption kleiner Moleküle an Preßlingen von Oxiden, die von einer flüssigen Phase umspült werden. Der Einsatz von Preßlingen ist jedoch nicht zur Untersuchung der Adsorption polymerer Sorbate geeignet. Solche Fragestellungen können besser in locker gepackten Dispersionen (Suspensionen) der entsprechenden festen Adsorbate bearbeitet werden.

Literature

1) *Yang, R. T., M. J. D. Low, G. L. Haller,* and *J. Fenn,* Advanc. Colloid Interf. Sci. **44,** 249 (1973).
2) *Filimonov, V. N.* and *A. N. Terenin,* Doklady Akad. Nauk. U.S.S.R. **109,** 982 (1956).
3) *Filimonov, V. N.,* Optika i Spekt., **1,** 490 (1956).

4) *Low, M. J. D.* and *M. Hasegawa,* J. Colloid Interf. Sci. **26,** 95 (1968).

5) *Hasegawa, M.* and *M. J. D. Low,* J. Colloid Interf. Sci. **29,** 593 (1969).

6) *Rochester, C. H.,* Powder Technology **13,** 157 (1976).

7) *Rochester, C. H.,* Advanc. Colloid Interf. Sci. **12,** No. 1 (1980).

8) *Rochester, C. H.* and *D.-A. Trebilco,* J. Chem. Soc. (Faraday I) **73,** 883 (1977).

9) *Griffiths. D. M., K. Marshall,* and *C. H. Rochester,* J. Chem. Soc. (Faraday I) **70,** 400 (1974).

10) *Buckland, A. D., C. H. Rochester,* and *S. A. Topham,* J. Chem. Soc. (Faraday I) (in press).

11) *Marshall, K.* and *C. H. Rochester,* J. Chem. Soc. (Faraday I) **71,** 2478 (1975).

12) *Buckland, A. D., C. H. Rochester, D.-A. Trebilco,* and *K. Wigfield,* J. Chem. Soc. (Faraday I) **74,** 2393 (1978).

13) *Rochester, C. H.* and *G. H. Yong,* J. Chem. Soc. (Faraday I) (in press).

14) *Cross, S. N. W.* and *C. H. Rochester,* J. Chem. Soc. (Faraday I) **74,** 2130 (1978).

15) *Marshall, K.* and *C. H. Rochester,* Faraday Disc. Chem. Soc. **59,** 117 (1975).

16) *Rochester, C. H.* and *D.-A. Trebilco,* J. Chem. Soc. (Faraday I) **75,** 2211 (1979).

17) *Fontana, B. J.* and *J. R. Thomas,* J. Phys. Chem. **65,** 480 (1961).

18) *Fontana, B. J.,* J. Phys. Chem. **67,** 2360 (1963).

19) *Fontana, B. J.,* J. Phys. Chem. **70,** 1801 (1966).

20) *Thies, C., P. Peyser,* and *R. Ullmann,* Fourth Int. Congress of Surface Activity, Brussels 1041 (1964).

21) *Thies, C.,* J. Phys. Chem. **70,** 3783 (1966).

22) *Thies, C.,* Macromolecules, **1,** 335 (1968).

23) *Low, M. J. D.* and *P. L. Lee,* J. Colloid Interf. Sci. **45,** 148 (1973).

24) *Hasegawa, M.* and *M. J. D. Low,* J. Colloid Interf. Sci. **30,** 378 (1969).

25) *Marshall, K.* and *C. H. Rochester,* J. Chem. Soc. (Faraday I) **71,** 1754 (1975).

26) *Marshall, K., C. H. Rochester, R. Smith,* and *T. N. Smith,* Chem. and Ind. 409 (1976).

27) *Killmann, E., H. J. Strasser* and *K. Winter,* Sixth Int. Congress on Surface Active Agents, Zurich 221 (1972).

28) *Killmann, E.,* Biopolymere und Biomechanik von Bindegewebssystem, Springer-Verlag, Berlin 249 (1974).

29) *Killmann, E.* and *H. J. Strasser,* Angew. Makromol. Chem. **31,** 169 (1973).

30) *Killmann, E.,* Chemie Ing. Technik. **46,** 767 (1974).

31) *Rochester, C. H.* and *D.-A. Trebilco,* J. Chem. Soc. (Faraday I) **74,** 1125 (1978).

32) *Rochester, C. H.* and *D.-A. Trebilco,* J. Chem. Soc. (Faraday I) **74,** 1137 (1978).

33) *Rochester, C. H.* and *D.-A. Trebilco,* J. Chem. Soc. Chem. Comm. 621 (1977).

34) *Rochester, C. H.* and *D.-A. Trebilco,* Chem. and Ind. 127 (1978).

Author's address:
Prof. Dr. *C. H. Rochester*
Chemistry Department of the
University of Nottingham
NG 7 2 RD Nottingham (England)

Progr. Colloid & Polymer Sci. **67**, 19 – 31 (1980)
© 1980 by Dr. Dietrich Steinkopff Verlag GmbH & Co. KG, Darmstadt
ISSN 0340-255 X

Vorgetragen auf der Hauptversammlung der Kolloid-Gesellschaft e.V. in Regensburg,
2. bis 5. Oktober 1979

Institut für Anorganische Chemie und Analytische Chemie, Johannes Gutenberg-Universität, Mainz

Bestimmung der Oberflächenacidität von porösem Siliciumdioxid durch Titration im aprotischen Solvens und Vergleich der Ergebnisse mit denen aus infrarotspektroskopischen Messungen und heterogenem Isotopenaustausch mit HTO

U. Kittelmann und *K. Unger*

Mit 6 Abbildungen und 3 Tabellen

1. Einleitung

Die Eigenschaften von porösem Siliciumdioxid als Absorbens werden von seiner spezifischen Oberfläche und Porenstruktur sowie von der chemischen Natur seiner Oberfläche bestimmt. In den letzten zwanzig Jahren wurden verstärkt Anstrengungen unternommen, um mit Hilfe von physikalisch-chemischen Methoden sowie durch Oberflächenreaktionen mit selektiven Agentien die Art der oberflächenständigen Gruppen, ihre Konzentration und ihre Reaktivität zu ermitteln (1 – 7). Unter der Voraussetzung, daß physisorbiertes Wasser entfernt ist, unterscheidet man an der Siliciumdioxidoberfläche isolierte oder freie, geminale und über Wasserstoffbrücken gebundene, sog. vicinale Hydroxylgruppen. Bei Temperaturen höher als 473 K entstehen infolge Dehydroxylierung Siloxangruppen unterschiedlicher Reaktivität. Während die Gesamtkonzentration der Hydroxylgruppen an einem gegebenem Siliciumdioxid durch Methoden wie Infrarotspektroskopie kombiniert mit D_2O-Austausch, Umsetzung mit Lithiummethyl oder heterogenem Isotopenaustausch mit HTO bestimmt werden kann, lassen sich bis jetzt nur wenig experimentell gesicherte und allgemein gültige Aussagen darüber machen, mit welchem Anteil die genannten Typen von Hydroxylgruppen bei einem SiO_2-Präparat vertreten sind und wie sie sich in ihrer Reaktivität bei Physisorptions- und Chemisorptionsprozessen unterscheiden (8, 9). Ein solches allgemein gültiges Konzept ist auch nicht zu erwarten, da

(i) die Oberflächenstruktur eines Präparates von den Herstellungsbedingungen geprägt wird und diese äußerst variabel sind und

(ii) die geometrische Struktur, d. h. das jeweilige Porensystem zusätzlich einen dominanten Einfluß ausübt.

Da die Hydroxylgruppen an der Oberfläche von Siliciumdioxid als Broenstedzentren sauren Charakter besitzen, sollte es möglich sein, über eine differenzierte Aciditätsbestimmung detailliertere Informationen zu erlangen bzw. die bisher etablierten Vorstellungen zu stützen. Im wasserfreien Zustand bietet sich hier die Titration mit Aminen im aprotischen Solvens durch Hammett- bzw. Arylmethanolindikatoren an. Diese Methode wurde zur Aciditätsbestimmung von amorphen und kristallinem Alumosilikaten, die als Trägerkatalysatoren technisch eingesetzt werden, entwickelt (10, 11).

Ziel der vorliegenden Untersuchung war es, aufbauend auf den bisherigen Erkenntnissen, die Titrationsmethode für SiO_2 zu standardisieren und dann eine Bestimmung der Säurestärke und Säurestärkeverteilung durchzuführen. Insbesondere sollte der Einfluß verschiedener Parameter wie Art und Wassergehalt des aprotischen Lösungsmittels, Vorbehandlung des Festkörpers, Art und Konzentration des zur Titration verwendeten Amins, Porendurchmesser des Festkörpers untersucht und damit der Gültigkeitsbereich und die Aussagekraft der Methode erfaßt werden. Von Interesse schien es weiterhin, die Ergebnisse Gesamtacidität in μmol/m² und Säurestärkeverteilung mit Daten aus infrarotspektroskopischen

Messungen und dem heterogenen Isotopenaustausch zu vergleichen. Dabei kam es darauf an, den Festkörper unter gleichen Vorbehandlungsbedingungen zu untersuchen.

2. Experimentelles

2.1. Siliciumdioxidproben

Es wurden fünf Siliciumdioxidpräparate eingesetzt, die sich in ihrer spezifischen Oberfläche und ihrem mittleren Porendurchmesser unterschieden (s. Tabelle 1). Sie wurden uns von Dr. K. F. Krebs, Chemische Forschung E. Merck, Darmstadt, freundlicherweise zur Verfügung gestellt. Die zu untersuchenden Festkörperproben wurden vor der Titration in einer Hochvakuumanlage ($p < 10^{-3}$ Pa) bei 473 K 12 Stunden lang aktiviert. Nach dem Abkühlen wurde der Probenbehälter mit trockenem Reinststickstoff spezial (Fa. Messer, Griesheim) belüftet und in einen Handschuhkasten überführt. In diesem Handschuhkasten, der ebenfalls mit trockenem Reinststickstoff gespült wurde (100 ml/min), wurde der Probenbehälter geöffnet und aliquote Anteile des Festkörpers in dicht verschließbare Schraubgefäße aus Glas auf einer elektronischen Analysenwaage eingewogen.

2.2. Reagentien

Die eingesetzten Arylmethanol-Indikatoren sind in Tabelle 2 aufgelistet. Sie wurden teils bezogen von Fa. Merck (Nr. 1, 2, 6, 14, 19), Fa. Ega (Nr. 8, 9, 20, 22), Fa. Fluka (Nr. 12), teils selbst synthetisiert und mit Hilfe der präparativen Hochdruckflüssigchromatographie an Säulen (Länge = 250 mm; i.d. = 23 mm), gepackt mit Alox T, $dp = 5 \mu m$ (Fa. Merck) getrennt und gereinigt.

Als Lösungsmittel wurden n-Hexan, n-Heptan, Cyclohexan und Benzol (alle p.a. Qualität, Fa. Merck) verwendet, die mit Molsieb 4A getrocknet und auch über Molsieb 4A (Fa. Merck) aufbewahrt wurden. Der Wassergehalt, der gaschromatographisch bei der Fa. E. Merck bestimmt wurde, betrug < 10 ppm. Als Basen wurden benutzt:

n-Butylamin   (nBA)
iso-Butylamin   (iBA)

sekundär-Butylamin (sBA)
tertiär-Butylamin   (tBA)
n-Hexylamin   (nHA)
n-Octylamin   (nOA)
Diäthylamin   (DEA)
Dibutylamin   (DBA)
Dihexylamin   (DHA)
Dioctylamin   (DOA)
Triäthylamin   (TEA)
Tributylamin   (TBA)
Trihexylamin   (THA)
Trioctylamin   (TOA)
Chinolin   (Chin)
Äthylendiamin   (EDA)
Pyridin   (Pyr)

2.3. Durchführung der Titration und Auswertung der Meßergebnisse

2.3.1. Titrationsverfahren zur Bestimmung der Säurestärkeverteilung

Zur Aciditätsmessung wurden in 20 bis 30 fest verschraubbare Gläser mit einem Volumen von etwa 10 ml, deren Dichtigkeit durch Wägung überprüft wurde, je nach erwarteter Oberflächenacidität, Proben von 0,08 bis 0,5 g auf einer Analysenwaage (Fa. Satorius, Typ 3719 MP) abgewogen und mit 5 ml n-Heptan p.a. (Fa. Merck) überschichtet. Dazu wurden mit einer Mikrokolbenbürette (Fa. Metrohm, Typ E 485) ein zunehmendes Inkrement von $\Delta A = 0,1$ bis 0,005 mmol/g (je nach Aciditätsbereich) einer etwa 0,04 N Basenlösung gegeben, das den zu untersuchenden Konzentrationsbereich abdeckt. Die Proben wurden anschließend zwei Tage in dem Handschuhkasten belassen, bevor durch Zugabe von 1 Tropfen Indikatorlösung mit einer Einmal-Mikropipette Blaubrand (Fa. Brand) die Farbumschläge bestimmt wurden. Die Menge der erfaßten Säurezentren pro Masse des Festkörpers ergibt sich aus folgender Gleichung:

$$A \ (mmol/g) = \frac{V \ (ml) \cdot N \ (mmol/ml)}{E \ (g)} \qquad [1]$$

wobei A die Oberflächenacidität (mmol/g) des Festkörpers, V das zugegebene Basenvolumen (ml) N die Normalität (mmol/ml) der Basenlösung und E die Einwaage sind. Diese gemessenen Oberflächenaciditäten sind kumulativ, d. h. sie entsprechen denjenigen Zentren, deren Säurestärke gleich oder kleiner dem pK_a-Wert des ver-

Tabelle 1. Daten der verwendeten Siliciumdioxidpräparate.

Bezeichnung	Spezifische Oberfläche S_{BET} m²/g	Spezifisches Porenvolumen $V_p \ (N_2)$ ml/g	Mittlerer Porendurchmesser $D_{wheeler}$ nm	Mittlerer Teilchendurchmesser Coulter Counter dp_{50} µm
SiO$_2$-20	764,5	0,28	1,47	13,3
SiO$_2$-40	508,7	0,53	4,16	3,8
SiO$_2$-60	437,1	0,70	6,41	1,5
SiO$_2$-100	286,0	0,70	9,79	1,8
SiO$_2$-200	120,2	0,63	20,96	3,8

wendeten Indikators ist. Es gibt zwei Möglichkeiten der graphischen Darstellung der Titrationsergebnisse. Zum einen werden die kumulativen Aciditäten der Festkörper-oberfläche in mmol/g oder μmol/m² als Funktion ihrer Säurestärke H_R aufgetragen. Eine andere Möglichkeit der Auswertung besteht in der differentiellen Darstellung. Hierbei wird die Anzahl acider Zentren in einem bestimmten H_R-Bereich durch die Differenz der Acidi-täten zwischen zwei pK_a-Werten ausgedrückt.

2.3.2. Titrationsverfahren zur Bestimmung der Gesamtacidität

Die Standardisierung der quantitativen Aciditätsbe-stimmung mit der indirekten Titrationsmethode und deren Optimierung entwickelten sich aus zahlreichen Versuchsreihen und Vergleichsmessungen.

Die Einwaage des Festkörpers richtet sich nach der zu erwartenden Acidität. Folgende Formel wird dabei als Anhaltspunkt gewählt:

$$\text{Einwaage (g)} = \frac{0,20 \text{ (mmol)}}{\text{(zu erwartende Acidität (mmol/g)}} \cdot \quad [2]$$

Der eingewogene Festkörper wurde mit 10 ml einer 0,05 NLösung des betreffenden Amins in n-Heptan p.a. (Fa. Merck) überschichtet und 48 Stunden in dicht verschlossenen Schraubgefäßen stehen gelassen. Da-nach wurden 5 ml der über dem Festkörper stehenden Lösung in einem 50 ml Erlenmeyerkolben abpipettiert, 20 ml Eisessig p.a. (Fa. Merck) zugegeben und mit 0,1 N Perchlorsäure in Eisessig (Fa. Merck) titriert, wo-bei der Titrationsverlauf potentiometrisch verfolgt wur-de. Die Menge der Zugabe von Eisessig ergab sich aus mehreren Versuchsreihen. Das Verhältnis von einem Volumenteil n-Heptan zu vier Volumenteilen Eisessig ergab den besten Potentialsprung im Äquivalenzpunkt und eine quasi zentrosymmetrische Titrationskurve. Letz-teres ermöglicht eine besonders leichte Auswertungs-möglichkeit. Die Titration wurde mit einer Kolbenbü-rette (Fa. Metrohm) ausgeführt. Alle 15 Sekunden wur-den das Titrans in gleichen Inkrementen von 0,05 ml zu-gegeben und der Potentialverlauf auf einem Kompen-sationsschreiber verfolgt. Die Menge der erfaßten Säu-rezentren errechnete sich dann nach der Gleichung [1].

2.4. Durchführung der Austauschversuche mit tritiertem Wasser

Die Durchführung der Versuche ist ausführlich in Literaturstelle (12) beschrieben. Es muß darauf hinge-wiesen werden, daß die Aktivierung der Proben bei $T > 473$ K an einer Hochvakuumapparatur bei $p < 10^{-3}$ Pa 12 Stunden lang erfolgte. Nach dem Abkühlen und Belüften mit Stickstoff wurden in einem Handschuhka-sten unter Reinststickstoff aliquote Teile in die Aus-tauschapparatur eingewogen und dann nochmals bei 473 K und $p < 10^{-3}$ Pa 12 Stunden aktiviert.

2.5. Infrarotspektroskopische Messungen

Als Registriereinheit diente ein IR-Gitterspektrome-ter der Fa. Perkin-Elmer Modell 325. Zur Modifizie-rung der Betriebsbedingungen befanden sich im Probe-raum zwei heiz- und evakuierbare IR-Reaktorzellen.

Gerät und Probenraum wurden durch eine Luftspü-lungsanlage wasserdampf- und kohlendioxidfrei gehal-ten. Die verwendeten heiz- und evakuierbaren Reak-torzellen erlaubten Messungen für Temperaturen bis zu 673 K und Drücke von $p \leq 10^{-3}$ Pa. Sie bestanden ganz aus Metall und trugen den Probenhalter im Deckel. Durch hier angebrachte Heizpatronen, welche über einen Vorwiderstand regulierbar waren, konnte die Zel-le nach Wunsch temperiert werden. Mit einem Chro-mel-Alumel Thermoelement mit PI-Regler wurde die Temperatur auf ± 2 °C eingestellt.

Neben der sich im Probenstrahl befindlichen Trans-missionszelle war eine zweite Zelle zum Abgleich in den Vergleichsstrahl eingesetzt. Die Probe wurde zu einem selbsttragenden, durchscheinenden Pellet ge-preßt. Das Flächengewicht der erhaltenen Preßlinge betrug etwa 8 mg SiO₂ pro cm². Das jeweilige Pellet wurde zur Untersuchung in der IR-Zelle bei Raumtem-peratur für 20 Stunden vorevakuiert ($p \leq 10^{-3}$ Pa), be-vor es langsam (2 – 3 °C/min) bis zur gewünschten Temperatur aufgeheizt wurde. Die Genauigkeit der Temperaturmessung betrug ± 5 °C. Bei Aktivierungs-temperaturen oberhalb 673 K wurde die Probe getrennt in einer Hochvakuumapparatur bei $p < 10^{-3}$ Pa für 12 Stunden ausgeheizt. Nach dem Abkühlen wurde mit Reinststickstoff belüftet und der Preßling in die IR-Zel-le montiert und evakuiert. Bei allen Messungen war die Vergleichszelle evakuiert. Die Registrierung erfolgte im Bereich von 4000 – 2500 cm⁻¹; das spektrale Spaltpro-gramm betrug 8, der Ordinatendehnungsfaktor 1 und die Registriergeschwindigkeit 0,5 cm⁻¹/sec.

Die Auswertung der Spektren erfolgte nach dem Grundlinienverfahren auf der Grundlage der bekann-ten Gesetzmäßigkeiten. Dabei wurde die vom Spektro-meter registrierte Durchlässigkeit (%) in maximale Ab-sorption umgerechnet.

3. Ergebnisse und Diskussion

Die Verwendung von Hammett- und Aryl-methanol-Indikatoren zur Aciditätsbestimmung von Festkörperoberflächen wurde zuerst von *Walling* (13) vorgeschlagen. Basierend auf einer Reihe von Untersuchungen mit Hilfe der UV-Spektroskopie, durch Leitfähigkeitsmessungen etc. erkannte *Hirschler* (14), daß Arylmethanole mit Broenstedsäuren wie folgt unter Bildung ei-nes farbigen Karbokations Ar⁺ reagieren

$$\text{ArOH} + \text{HA} \rightleftarrows \text{Ar}^+ + \text{H}_2\text{O} + \text{A}^-, \quad [3]$$

wobei HA die Broenstedsäure darstellt.

Entsprechend diesem Gleichgewicht läßt sich eine Säurefunktion H_R definieren nach

$$H_R = pk_{\text{Ar}^+} - \log (C_{\text{Ar}^+}/C_{\text{ArOH}}) \quad [4]$$

$$= -\log a_{\text{H}^+} + \log a_{\text{H}_2\text{O}} + \log (f_{\text{Ar}^+}/f_{\text{ArOH}}). \quad [5]$$

Die Vorteile dieser Arylmethanole liegen darin, daß die Ergebnisse der Aciditätsbestimmung mit den katalytischen Eigenschaften der Festkörper besser korrelieren als mit denen, die mit Hammett-Indikatoren (H_0-Indikatoren) ermittelt wurden (14). Weiterhin ist nur eine kleinere Konzentration an Indikator zur Säurestärkebestimmung notwendig und die Endpunktbestimmung wesentlich genauer und reproduzierbarer durchzuführen, da der Farbumschlag der Arylmethanol-Indikatoren mit Säuren von farblos nach farbig erfolgt. Nachdem man die Säurestärke von Festkörperoberflächen mit Hilfe von Indikatoren unterschiedlicher Basizität bestimmen kann, liegt der nächste logische Schritt zur Charakterisierung der Oberfläche in der Ermittlung der Anzahl der aciden Zentren. Dies erfolgt gewöhnlich durch Titration des Festkörpers, der zusammen mit einer geeigneten organischen Base in einem inerten Solvens suspendiert ist. Die protonierte Form des Indikators wird mit der Base wieder in die deprotonierte Ausgangsform zurücküberführt (was den Endpunkt der Säure-Base-Titration anzeigt) und daraus läßt sich einfach die Oberflächendichte der aciden Zentren bestimmen. Dieses Verfahren, die aciden Oberflächenzentren einer festen Säure, die in einem inerten apolaren Lösungsmittel suspendiert ist, mit einer Base unter Verwendung eines Indikators zu titrieren, wurde zuerst von *Tamele* (15, 16) und *Johnson*

(17) beschrieben. Der entscheidende Nachteil dieser direkten Titrationsmethode (Zugabe des Indikators in die Festkörpersuspension und anschließende Titration mit einer Base bis zum Farbumschlag) besteht darin, daß bis zum Erreichen des Titrationsendpunktes Stunden, wenn nicht sogar Tage vergehen können. Außerdem ist die Einwirkung von Feuchtigkeit oder basischen Verbindungen, die die Oberfläche vergiften könnten, nicht zu vermeiden. *Benesi* (18) modifizierte deshalb diese „direkte Titrationstechnik" wie folgt:

Die Zugabe des Indikators zur Festkörpersuspension erfolgt erst nach Erreichen des Gleichgewichtes mit der Base. Der Endpunkt wird durch eine Serie aufeinanderfolgender Annäherungen an den Äquivalenzpunkt bestimmt. Diese Arbeitsweise der „sukzessiven Titration" bietet den Vorteil, daß die Endpunktbestimmung besser, der Titrationsvorgang schneller und darüber hinaus die Einführung von Feuchtigkeit weitgehend verhindert werden.

Eine weitere Verbesserung der Titrationsmethode zur Reduzierung des Zeitaufwandes wurde von *Bertolacini* (19) vorgeschlagen. Er setzt die Festkörpersuspension (Festkörper, Lösungsmittel, Indikator und Base) einer Ultraschallbehandlung aus, wobei sich die Gleichgewichtseinstel-

Tabelle 2. Arylmethanol-Indikatoren.

Nr.		H_R-Indikator	pK_a	($\cong$ Gew.-% H_2SO_4)
1	4,4',4''	-Tri-dimethylamino-triphenylmethanol	+ 9,36	$4,4 \times 10^{-10}$
2	4,4'	-Bis-diäthylamino-triphenylmethanol	+ 7,90	$1,3 \times 10^{-8}$
3	4,4'	-Bis-dimethylamino-triphenylmethanol	+ 6,90	$8,0 \times 10^{-8}$
4	4,4'	-Bis-dimethylamino-diphenylmethanol	+ 5,61	$2,5 \times 10^{-6}$
5	4	-Dimethylamino-triphenylmethanol	+ 4,75	$1,7 \times 10^{-5}$
6	2,2',2'',4',4''	-Pentamethoxy-triphenylmethanol	+ 1,82	0,5
7	4,4',4''	-Trimethoxy-triphenylmethanol	+ 0,82	1,2
8	4,4'	-Dimethoxy-triphenylmethanol	− 1,24	16
9	4	-Methoxy-triphenylmethanol	− 3,40	32
10	4,4',4''	-Trimethyl-triphenylmethanol	− 4,04	36
11	4	-Methyl-triphenylmethanol	− 5,24	41
12	4,4'	-Dimethoxy-diphenylmethanol	− 5,71	44
13	4,4',4''	-Tri-t-butyl-triphenylmethanol	− 6,50	47
14		Triphenylmethanol	− 6,63	48
15	4,4',4''	-Trichlor-triphenylmethanol	− 7,74	54
16	4,4'	-Dimethyl-diphenylmethanol	−10,40	64
17	3,3',3''	-Trichlor-triphenylmethanol	−11,03	68
18	2,2'	-Dimethyl-diphenylmethanol	−12,45	72
19		Diphenylmethanol	−13,30	77
20	4,4'	-Dichlor-diphenylmethanol	−13,96	80
21	4,4',4''	-Trinitro-triphenylmethanol	−16,27	88
22	2,4,6''	-Trimethylbenzylalkohol	−17,38	92

lung zwischen der Base und den funktionellen Oberflächenzentren von Stunden auf wenige Minuten reduzieren lassen soll.

Zur Charakterisierung der Gesamtacidität von Festkörperoberflächen wurden verschiedene titrimetrische Untersuchungsmethoden eingeführt (20 – 22), ohne daß es jedoch möglich war, zwischen bestimmten funktionellen Zentren zu unterscheiden.

Clark et al. (23) beschreiben die Möglichkeit der direkten potentiometrischen Titration von Katalysatoren zur Aciditätsbestimmung.

Trotz größter Bemühungen ist es nicht gelungen, mit der in der oben genannten Arbeit beschriebenen Methode vergleichbare Ergebnisse zu erhalten (24). Viele Schwierigkeiten bereitete dabei die unkontrollierte Gleichgewichtseinstellung zwischen der Oberfläche und der Base, die Reproduzierbarkeit des Anfangspotentials und die sich ständig ändernde Potentialdrift.

Statt dessen wurde durch eine indirekte Titrationsmethode die Gesamtacidität wie folgt bestimmt:

Der Festkörper wird in einem aprotischen Lösungsmittel suspendiert und eine definierte Menge eines Amins im Überschuß im Vergleich zur Anzahl der zu erwartenden Säurezentren zugegeben. Dieses Gemisch läßt man bis zur Gleichgewichtseinstellung reagieren. Danach wird eine bestimmte Menge der über dem Festkörper stehenden Lösung abpipettiert und der Amingehalt bestimmt. Aus der Einwaage und dem zurücktitrierten Amin läßt sich die Anzahl der aciden Zentren pro Gramm des eingesetzten Festkörpers errechnen.

Eine Trennung zwischen dem Vorgang der Basenreaktion mit den aciden Oberflächenzentren und der direkten Bestimmung der dabei neutralisierten Zentren verzichtet zwar auf eine quantitative Analyse, umgeht aber die obengenannten Schwierigkeiten.

Neben den Fehlern jeder chemischen quantitativen Analyse, wie einer ungenügenden Gleichgewichtseinstellung, weist dieses Verfahren noch folgende Schwachstellen auf, die zu beachten sind.

So ist es nicht möglich, mit dieser Methode detaillierte Untersuchungen über die molekularen Vorgänge auf der Oberfläche vorzunehmen. Ein Mehrverbrauch an Amin durch reine Physisorption kann nicht ausgeschlossen werden, schon allein im Hinblick auf die unterschiedlichen Dielektrizitätskonstanten des Lösungsmit-

tels und der Base, da die polaren Oberflächen der oxidischen Festkörper die polaren Aminmoleküle gegenüber den unpolaren Lösungsmittelmolekülen bevorzugt adsorbieren. Dennoch lassen sich mit dieser Methode zwischen vergleichbaren Substanzen relative Änderungen der Gesamtoberflächenacidität sehr gut erkennen.

Bei einer mathematischen Berechnung der Neutralisation der Oberfläche mit einer Base wird davon ausgegangen, daß die betrachtete Reaktion irreversibel ist und eine Kinetik bestimmter Ordnung aufweist. Bei der Bildung einer chemisorbierten Oberflächenschicht ist die Belegung begrenzt durch die maximale Anzahl aktiver Oberflächenzentren, durch ihre Zugänglichkeit und den mittleren Flächenbedarf des Reaktantenmoleküls, in diesem Fall der Base.

Der durchschnittliche Flächenbedarf, A_m, der chemisorbierten Base ist jedoch wegen fehlender Informationen bezüglich der Bindungswinkel, Bindungslänge und Konfiguration auf der Oberfläche mit großer Unsicherheit behaftet. In erster Näherung kann der mittlere Flächenbedarf für chemisorbierte Spezies, in diesem Fall das Basenmolekül, gleich demjenigen im physisorbierten Zustand gesetzt werden (25).

Die Bestimmung des A_m-Wertes erfolgt üblicherweise aus der Dichte der Flüssigkeit bzw. der eingesetzten Base unter Berücksichtigung der Gestalt und Packungsdichte in zweidimensionaler Richtung (26). Man setzt dann voraus, daß die Anordnung der Moleküle auf der Oberfläche mit der Anordnung der Moleküle in der kondensierten Phase übereinstimmt.

Nach *Emmett* und *Brunauer* (27) errechnet sich der mittlere Flächenbedarf, bezogen hier auf eine Base, zu:

$$A_m \text{ (nm}^2/\text{Molekül)} = f \left(\frac{M}{N_L \cdot d} \right)^{2/3} \cdot 10^{14}. \qquad [6]$$

Dabei ist:

f = Packungsfaktor, der sich für eine normale Anordnung mit 12 nächsten Nachbarn im Volumen der Flüssigkeit an der Grenzfläche zu 6 und auf der Grenzfläche zu 1,081 ergibt,

d = Dichte der Base (g/ml) bei entsprechender Temperatur,

N_L = Loschmidt-Zahl,

M = Molmasse der Base (g/mol).

Daneben gibt es noch eine Reihe weiterer Methoden (26, 28).

Unter Verwendung des mittleren zweidimensionalen Platzbedarfs eines Basenmoleküls kann eine maximale Oberflächenbedeckung, α_{theor}, in Mol pro Oberflächeneinheit ausgedrückt, bestimmt werden zu:

$$\alpha_{theor} \, (mol/m^2) = \frac{10^{18}}{A_m \cdot N_L} \,, \qquad [7]$$

wobei N_L die Loschmidt-Zahl und A_m den mittleren Flächenbedarf der Base darstellt. Die entsprechenden Werte für die verschiedenen Basen in nm²/Molekül sind in Spalte 6 der Tabelle 3 aufgelistet.

Andererseits kann die experimentelle Oberflächenbedeckung mit einer Base bzw. Neutralisation unter den gegebenen Bedingungen mit Hilfe von analytischen Daten wie der Oberflächenacidität berechnet werden zu

$$\alpha_{exp} \, (mol/m^2) = \frac{A}{S_{BET}} \,, \qquad [8]$$

wobei A (mol/g) die durch das Titrationsverfahren ermittelte Gesamtoberflächenacidität und S_{BET} die durch Stickstoffsorption ermittelte spezifische Oberfläche nach BET (m²/g) sind.

Die Bestimmung der Oberflächenacidität von amorphen porösen Siliciumdioxid-Präparaten mit H_R-Indikatoren wurde bis jetzt noch nicht durchgeführt. *Drushel* und *Sommers* (29) beschreiben eine Methode zur Säurestärkebestimmung mit Hammett-, Arylcarbinol- und fluoreszierenden Indikatoren und Diäthylamin an SiO_2-Al_2O_3 Crackkatalysatoren und bemerken, daß reines Kieselgel nur schwache Säurezentren besitzt in Übereinstimmung mit seiner nichtkatalysierenden Wirkung bei der Crackreaktion. *Johnson* (21) untersuchte den Zusammenhang zwischen der Acidität von mit Säuren dotierten SiO_2-Produkten und ihrer katalytischen Aktivität bei der Propylen-Polymerisation mit Hammett-Indikatoren und n-Butylamin. Er stellt keine meßbare Acidität an reinem SiO_2 fest.

3.1.1. Standardisierung des Verfahrens

Im Hinblick darauf, daß zur Probenuntersuchung meist nur einige Gramm an Substanz zur Verfügung standen, wurde besonderer Wert auf die Ausarbeitung der Methode im Mikromaßstab gelegt. Dabei war es von besonderem Interesse, inwieweit man die Einwaage der Probe und das Volumen der Basenzugabe vermindern kann, ohne daß die Reproduzierbarkeit der Methode schlechter als $\pm$ 2,5% wird. Dies wurde am Beispiel des SiO_2-20 mit einem H_R-Indikator ($pk_a =$

+ 7,90) näher untersucht. Es ergab sich, daß die Einwaage nicht kleiner als 80 mg und die Volumenzugabe an Base nicht kleiner als 0,4 ml sein sollte, um noch gut reproduzierbare Werte aufweisen zu können. Von Einfluß auf die Oberflächenacidität ist die thermische Vorbehandlung des Festkörpers. Für Siliciumdioxid ist eine Aktivierung von $T \geq 473$ K im Vakuum $p < 10^{-3}$ Pa notwendig, um physisorbiertes Wasser zu entfernen, das die Säurezentren blockiert. Es stellte sich weiterhin heraus, daß der Titer der Basenlösung (n-Heptan/nBA) mit der Zeit abnahm (untersuchter Bereich 2 – 48 Std). Aus diesem Grunde wurden die Basenlösungen erst kurz vor der Verwendung angesetzt. Damit war auch eine Feuchtigkeitskontaminierung weitgehend ausgeschlossen. Die Konzentration der Basenlösung war abhängig von der zu erwartenden Acidität der Probe und variierte im Bereich von 0,01 – 0,1 mol/l. Zur Gleichgewichtseinstellung zwischen Base und Festkörper ist eine bestimmte Zeit notwendig, die an den SiO_2-Produkten zu 48 Stunden bestimmt wurde. Eine schnellere Gleichgewichtseinstellung zwischen der Festkörperoberfläche und der Base durch Ultraschallbehandlung ist nach den durchgeführten Untersuchungen aufgrund folgender Beobachtungen nicht empfehlenswert:

Beim Beschallen tritt trotz Kühlung des Ultraschallbades eine Verflüchtigung der Base ein. Außerdem treten lokale Erhitzungen der Festkörperoberfläche auf, so daß eine Reaktion bzw. Modifizierung der Oberfläche mit den Basenmolekülen nicht mehr auszuschließen ist. Nach der Ultraschallbehandlung wurden die aminosubstituierten Arylmethanole auf der Oberfläche dunkel, was möglicherweise auf eine Zersetzung der Indikatoren zurückzuführen ist. Daneben kann nicht ausgeschlossen werden, daß die Festkörperteilchen während der Ultraschallbehandlung zu einem nicht unerheblichen Prozentsatz zerschlagen werden.

Einen weiteren wichtigen Aspekt stellt die Reproduzierbarkeit der Methode dar. Außer den Untersuchungen von *Johnson* (17), der eine Fehlerbreite von $\pm$ 5% bei 0,01 mmol/g mit Hammett-Indikatoren ohne nähere Einzelheiten über die Untersuchungsparameter angibt, liegen in den bis jetzt zahlreich erschienenen Publikationen keine Fehlerbestimmungen vor. Die hier ermittelte Reproduzierbarkeit mit Arylmethanol-Indikatoren liegt in der Größenordnung von $\pm$ 0,005 mmol/g.

3.1.2. Gesamtacidität und Aciditätsverteilung von Siliciumdioxiden mit abgestuften mittleren Porendurchmessern

In Abb. 1 und 2 sind die Oberflächenaciditäten der SiO$_2$-Produkte in mmol/g bzw. μmol/m^2 als Funktion der Acidität H_R aufgetragen. Die erste Darstellung (Abb. 1) ist sinnvoll, wenn die Säurestärkeverteilung mit der katalytischen Aktivität oder anderen Aktivitätsparametern verglichen werden soll, da diese üblicherweise auf die Masse bezogen werden. Die zweite Darstellung (Abb. 2) mit Bezug der Acidität auf die Oberflächeneinheit erlaubt dagegen einen normierten Vergleich zwischen den einzelnen SiO$_2$-Präparaten. Abb. 1 zeigt, daß die kumulative Acidität pro Masseneinheit am SiO$_2$-20 am höchsten und am SiO$_2$-200 am niedrigsten ist. Die anderen: SiO$_2$-40, -60, -100 besitzen eine kumulative Acidität, die etwas geringer als die des SiO$_2$-20 ist. In jedem Fall ergibt sich, daß A mit steigendem Porendurchmesser abnimmt. Dies ist zu erwarten, da ja auch die spezifische Oberfläche pro Masseneinheit in derselben Reihenfolge abnimmt. Bei allen Präparaten liefert die Säurestärke im Bereich von +5 bis +9 den Hauptanteil zur kumulativen Acidität.

Abb. 2 zeigt die Darstellung der kumulativen Acidität in μmol/m^2 für die verschiedenen SiO$_2$-Produkte. Mit geringen Schwankungen zeigen sie denselben Verlauf: eine Zunahme der kumulativen Acidität mit zunehmendem H_R-Wert. In anderen Worten, unabhängig vom mittleren Porendurchmesser zeigen die SiO$_2$-Produkte bezüglich ihrer Aciditätsverteilung gleiches Verhalten.

An SiO$_2$-60 wurde die Säurestärkeverteilung als Funktion der Aktivierungstemperatur im Bereich von 473 K < T < 1173 K ermittelt. Aus den Ergebnissen lassen sich folgende Trends erkennen:

(i) mit steigender Aktivierungstemperatur nehmen die schwach sauren Zentren (H_R© < +9) sehr stark ab, die stark sauren (H_R < +1) dagegen zu.

(ii) im Bereich mittlerer Säurestärke (2 < H_R < 7) bleibt die Acidität durch die Aktivierungstemperatur unbeeinflußt.

3.1.3. Einfluß der Art der Base auf die Aciditätsbestimmung

Man kann erwarten, daß aufgrund des molekularen Flächenbedarfs einer Base Unterschiede

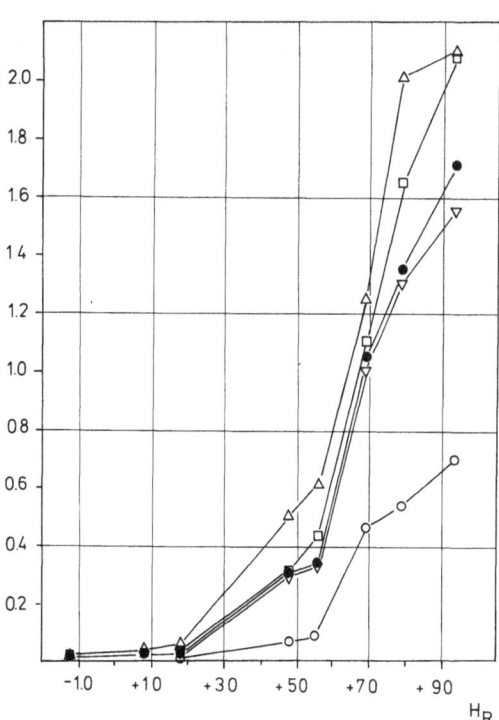

Abb. 1. Kumulative Acidität A in mmol/g des SiO$_2$-20 ($\triangle$), -40 ($\square$), -60 ($\bullet$), -100 ($\triangledown$), -200 ($\bigcirc$) als Funktion der Säurestärke H_R.

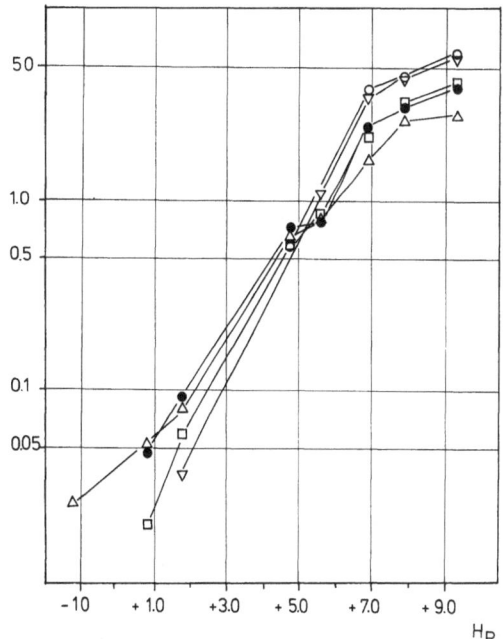

Abb. 2. Kumulative Acidität A in μmol/m^2 des SiO$_2$-20 ($\triangle$), -40 ($\square$), -60 ($\bullet$), -100 ($\triangledown$), -200 ($\bigcirc$) als Funktion der Säurestärke H_R.

in der Acidität auftreten, wenn Basen verschiedener Größe bei gleichem pk_b mit demselben Festkörper ins Gleichgewicht gebracht werden. Weiterhin kann angenommen werden, daß bei gegebener Base an Festkörpern mit verschiedener Porenweite Differenzierungen in der Acidität auftreten, die durch sterische Effekte (Größe des Basenmoleküls zur Größe des mittleren Porendurchmessers) bedingt sind.

Aus diesem Grunde wurden primäre, sekundäre und tertiäre Amine mit verschiedener Kettenlänge eingesetzt. Ausgehend vom n-Butylamin wurden noch die drei Isomere: iso-Butylamin, sekundär-Butylamin und tertiär-Butylamin miteinbezogen. In der Reihe nBA, nHA, nOA bedeutet dies, daß die Kettenlänge bei annähernd gleichen pk_b des Amins verdoppelt wird und in der Reihe nBA, iBA, sBA, tBA der Volumenbedarf des Aminmoleküls ebenfalls bei annähernd gleichem pk_b zunimmt.

Unter der Annahme einer dichtesten Packung auf der Oberfläche läßt sich eine maximale Oberflächenkonzentration für jedes Amin berechnen (s. Tabelle 3). Den höchsten Wert, α_{theor}, besitzt das nDA, da es den geringsten molekularen Flächenbedarf A_m aufweist. Die in den Untersuchungen mit verschiedenen Basen an den SiO_2-Produkten ermittelten Gesamtaciditäten in mmol/g wurden in Oberflächenkonzentrationen α_{exp} in μmol/m² umgerechnet. Die Werte sind in den letzten Spalten der Tabelle 3 für die SiO_2-Produkte aufgeführt. Man erkennt, daß die Acidität am SiO_2-200 bzw. SiO_2-100 nahezu der theoretisch berechneten Oberflächenkonzentration für n-Butylamin, dem kleinsten Amin, entspricht. Die steigende Kettenlänge von nBA zum nOA hat auf die Acidität in μmol/m² beim SiO_2-200 keinen Einfluß. Bei den entsprechenden Di- und Triaminen nimmt α_{exp} an SiO_2-200 ab im Vergleich zum nBA bedingt durch den höheren molekularen Flächenbedarf A_m.

Vergleicht man die Oberflächenkonzentration in μmol/m² bei einem gegebenen Amin, so sinkt diese stetig vom SiO_2-200 bzw. SiO_2-100 zum SiO_2-20 ab. Dies gilt für alle untersuchten Amine. Am SiO_2-20 wird beispielsweise mit nBA nur noch die halbe Konzentration erreicht wie beim SiO_2-200. Da hier die Gesamtacidität ohne Indikator gemessen wurde, können für die Abnahme nur sterische Effekte, bedingt durch die Verminderung des mittleren Porendurchmessers, verantwortlich sein. Eine quantitative Diskussion ist jedoch aufgrund der mangelnden Information über das reale Porensystem in den Festkörpern nicht möglich.

Zusammenfassend kann gesagt werden, daß

(i) bei Variation der molekularen Struktur der Base sehr empfindliche Unterschiede in der Acidität auftreten.

(ii) die höchsten Oberflächenkonzentrationen von allen Basen mit n-Butylamin erreicht werden.

(iii) bei mittleren Porendurchmessern $D < 10$ nm bedingt durch noch zu klärende Effekte eine Verringerung der Acidität beobachtet wird.

3.2. Infrarotspektroskopie

Die IR-Spektroskopie ist eine elegante, wenn auch sehr aufwendige Methode zur Identifizierung der oberflächenständigen funktionellen Gruppen von SiO_2 (5 – 7, 30 – 32). Bei der Aufnahme eines IR-Spektrums im Bereich von 2000 bis 4000 cm^{-1} an selbsttragenden transparenten Plättchen aus feinteiligem SiO_2 erhält man je nach Untersuchungsbedingungen drei charakteristische Banden bei 3749, 3660 und 3550 cm^{-1}. Die Bande bei 3749 cm^{-1} wird der Valenzschwingung isolierter Hydroxylgruppen zugeordnet (32 – 34). Ihre kurzwellige Flanke ist im allgemeinen sehr steil, während der Verlauf zu kleineren Wellenzahlen hin unmittelbar von der Art und Vorbehandlung der Substanz abhängt.

Nach der Aktivierung des SiO_2 bei Temperaturen $T > 1000$ K ist der Peak völlig symmetrisch. Einige Autoren bemerkten mit zunehmender Temperatur der Aktivierung eine leichte Verschiebung der Bande (35). Dies konnte jedoch von Morrow et al. (32, 36) nicht bestätigt werden. Rosmalen und Mol (37) fanden an SiO_2-Aerogel eine Bande bei 3742 cm^{-1}, die sie geminalen Hydroxylgruppen zuordneten. Neben isolierten und geminalen befinden sich noch vicinale Hydroxylgruppen auf der SiO_2-Oberfläche, die je nach gegenseitigem Abstand und räumlicher Orientierung über mehr oder weniger starke Wasserstoffbrücken verknüpft sind (38). Die Absorptionsfrequenz dieser Schwingung wird mit zunehmender Bildungsenergie der H-Brücken zu kleineren Wellenzahlen hin verschoben. So führt die Anwesenheit schwach verbrückter Gruppen zur Verbreiterung der Bande bei 3749 cm^{-1} an ihrer langwelligen Flanke unter Ausbildung einer Schulter um 3680 – 3650 cm^{-1}, die auch inneren Hydroxylgruppen zugeordnet werden (39 – 42). Liegen vicinale Paare mit stärkeren H-Brücken-

Tabelle 3. Daten der verwendeten Stickstoffbasen sowie theoretische maximale Oberflächenkonzentration, α_{theor}, und an verschiedenen SiO_2-Produkten ermittelte experimentelle Oberflächenkonzentration, α_{exp}, an Base.

Base	M (g/mol)	d 20°/4° (g/ml)	pk_b	A_m (nm²/M.)	α_{theor} (μmol/m²)	α_{exp} (μmol/m²)				
						SiO_2-20	SiO_2-40	SiO_2-60	SiO_2-100	SiO_2-200
nBA	73,14	0,7414	10,61	0,327	5,084	2,673	3,702	3,922	5,202	4,973
iBA	73,14	0,7300	10,43	0,330	5,031	2,530	3,619	3,719	5,000	4,826
sBA	73,14	0,7220	10,43	0,332	4,995	2,471	3,408	3,519	4,772	4,584
tBA	73,14	0,6990	10,45	0,340	4,888	2,078	2,896	3,017	4,367	4,046
nHA	101,19	0,7660	10,64	0,397	4,184	1,952	3,106	3,339	4,829	4,958
nOA	129,25	0,7819	10,65	0,461	3,603	1,498	2,639	2,911	4,629	4,895
DEA	73,14	0,7065	10,70	0,337	4,922	1,809	2,392	2,489	4,038	3,437
DBA	129,25	0,7601	11,25	0,470	3,536	1,237	1,764	1,953	2,780	2,725
DHA	185,36	0,7889	11,01	0,583	2,850	0,945	1,509	1,564	2,385	2,273
DOA	241,46	0,8010	11,01	0,688	2,414	0,721	1,274	1,325	2,101	1,963
TEA	101,19	0,7275		0,411	4,043	1,430	1,921	1,947	2,821	3,060
TBA	185,36	0,7781	10,89	0,588	2,824	0,750	1,148	1,190	1,783	1,790
THA	269,52	0,7976	8,53	0,742	2,237	0,480	0,804	0,891	1,269	1,341
TOA	353,68	0,8121		0,879	1,889	0,274	0,642	0,689	0,955	0,982
Pyr						2,277	2,699	2,639	3,748	3,557

bindungen vor, zeigt das Spektrum eine breite Absorptionsbande mit einem Maximum um $3550 - 3500 \text{ cm}^{-1}$. Von mehreren Autoren (43, 44) werden definierte Absorptionsfrequenzen für untereinander wasserstoffverbrückte Hydroxylgruppen angegeben, welche jedoch nicht in allen Punkten übereinstimmen. Ihre gegenseitigen Abweichungen sind zweifellos damit zu erklären, daß die Bindungsenergien der Wasserstoffbrücken zwischen benachbarten Hydroxylgruppen je nach deren Abständen und Winkeln zueinander eine erhebliche Variationsbreite aufweisen und daß somit ihre Lage und Breite verschieden sein können. Die Adsorption von Wasser oder anderen zur Ausbildung starker Wasserstoffbrücken befähigten Substanzen führen mit steigendem Bedeckungsgrad zu einer kontinuierlichen Verbreiterung der Bande um $3550 - 3500 \text{ cm}^{-1}$ und Verschiebung des Absorptionsmaximums zu niedrigeren Wellenzahlen hin (45, 46). Durch geringe Mengen absorbierten Wassers wird aber die 3749 cm^{-1}-Bande nicht beeinflußt. Erst mit Überschreitung eines bestimmten Mindestbedeckungsgrades nimmt ihre Intensität ab und verringert sich dann stetig.

Während die meisten IR-Untersuchungen vornehmlich an pyrogenen SiO_2-Produkten wie Aerosil oder Cabosil sowie speziell hergestellten Aerogelen (47) vorgenommen wurden, handelt es sich bei der hier untersuchten Probe um ein feinteiliges Kieselsäurexerogel, das in größeren Teilchendurchmessern kommerziell erhältlich ist (LiChrosorb® Si 60). Abb. 3 zeigt sechs Spektren von SiO_2-60, die bei steigenden Aktivierungstemperaturen aufgenommen wurden.

Die scharfe Bande 3747 cm^{-1}, deren Frequenz sich durch die thermische Behandlung nicht ändert, wird der OH-Streckschwingung der ungestörten isolierten Oberflächenhydroxylgruppen zugeordnet. Wie man sieht, wird die starke Asymmetrie dieser Bande zur niederfrequenten Seite hin mit steigender Ausheiztemperatur abgebaut. An der niederfrequenten Flanke ist eine Bande bei 3680 cm^{-1} erkennbar. Sie wird inneren Hydroxylgruppen zugeordnet. Die im untersuchten unteren Temperaturbereich vorkommende Bande bei 3530 cm^{-1} ist den vor allen über Wasserstoffbrückenbindungen miteinander in Wechselwirkung stehenden vicinalen Hydroxylgruppen zuzuordnen. Heizt man das SiO_2-60 über 673 K aus, so findet ein Abbau der breiten Flanke von $3700 - 3400 \text{ cm}^{-1}$ von der niederfrequenten Seite her statt, was darauf hindeutet, daß zuerst die stärker wechselwirkenden vicinalen Hydroxylgruppen zu Wasser kondensieren und Siloxangruppen bilden.

Oberhalb von 973 K verbleiben nur noch sehr wenige schwach miteinander wechselwirkende Gruppen übrig, die bis zu 1200 K kaum noch sichtbar sind. Parallel dazu durchläuft die Inten-

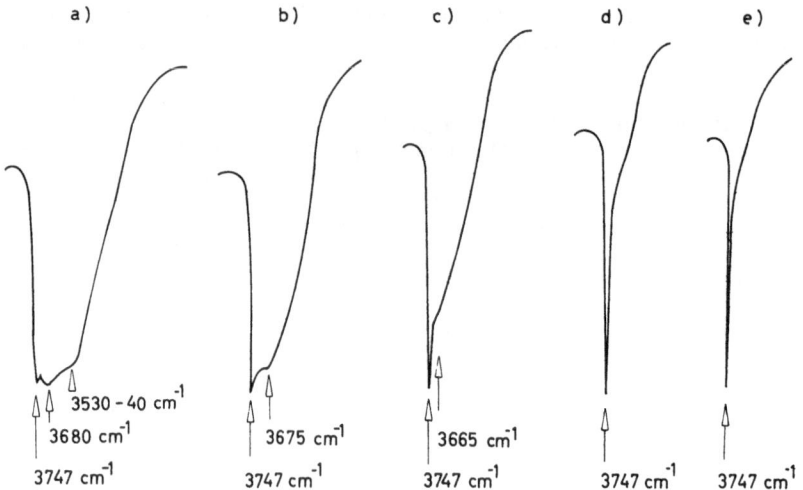

Abb. 3. Infrarotspektren von SiO$_2$-60 bei verschiedenen Aktivierungstemperaturen
(a) 473 K   (b) 673 K   (c) 773 K   (d) 873 K   (e) 973 K
Bedingungen s. Text

sität der Bande der isolierten Hydroxylgruppen bei 873 K ein Maximum, um danach stark abzufallen.

Die gemessenen Banden wurden nach zwei verschiedenen Methoden ausgewertet (48 – 50):

Als Maß für die Intensität der Bande bei 3747 cm^{-1} wurde die Bandenhöhe nach dem Grundlinienverfahren ausgemessen. Diese Methode ist wegen der Symmetrie und der kleinen Halbwertsbreite der Banden hinreichend genau für $T \geq 673$ K. In Abb. 4 ist die Bandenhöhe in relativen Einheiten als Funktion der Aktivierungstemperatur dargestellt. Danach ist eine Zunahme der Bandenintensität bis 873 K sichtbar, worauf

bei höheren Ausheiztemperaturen eine starke Abnahme erfolgt.

Unter Vernachlässigung der apparativen Einflüsse und temperaturbedingten Änderung des Extinktionskoeffizienten ist die integrale Intensität der gesamten Peakfläche (etwa im Bereich von 3750 – 3500 cm^{-1}) proportional der Konzentration aller Hydroxylgruppen. Die Flächen der breiten H-Brückenbande und der Bande bei 3747 cm^{-1} wurden graphisch integriert. Nach Umrechnung der vom Spektrometer registrierten Durchlässigkeit in die integrale Absorption wurde die gesamte Peakfläche in Korrelation zur Gesamtkonzentration an oberflächenständigen

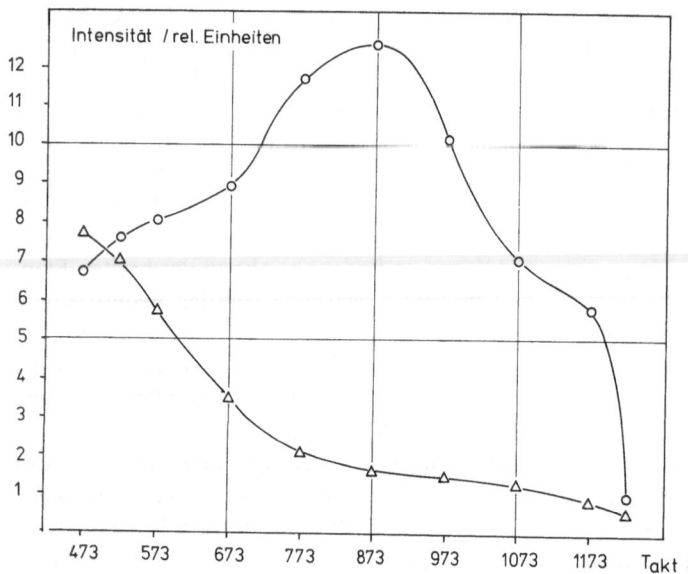

Abb. 4. Abhängigkeit der integralen Intensität der Absorptionsbande im Bereich von 3500 – 3750 cm^{-1} ($\triangle$) sowie der Intensität der Absorptionsbande bei 3747 cm^{-1} ($\bigcirc$) als Funktion der Aktivierungstemperatur (Präparat SiO$_2$-60).

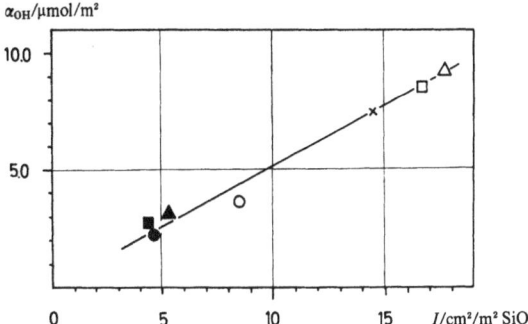

Abb. 5. Korrelation der Hydroxylgruppenkonzentration α_{OH} bestimmt mit der HTO-Bande und der integralen Intensität I der Absorptionsbanden zwischen 3000 und 3750 cm^{-1}.
Präparat: SiO$_2$-60
I wurde durch graphische Integration nach der Tangentenmethode aus den Spektren von Abb. 3 ermittelt 473 K ($\triangle$), 523 K ($\square$), 573 K ($\times$), 673 K ($\bigcirc$), 773 K ($\blacktriangle$), 873 K ($\blacksquare$), 973 K ($\bullet$).
Die Spektren bei 523 und 573 K sind nicht in Abb. 3 gezeigt.

Hydroxylgruppen (die mit dem HTO-Austauschverfahren gewonnen wurden) gesetzt. Wie die Abb. 5 zeigt, nimmt die integrale Bandenintensität bei steigender Temperatur im Bereich von 473 – 873 K angenähert linear mit der Oberflächenkonzentration an Hydroxylgruppen ab.

3.3. Heterogener Isotopenaustausch mit HTO

Unter der Voraussetzung, daß physisorbiertes Wasser nicht anwesend ist, kann mit diesem Verfahren die Gesamtkonzentration an oberflächenständigen Hydroxylgruppen als Funktion der Aktivierungstemperatur ermittelt werden. Auch der Isotopenaustausch mit HTO ist eine relative Methode, da die Gleichgewichtskonstante der Isotopenaustauschreaktion

$$\equiv Si - OH + HTO \rightleftharpoons \equiv Si - OT + H_2O \qquad [9]$$

nicht bekannt ist und statt dessen mit einem Korrelationskoeffizienten $k_{HTO} = 1{,}267$ gerechnet wird. Dieser Koeffizient ergibt sich als Quotient der Hydroxylgruppenkonzentration, α_{OH}, an Aerosil 200 (Degussa), die mit der Lithiummethylmethode zu $4{,}37 \pm 0{,}22\ \mu mol/m^2$ bestimmt wurde, und der Hydroxylgruppenkonzentration an Aerosil 200, die mit heterogenem Isotopenaustausch nach der HTO-Methode ohne Korrektur zu $3{,}45 \pm 0{,}17\ \mu mol/m^2$ ermittelt wurde.

Der Vorteil der HTO-Methode liegt jedoch darin, daß aufgrund des geringen Moleküldurchmessers von HTO alle Hydroxylgruppen ausge-

tauscht werden, ohne daß sterische Effekte bedingt durch die Porengröße auftreten. Es wurde bereits gezeigt, daß die mit der HTO-Methode ermittelte Konzentration α_{OH} recht gut mit der integralen Intensität der Banden der Hydroxylgruppen im Bereich von 3000 – 3750 cm^{-1} korreliert. Die Titrationsmethode, ausgeführt nach der Gesamtaciditätsbestimmung, liefert ebenfalls eine Gesamtkonzentration aller sauren Zentren (= Hydroxylgruppen).

In Abb. 6 sind die Hydroxylgruppenkonzentration ermittelt durch die HTO-Methode α_{OH} (HTO), einmal mit, zum anderen ohne Korrektur, sowie die mit n-Butylamin ermittelte Gesamtacidität an SiO$_2$-60 als Funktion der Aktivierungstemperatur dargestellt. Der Unterschied zwischen der korrigierten und unkorrigierten Kurve der HTO-Methode liegt darin, daß α_{OH} einmal mit dem Korrelationskoeffizienten von 1,267 multipliziert wurde und zum anderen nicht.

Sieht man von den Unterschieden zwischen den nichtkorrigierten bzw. korrigierten α_{OH}(HTO)-

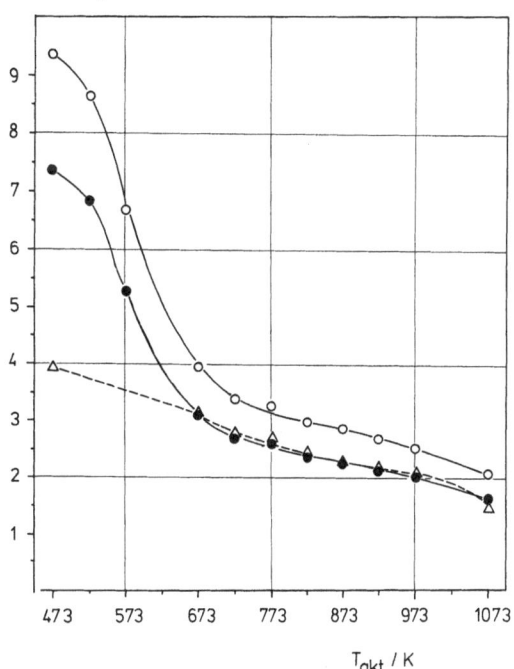

Abb. 6. Darstellung der Oberflächenkonzentration an Hydroxylgruppen α_{OH} ermittelt nach der HTO-Methode mit Korrektur ($\bigcirc$) und ohne Korrektur ($\bullet$) sowie der Gesamtacidität A in $\mu mol/m^2$ ermittelt mit n-Butylamin ($\triangle$) als Funktion der Aktivierungstemperatur T_{akt} unter Hochvakuum.
Präparat: SiO$_2$-60.

Werten ab, so erkennt man bei Temperaturen $T > 673$ K einen ähnlichen Verlauf mit der durch n-Butylamin ermittelten Gesamtacidität. Dies bedeutet, daß der mittlere Platzbedarf eines n-Butylaminmoleküls gleich oder annähernd gleich der einer Hydroxylgruppe ist und somit eine Chemisorption zugrundeliegt. Bei Temperaturen $T < 673$ K nimmt die Hydroxylgruppenkonzentration zu und damit auch der mittlere Flächenbedarf ab. Die Oberflächenacidität A von n-Butylamin kann aufgrund des A_m-Wertes von 0,327 nm² maximal eine Oberflächenkonzentration von 5,08 μmol/m² annehmen. Der erreichte Grenzwert an SiO_2-60 bei 473 K liegt etwas geringer bei 4,0 μmol/m², was auf sterische Effekte zurückzuführen ist.

Zu einem ähnlichen Ergebnis beim Vergleich der Hydroxylgruppenkonzentration als Funktion der Aktivierungstemperatur zwischen α_{OH} und dem aus der Adsorption mit Triethylamin ermittelten Wert kamen *Kiselev* und Mitarbeiter (51).

3.4. Kritische Betrachtung der Methoden

Die Amintitrationsmethode in der angegebenen Form liefert relative Werte der Acidität und der Aciditätsverteilung. Es wird dabei angenommen, daß der pk_a-Wert des Indikators unverändert bleibt, wenn dieser auf der Festkörperoberfläche aufzieht, im Vergleich zur homogenen Lösung. Da die Farbänderung des Indikators nur auf der äußeren Oberfläche des Festkörpers sichtbar verfolgt werden kann, nimmt man an, daß die erhaltende Acidität an der äußeren Oberfläche der im Inneren des Porensystems gleich ist. Der Anwendungsbereich der Amintitrationsmethode für Siliciumdioxid besteht darin, daß die Änderung der Acidität bei oberflächenmodifizierten Produkten im Vergleich zum Ausgangspunkt verfolgt werden kann.

Die Methode der Infrarotspektroskopie hat den Nachteil der aufwendigen Probenvorbereitung. Weiterhin können durch die Anwendung des hohen Druckes bei der Herstellung der transparenten Pellets Strukturveränderungen auftreten. Auch ist nicht immer gewährleistet, daß die Schichtdicke der Pellets gleich und bei ein und demselben Pellets die Schichtdicke dieselbe über dem gesamten Querschnitt ist. Der Vorteil der Infrarotspektroskopie liegt darin, die Änderungen der Absorptionsbanden der Hydroxylgruppen bei Physisorptions- und Chemisorptionsvorgängen in der Gasphase oder in flüssiger Phase verfolgen zu können.

Die HTO-Methode liefert im Gegensatz zu den detaillierten Aussagen der beiden vorgenannten Methoden lediglich die Gesamtkonzentration an Hydroxylgruppen, d. h. an austauschfähigen Protonen. Der größte Unsicherheitsfaktor bezüglich der Richtigkeit der Methode wird dadurch bedingt, daß die Gleichgewichtskonstante, K, der Austauschreaktion nicht bekannt ist, so daß man entweder $K = 1$ setzt oder durch einen Koeffizienten das Ergebnis auf das mit einer anderen Methode erhaltenen korreliert. Trotz der geäußerten Bedenken sind alle drei Verfahren ohne weiteres geeignet, relative Unterschiede der jeweiligen Meßgrößen an einem Siliciumdioxid und seinen Derivaten zu erfassen.

Wir danken der Fa. E. Merck für die Bereitstellung der Siliciumdioxid-Präparate sowie für die Ermittlung des Wassergehaltes der Lösungsmittel. Die infrarotspektroskopischen Untersuchungen wurden bei Prof. *Fetting* im Institut für Chemische Technologie der Technischen Hochschule Darmstadt durchgeführt. Die Untersuchungen wurden im Rahmen eines Forschungsvorhabens von der Deutschen Forschungsgemeinschaft unterstützt.

Zusammenfassung

Ziel der Untersuchung war es, die Amintitrationsmethode mit Arylmethanol-Indikatoren im aprotischen Solvens zur Bestimmung der Säurestärke und Säurestärkeverteilung von porösem Siliciumdioxid einzusetzen. Zur Standardisierung des Verfahrens wurde der Einfluß zahlreicher Parameter wie Vorbehandlung des Festkörpers, Art und Wassergehalt des aprotischen Lösungsmittels, Art und Konzentration des zur Titration eingesetzten Amins, Porengröße des Festkörpers und Dauer der Gleichgewichtseinstellung untersucht und die Methode bezüglich ihrer Reproduzierbarkeit, sowie auf ihren Gültigkeitsbereich und ihre Aussagekraft hin überprüft. Dieselben Festkörperproben wurden unter den gleichen Vorbehandlungsbedingungen durch Infrarotspektroskopie im Bereich von 2000 − 4000 cm⁻¹ sowie durch heterogenen Isotopenaustausch mit HTO charakterisiert. Die Ergebnisse zeigen, daß die Amintitrationsmethode mit Arylmethanolen als Indikatoren eine relative und überaus empfindliche Methode darstellt, um die Säurestärke und Säurestärkeverteilung von porösem Siliciumdioxid zu ermitteln. Unter bestimmten Annahmen lassen sich ihre Aussagen mit denen der Infrarotspektroskopie und des heterogenen Isotopenaustausches mit HTO korrelieren.

Summary

The amine titration method using arylmethanolindicators has been applied to the measurement of acid strength distribution and total acidity of porous silicas. In order to standardize the procedure the effect of various parameters such as pre-treatment of silica, type and water content of aprotic solvent, type and concentration of amine, pore size of silica and time taken to achieve equilibrium was examined. Furthermore, the reproducibility and the limits of applicability were critically checked.

The same porous silica species were characterized under the same pre-treatment conditions by two additional methods: infrared spectroscopy in the range between $2000 - 4000$ cm^{-1} and heterogeneous isotopic exchange with HTO.

The results show that the amine titration using arylmethanol indicators is a relative and extremely sensitive method to assess the total acidity and acid strength distribution of porous silica. Under certain preconditions the results can be correlated with those obtained by infrared spectroscopy and isotopic exchange.

Literaturverzeichnis

1) *Iler, R. K.*, The Chemistry of Silica, Wiley Interscience (New York 1979).
2) *Barby, D.*, in: *G. D. Parfitt* and *K. S. W. Sing*, Characterization of Powder Surfaces (Academic Press, 1976).
3) *Okkerse, C.*, in *G. B. Linsen*, Physical and Chemical Aspects of Adsorbents and Catalysts, Academic Press (London 1970).
4) *Unger, K.*, Porous Silica, Elsevier (Amsterdam 1979).
5) *Little, H. L.*, Infrared Spectra of Adsorbed Species, Academic Press (New York 1966).
6) *Hair, M. L.*, Infrared Spectroscopy in Surface Chemistry, Marcel Dekker (New York 1967).
7) *Kiselev, A. V.*, und *V. I. Lygin*, Infrared Spectra of Surface Compounds, Wiley-Interscience (New York 1975).
8) *Rochester, C. H.*, Infrared Spectroscopy Studies of Adsorption at the Solid/Liquid Interface (s. diesen Tagungsbericht).
9) *Knözinger, H.*, und *W. Stählin*, Adsorption von Alkoholen an Siliciumdioxid (s. diesen Tagungsbericht S. 33).
10) *Tanabe, K.*, Solid Acids and Bases, Academic Press (New York 1970).
11) *Morrison, S. R.*, The Chemical Physics of Surfaces, Plenum Press (New York 1977).
12) *Unger, K.*, Porous Silica, pp. $72 - 76$, Elsevier (Amsterdam 1979).
13) *Walling, C.*, J. Amer. Chem. Soc. **72**, 1164 (1950).
14) *Hirschler, A.*, J. Catal. **2**, 428 (1963).
15) *Tamele, M. W., L. B. Ryland, L. Rampino* und *W. G. Schlaffer*, World Petr. Congr. Proc. 3rd. **4**, 98 (1951).
16) *Tamele, M. W.*, Disc. Faraday Soc. **8**, 270 (1950).
17) *Johnson, O.*, J. Phys. Chem. **59**, 827 (1955).
18) *Benesi, H. A.*, J. Phys. Chem. **61**, 970 (1957).
19) *Bertolacini, R. J.*, Anal. Chem. **35**, 599 (1963).
20) *Carson, C. M.*, und *L. B. Cebrell*, Ind. Eng. Chem. **21**, 911 (1929).
21) *Johnson, C. R.*, Ind. Eng. Chem. **21**, 1288 (1929).
22) *Meyer, R.*, Kautsch. Gummi, Kunstst. **7**, 180 (1954).
23) *Clark, R. O., E. V. Ballou* und *R. T. Barth*, Anal. Chim. Acta **23**, 189 (1960).
24) *Kreis, W.*, Diplomarbeit, TH Darmstadt (1979).
25) *Hayward, D. O.*, und *B. W. M. Trapnell*, Chemisorption, p.1, Butterworth (London 1964).
26) *McClellan, A. L.*, und *H. F. Harnsberger*, J. Colloid Interface Sci. **23**, 577 (1967).
27) *Emmett, P. H.*, und *S. Brunauer*, J. Amer. Chem. Soc. **59**, 1553 (1937).
28) *Unger, K.*, Porous Silica, pp. $101 - 102$, Elsevier, (Amsterdam 1979).
29) *Drushel, H. V.*, und *A. L. Sommers*, Anal. Chem. **38**, 1723 (1966).
30) *Basila, M. R.*, Appl. Spectr. Rev. **1**, 289 (1968).
31) *Knözinger, H.*, Acta Cient. Venezolano 24, Suppl. 2 (1973).
32) *Morrow, B. A.*, und *I. A. Cody*, J. Phys. Chem. **77**, 1465 (1973).
33) *Kiselev, A. V.*, und *V. I. Lygin*, Kolloid Zhur. **22**, 403 (1960).
34) *Hockey, J. A.*, und *B. A. Pethica*, Trans. Faraday Soc. **57**, 2247 (1961).
35) *Van Cauwelaert, F. H., P. A. Jacobs* und *J. B. Uytterhoeven*, J. Phys. Chem. **76**, 1434 (1972).
36) *Kittelmann, U.*, Diplomarbeit, TH Darmstadt (1977).
37) *Van Roosmalen, A. J.*, und *J. C. Mol*, J. Phys. Chem. **82**, 2748 (1978).
38) *Borello, E., A. Zecchina* und *C. Morterra*, J. Phys. Chem. **71**, 2938 (1967).
39) *Davadov, V. Y.*, und *A. V. Kiselev*, Russ. J. Phys. Chem. 1404 (1963).
40) *Benesi, H. A.*, und *A. C. Jones*, J. Phys. Chem. **63**, 179 (1959).
41) *Hambleton, F. H., J. A. Hockey* und *J. A. Taylor*, Trans. Faraday Soc. **62**, 795 (1966).
42) *Snyder, L. R.*, und *J. P. Ward*, J. Phys. Chem. **710**, 394 (1966).
43) *McDonald, R. S.*, J. Phys. Chem. **62**, 1168 (1958).
44) *Armistead, C. G.*, J. Phys. Chem. **73**, 3947 (1969).
45) *Noller, H., B. Mayerböck* und *G. Zundel*, Surface Sci. **33**, 82 (1972).
46) *Morrow, B. A.*, und *I. A. Dody*, J. Phys. Chem. **80**, 1998 (1976).
47) *Peri, J. B.*, J. Phys. Chem. **70**, 2937 (1966).
48) *Ridgeway, K.*, und *M. Rubinstein*, J. Pharm. Pharmacol. **23**, 587 (1971).
49) *Wexler, A. S.*, Appl. Spectr. Rev. **1**, 29 (1967).
50) *Kössler, I.*, Methoden der IR-Spektroskopie in der chemischen Analyse, Geest und Portig (Leipzig 1964).
51) *Kiselev, A. V., B. V. Kuznetsov* und *S. N. Lanin*, J. Colloid Interface Sci. **69**, 148 (1979).

Anschrift der Verfasser:

Dr. U. Kittelmann u. a.
Institut für Anorganische Chemie
und Analytische Chemie
Johannes-Gutenberg-Universität
6500 Mainz

Progr. Colloid & Polymer Sci. **67,** 33 – 40 (1980)
© 1980 by Dr. Dietrich Steinkopff Verlag GmbH & Co. KG, Darmstadt
ISSN 0340-255 X

Lectures during the conference of the Kolloid-Gesellschaft e.V.,
October 2–5, 1979 in Regensburg

Institut für Physikalische Chemie, Universität München, München (W.-Germany)

Adsorption of alcohols on silica — evidence for the existence of aprotonic adsorption sites

H. Knözinger and *W. Stählin*

With 11 figures and 2 tables

Partially dehydroxylated silica surfaces are terminated by surface hydroxyl groups and siloxane bridges (1, 2). The hydroxyl groups have long been considered to be the only prominent adsorption sites (3), though some authors had also suggested the existence of so-called "strained" siloxane bridges (4 – 12):

which might act as adsorption sites. Spectroscopic evidence for the existence of strained siloxane bridges was reported recently by *Boccuzzi* et al. (13), who observed intrinsic surface vibrational modes. These could be assigned as coupled asymmetric and symmetric vibrations of Si–O–Si bridges which were mainly localized on the surface and hence more distorted than the bulk bridges. To explain the spectral features, angular distortions had to be assumed in agreement with the usual picture of strained siloxane bridges on silica surfaces. In addition, *Boccuzzi* et al. (13) also observed a band pair at 908 and 888 cm^{-1} after dehydroxylation above 873 K. The same features had also been reported by *Morrow* and *Devi* (14). Adsorption on and reactions of the aprotonic sites associated with these bands have been studied extensively by *Morrow* et al. (15 – 24). *Fink* and *Camara* (25), while studying the adsorption of water on silica by ir spectroscopy, reported that the first water molecules at low coverages were not adsorbed on hydroxyl groups but rather on aprotonic sites. Their adsorption structures suggest the possibility of a coordination number 5 for the surface silicon atoms involved in the corresponding adsorption sites (strained siloxane bridges).

These results suggested to us, that alcohols should also be adsorbed on aprotonic sites through coordination bonds. Since, however, the lower alcohols such as methanol and ethanol tend to undergo surface reactions with surface hydroxyl groups and reactive siloxane bridges (1, 2, 11, 18, 26 – 32), the reversible adsorption of these alcohols occurs on modified surfaces rather than on the virgin surface even at low temperatures. On the other hand, *Lambert* and *Singer* (33) have shown

that the chemisorption reactivity of pentanols decreased with chain branching. We have therefore studied the adsorption from the vapour phase of tertiary butanol and 2,2,4-trimethylpentan-3-ol, which have proved to be unreactive at temperatures below 400 K (32). The adsorption of diisopropyl ether has also been studied for comparison.

1. Experimental

1.1. Materials

The silica used was Aerosil Standard from Degussa, which had a N$_2$ BET surface area of (190 ± 10) m^2/g. The primary particle size of the non-porous spherical particles was 10 – 40 nm. The following impurities (ppm) have been detected by neutron activation analysis: Cr (1.26); Zn (14.2); Fe (77.1); Hg (0.37); Sb (1.5); Co (0.1).

Tert.butanol p. a. and di-isopropyl ether p. a. were from Merck, 2,2,4-trimethylpentan-3-ol was from Fluka. These substances were dried over molecular sieve 3 A and degassed before use.

1.2. Gravimetric measurements

These were carried out with a McBain balance which has been described previously (34). Pressures were measured by means of an aneroid manometer (Wallace & Tirnan) in the pressure range $13 \leq p \leq 2.7 \times 10^3$ Nm^{-2}, while a mercury manometer was applied for pressures $p \geq 2.7 \times 10^3$ Nm^{-2}. Weight changes were followed with a cathetometer. Buoyancy contributions were below the limits of detectability in the applied pressure ranges up to 8×10^3 Nm^{-2}. The accuracy of the pressure readings was 6 Nm^{-2} below 2.7×10^3 Nm^{-2} and about 60 Nm^{-2} with the mercury manometer. Sample temperatures could be determined with an accuracy of ± 0.5 K. The sensitivity of the McBain balance was 1.45×10^{-4} g. This corresponds to a limit of detectability of 1.5% of a theoretical monolayer for the adsorption of tert.-butanol (the lightest of the adsorbates used), when 0.12 g of adsorbent were applied. This amount of silica was mounted on the sample holder and heat treated *in situ* at the desired temperatures up to 973 K at a pressure $< 1.3 \times 10^{-2}$ Nm^{-2}. After setting the adsorption temperature, adsorption was measured by dosing the adsorbate vapour from a reservoir and subsequent desorption was followed by stepwise reduction of the pressure. Adsorption equilibrium was controlled via constancy of sample weight and pressure.

1.3. Infrared spectroscopy

The infrared cell and experimental procedures have been reported (32, 34 − 36). Self-supporting wafers of the silica have been used, which had a weight of approximately 0.02 g cm^{-2}. The spectra were recorded on a Perkin-Elmer spectrometer type 225. The resolution was better than 3 cm^{-1} in the range between 2800 and 4000 cm^{-1}. Spectra were recorded at a scan speed of 0.25 cm^{-1} sec^{-1}. Sample treatment and adsorption was carried out *in situ*, adsorption equilibrium being controlled by means of the band intensities. The sample temperature in the infrared beam was estimated to be (360 ± 10) K (37).

2. Results and Discussion

The adsorption of tertiary butanol (t-B), 2,2,4-trimethylpentan-3-ol (TMP), and of di-isopropylether (DIPE) has been studied in the temperature range $306 \leq T \leq 388$ K on silica samples which were dehydroxylated at 473, 773 and 973 K. The results obtained on SiO$_2$-973 (silica dehydroxylated at 973 K) will be described in detail, while those obtained for more hydroxylat-

ed samples will be included in the final discussion.

2.1. Adsorption isotherms and isobars

Figures 1 and 2 show sets of adsorption isotherm in the temperature range $296 \leq T \leq 378$ K on SiO$_2$-973 for t-B and TMP, respectively. These isotherms are completely reversible and tend to approach a saturation region at increasing pressures; the adsorbed amounts remain always below the theoretical monolayer capacity in the covered pressure ranges except for the lowest temperatures (< 313 K). The monolayer capacities are 3.1×10^{18} molecules m^{-2} and 2.2×10^{18} molecules m^{-2} for t-B and TMP, respectively, as calculated from the liquid densities. This suggests an adsorption of the alcohols within a monolayer under the present conditions, where multilayer and cluster formation occurs at the lowest temperatures only. The fact that the theoretical monolayer capacity is reached on SiO$_2$-973 is remarkable insofar as this surface bears only about 1 to 2×10^{18} OH's m^{-2}. This result suggests that the alcohol adsorption within a close-packed monolayer cannot exclusively occur on OH groups. Lateral intermolecular *H*-bonds could principally account for the monolayer formation. This, however, is definitely ruled out by the fact, that the DIPE adsorption capacity is not limited by the OH group density although the ethers cannot selfassociate via intermolecular *H*-bonds. More-

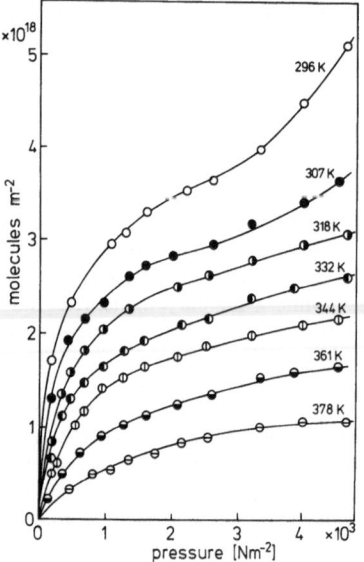

Fig. 1. Adsorption isotherms of tertiary butanol on SiO$_2$-973.

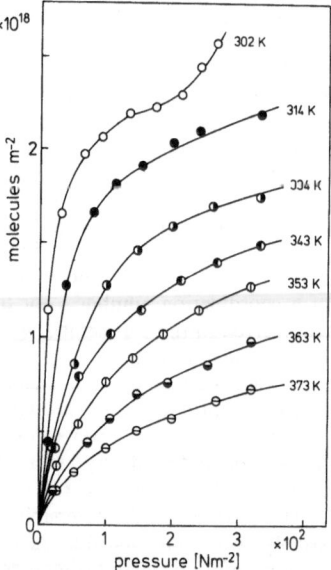

Fig. 2. Adsorption isotherms of 2,2,4-trimethylpentan-3-ol on SiO$_2$-973.

over, if the OH groups were the only adsorption sites, one would expect a decrease of the adsorption capacity with decreasing OH group density, i.e. with increasing dehydroxylation temperature. (The OH density of SiO_2 falls from about 4.5 OH's nm^{-2} after heat treatment at 773 K to about 1.5 OH's nm^{-2} after dehydroxylation at 973 K). This is obviously not the case, as shown in fig. 3 for t-B. These results therefore suggest, that aprotonic sites should be involved in the adsorption of alcohols and ethers.

Close inspection of the isotherms in figs. 1 and 2 indicates a change of isotherm shapes in the temperature range $333 \leq T \leq 353$ K, in that the isotherms rise unexpectedly flatly at the higher temperatures. This becomes even more evident from isobars which are shown in fig. 4. The slopes of these isobars change very abruptly in a narrow temperature range, which leads to a steeper branch in the range of temperatures above approximately 350 K. Exactly the same behaviour is also found for the ether. This suggests the unusual behaviour, that the heats of adsorption at temperatures $T \geq 350$ K would be higher than at temperatures $T \leq 330$ K. This is indeed the case, as will be discussed in the next paragraph.

2.2. Isosteric heats of adsorption

Isosteric heats have been obtained in the conventional way from the slopes of isosters. These isosters are well represented by two straight lines of different slope for each coverage, the break being observed at a temperature around 330 to 350 K, slightly depending on the dehydroxylation temperature and nature of adsorbate. The dependence of the isosteric heats of adsorption q_{st} on coverage is shown in fig. 5 for the adsorption of t-B and TMP on SiO_2-973. There are clearly two branches of dependences distinguishable for the lower and higher temperature ranges.

q_{st} for t-B is more or less independent of coverage at $T < 343$ K and is close to 40 kJ $mole^{-1}$, which corresponds to the latent heat of vaporization (at 356 K). This value would also be consistent with the formation of two H-bonds per alcohol molecule, if OH groups were the adsorption sites. However, at the low OH group density on this surface, the formation of two H-bonds per molecule adsorbed seems rather unlikely, al-

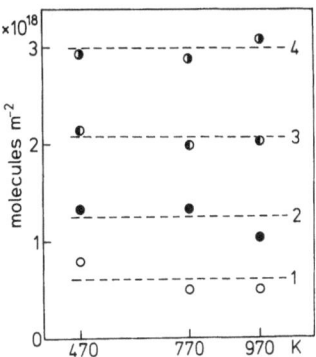

Fig. 3. Dependence of adsorbed amount of tertiary butanol on dehydroxylation temperature of the silica. – (1) 373 K, 7.98×10^2 Nm^{-2}; (2) 373 K, 3.99×10^3 Nm^{-2}; (3) 333 K, 7.98×10^2 Nm^{-2}; (4) 333 K, 3.99×10^3 Nm^{-2}.

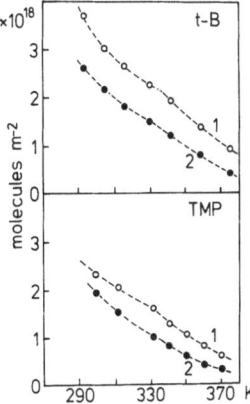

Fig. 4. Adsorption isobars for tertiary butanol and 2,2,4-trimethylpentan-3-ol on SiO_2-973. t-B: (1) 2.66×10^3 Nm^{-2}; (2) 6.65×10^2 Nm^{-2}. TMP: (1) 2.0×10^2 Nm^{-2}; (2) 66.5 Nm^{-2}.

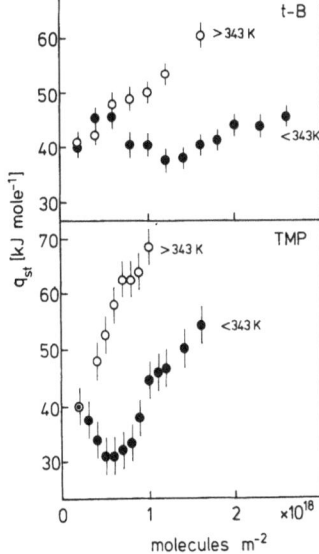

Fig. 5. Isosteric heats of adsorption of tertiary butanol and 2,2,4-trimethylpentan-3-ol on SiO_2-973.

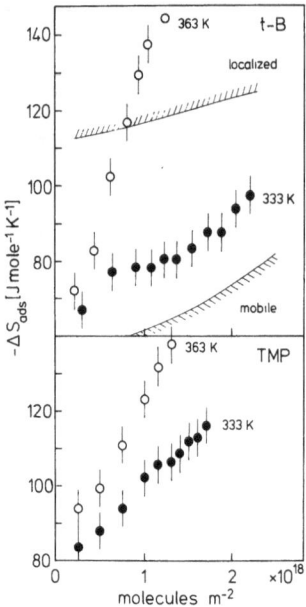

Fig. 6. Entropies of adsorption of tertiary butanol and 2,2,4-trimethylpentan-3-ol on SiO$_2$-973.

though one might expect the formation of one passive (surface OH group as *H*-bond donor) and one active (alcohol OH group as donor and surface oxygen as acceptor) *H*-bond per molecule. This possibility is, however, ruled out by infrared spectroscopic studies of the system, which clearly show that the alcoholic OH group is not being perturbed on adsorption (32) (see also section 2.4).

The dependence of q_{st} on coverage of TMP at $T < 343$ K is more complex than of t-B. Initially q_{st} falls from 40 kJ mole^{-1} to 30 kJ mole^{-1} and then rises again with increasing coverage and reaches a value of 55 kJ mole^{-1} at a coverage of 1.6×10^{18} molecules m^{-2}. Due to steric restrictions, TMP can only form dimers (most probably linear) in solution (37), so that one can hardly expect adsorption structures which would involve more than one *H*-bond. The relatively high heats of adsorption observed for the two alcohols at $T < 343$ K would therefore suggest adsorption on probably both protonic and aprotonic sites in agreement with the discussion of the adsorption isotherms. An analogous interpretation holds for the q_{st} values of DIPE at $T < 343$ K which rise from 33 kJ mole^{-1} at 0.1×10^{18} molecules m^{-2} to 52 kJ mole^{-1} at 1.4×10^{18} molecules m^{-2}.

The second branch for $T > 343$ K increases with coverage in all cases and reaches values of 60, 71 and 70.8 kJ mole^{-1} for t-B, TMP and DIPE, respectively, at a coverage corresponding

to 50% of the theoretical monolayer. These high values are certainly neither compatible with *H*-bond formation nor can they be explained by lateral associative interactions which would be excluded for TMP for steric reasons and for DIPE that has no *H*-bond donor properties.

2.3. Entropies of adsorption

The increase of q_{st} with coverage must be overcompensated by the entropy of adsorption $-\Delta S_{ads}$, so that the free enthalpy change on adsorption becomes less negative at increasing coverages. Analogously, two branches should be observed for $-\Delta S_{ads}$ for the two temperature regimes.

The experimental entropy of adsorption has been determined according to conventional procedures from the isotherms (38); thus:

$$-\Delta S_{ads} = R T \left(\frac{\partial \ln p}{\partial T} \right)_\Phi \qquad [1]$$

where R is the gas constant, p the pressure and Φ the spreading pressure. Φ is defined by equation [2]

$$\Phi = \frac{k T}{A_m} \times 10^{16} \int_0^p \frac{\Theta}{p} \, dp . \qquad [2]$$

In this equation A_m is the molecular area of the adsorbate, Θ the relative coverage and k Boltzmann's constant. The theoretical standard entropy change for various adsorption models has been estimated from the translational, rotational and vibrational contributions:

$$-\Delta S_{ads}^s = -\Delta S_s^{tr} - \Delta S^{rot} + {}_a S^{vib} . \qquad [3]$$

The vibration frequency of the adsorbed molecules relative to the surface has been estimated from the heats of adsorption (38, 39), while moments of inertia have been obtained for simplified models of the adsorbed molecules. Vibrational frequencies are found to be of the order of magnitude of 10^{12} sec^{-1} in all cases, as summarized in table 1. Table 2 summarizes the various calculated contributions to the standard enthalpy change for the three adsorbates at two tempera-

Table 1. Vibrational Frequencies (10^{12} sec^{-1}) of Adsorbate Molecules and their Dependence on the Dehydroxylation Temperature T_a.

	$T_a = 473$ K	$T_a = 773$ K	$T_a = 973$ K
t-B	4.01	4.12	4.12
TMP	2.94	2.76	3.11
DIPE	2.55	2.55	3.22

Table 2. Contributions to Standard Entropy of Adsorption (J mole^{-1} K^{-1}).

Adsorbate	t-B		TMP		DIPE	
T_{ads}	333 K	363 K	333 K	363 K	330 K	358 K
$-\Delta S_s^{tr}$ (mobile)	51.4	51.8	53.5	53.9	52.7	53.1
$-\Delta S_s^{tr}$ (localized)	164.7	166.4	171.4	173.5	168.5	170.1
$-\Delta S^{rot}$	63.5	63.9	73.6	74.4	74.4	75.2
$_aS^{vib}$ ($T_a = 473$ K) *)	13.0		16.3	18.4	16.7	17.1
$_aS^{vib}$ ($T_a = 773$ K) *)	13.4		15.9	16.7	16.7	14.6
$_aS^{vib}$ ($T_a = 973$ K) *)	13.4	15.1	15.1	15.9	14.6	13.4

*) Vibrational entropy for one degree of freedom.

tures of 333 and 363 K. The dependence of $-\Delta S_{ads}$ on coverage is obtained from the standard entropy change $-\Delta S_{ads}^s$ by taking into consideration either the entropy of congregation (38)

$$_aS^{gg} = -R \ln \left[\frac{\Theta}{1-\Theta_s} \Big/ \frac{\Theta_s}{1-\Theta_s} \right] \qquad [4]$$

for mobile adsorption, or the entropy of configuration (38)

$$_aS^{fig} = -R \left[\ln \frac{\Theta}{\Theta_s} + \frac{1-\Theta}{\Theta} \ln (1-\Theta) \right.$$
$$\left. - \frac{1-\Theta_s}{\Theta_s} \ln (1-\Theta_s) \right] \qquad [5]$$

for localized adsorption. Standard coverages Θ_s are defined as (38)

$$\Theta_s = 0.5 \qquad [6]$$

for localized adsorption and

$$\Theta_s = \frac{A_m}{4.08\ T} \qquad [7]$$

for mobile adsorption.

Some representative results are shown in fig. 6 for the adsorption of t-B and TMP on SiO$_2$-973 at 333 and 363 K. Two branches are observed for the two temperatures regimes in both cases, the entropy of adsorption being more negative for the higher temperature. The entropy of adsorption is also becoming more negative as the coverage increases. Comparison with the theoretical entropy changes indicates a stronger motional restriction in the higher temperatures regime, which is compatible with the higher heats of adsorption in this regime. Thus, entropy changes suggest a stronger localization of the adsorbed molecules at higher temperatures and coverages.

2.4. Infrared spectroscopy

Figs. 7–9 show infrared spectra (4000–2500 cm^{-1}) of adsorbed t-B, TMP and DIPE, respectively, on SiO$_2$-973 at several coverages. The temperatures of the wafer in the infrared beam

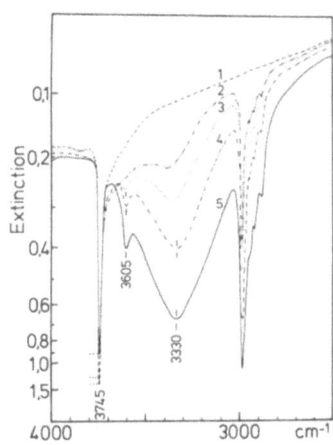

Fig. 7. Ir-spectra of tertiary butanol adsorbed on SiO$_2$-973:
(1) background; (2) $\Theta = 0.01$; (3) $\Theta = 0.05$; (4) $\Theta = 0.15$; (5) $\Theta = 0.4$.

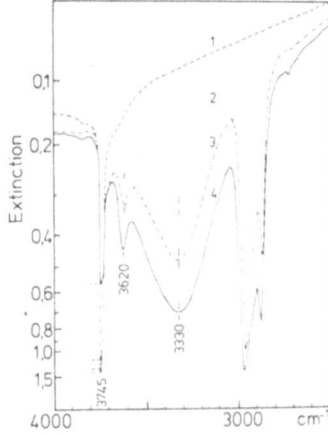

Fig. 8. Ir-spectra of 2,2,4-trimethylpentan-3-ol adsorbed on SiO$_2$-973:
(1) background; (2) $\Theta = 0.12$; (3) $\Theta = 0.3$; (4) $\Theta = 0.5$.

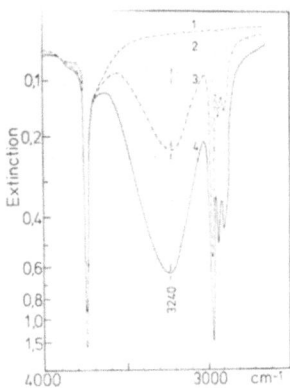

Fig. 9. Ir-spectra of di-isopropylether adsorbed on SiO$_2$-973:
(1) background; (2) 106 Nm^{-2}; (3) 1.75 × 10^3 Nm^{-2}; (4) 1.24 × 10^4 Nm^{-2}.

was approximately 360 K, i.e. the spectra correspond to adsorbed species in the higher temperature regime. The OH stretching band of unperturbed isolated OH groups is found at 3745 cm^{-1}. On adsorption, the intensity of this band is decreasing, while the C−H stretching bands (2800 to 3000 cm^{-1}) and a broad band centered between 3300 and 3340 cm^{-1} are growing simultaneously. This broad band is clearly indicative for *H*-bond formation (2, 13, 26, 32). In the case of the alcohol adsorption an additional sharper band occurs at 3605 cm^{-1} for t-B and at 3620 cm^{-1} for TMP, which is assigned as the OH stretching band of free, unperturbed alcoholic OH groups (32). The observation of this band and the perturbation of surface OH groups clearly indicates, that the *H*-bond formation occurs between surface silanol groups as *H*-bond donors and the free electron pairs located on the

hydroxyl oxygen atom of the alcohol. Thus, the *H*-bonded adsorption structures for the alcohols in the monolayer must be analogous to those of the ether and intermolecular interactions via *H*-bonds must be excluded. This supports the conclusions already drawn from adsorption isotherms and heats of adsorption.

Infrared spectra did not give direct evidence for the adsorption on aprotonic sites. If *H*-bonding were the only adsorption mechanism and if a 1:1 ratio were adopted between perturbed OH groups and adsorbed molecules (which would seem reasonable for SiO$_2$-973), one would expect a linear correlation between the intensity decrease of the 3745 cm^{-1} band of the free silanols and the intensity of a characteristic C−H streching band. The C−H bands would be a measure of the total number of molecules adsorbed independent of their individual adsorption structure, while the decrease of the 3745 cm^{-1} band would be a measure of the number of OH groups which are involved in *H*-bonding. (The band of the asymmetric stretch of CH$_3$ groups at 2980 cm^{-1} has been chosen for t-B and DIPE, while the band of the symmetric stretch of CH$_3$ groups at 2880 cm^{-1} has been used for TMP.) Intensities are represented as extinction at peak maximum. These correlations are shown in fig. 10. Linear correlations are not obtained, instead the perturbation of the OH groups is extremely small or even negligible at low coverages. Only at increasing coverages increases the number of OH groups which are involved in *H*-bonding. Thus, these correlations demonstrate undoubtedly that alcohol and ether molecules are adsorbed on aprotonic sites, this interaction being the preferred one at low coverages. A principally analogous behaviour is observed on silica surfaces with higher OH group densities. A more detailed analysis of infrared spectra including the overtone and combination region will be published elsewhere (37).

3. Conclusions

The present results provide experimental evidence for the existence of aprotonic sites on silica surfaces. Adsorption of alcohols and ethers thus leads to formation of *H*-bonded and coordinatively bound species. The existing literature gives further examples for these different adsorption sites for other adsorbates (15 − 25). The

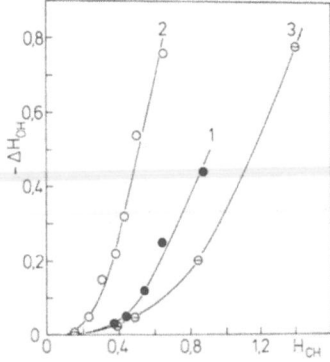

Fig. 10. Correlation between decrease of extinction of OH stretching and increase of extinction of characteristic CH stretching bands during adsorption on SiO$_2$-973: (1) t-B; (2) TMP, (3) DIPE.

aprotonic sites have to be considered as "strained" siloxane bridges, though polar groups such as

have also been considered possible (1). The unusual behaviour of heats and entropies of adsorption seems to be connected to the specific interaction of the adsorbates with the strained siloxane bridges. The following model is assumed to consistently explain the observed phenomena:

Adsorbate molecules are coordinated onto a silicon atom within a strained siloxane bridge (I) at low temperatures and pressures. The contributions of these species to the heat adsorption may explain the relatively high interaction energies. The silicon atom is five-coordinate in this structure, which corresponds to the one suggested by *Fink* and *Camara* (25) for water adsorption. Five-coordinate silicon atoms have also been postulated in other systems on the basis of x-ray diffraction studies (40). Moreover, quantum chemical considerations have demonstrated that analogous species in the case of water adsorption are among the energetically most favoured adsorption structures (41, 42). It is suggested that structure I corresponds to a short-lived intermediate in the reaction of the siloxane bridge with more reactive alcohols such as methanol or ethanol. This structure is stabilized in the present systems due to the lower reactivity of the adsorbates. However, at increasing pressures some of the most reactive bridges may be opened to form structure II; this process explains the increase of q_{st} with increasing coverage and it becomes the predominant adsorption process on the aprotonic sites at higher temperatures. This

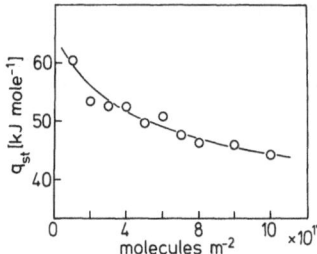

Fig. 11. Isosteric heat of adsorption of tertiary butanol on methanol treated SiO_2-973.

explains the high temperature branch of q_{st} as well as the reduced mobility of the adsorbed molecules at higher coverage and temperature.

This model can be supported in two ways. First, reaction of the SiO_2 surface at 460 K with methanol eliminates preferrentially strained and reactive siloxane bridges (31). Modification of a SiO_2-973 in this way eliminates the anomalies of the adsorption isotherms and heats and entropies of adsorption. The isosteric heat of adsorption of t-B shows the normal behaviour (fig. 11), i.e. q_{st} approaches the heat of vaporization with increasing coverage and the splitting into two branches for lower and higher temperatures has vanished. This must be due to the elimination of the aprotonic adsorption sites by reaction with methanol. Secondly, under more severe conditions – 433 K for t-B and TMP and 623 K for DIPE and reaction times of up to 20 h – lead to irreversible surface reactions between the siloxane bridges and the adsorbates studied in the present work; this supports the suggestion that structure I can indeed be considered as an intermediate of the respective reaction.

Summary

The adsorption of tertiary butanol, 2,2,4-trimethylpentan-3-ol, and of di-isopropylether on silicas of different hydroxyl group densities has been studied by gravimetry and infrared spectroscopy. The adsorption of these molecules is entirely reversible. Isosteric heats and entropies of adsorption as well as infrared results suggest a rather complex and unusual adsorption behaviour, in which *H*-bonding between silanol groups as *H*-bond donors and adsorbate molecules as *H*-bond acceptors as well as a coordinative adsorption are being involved. The coordination sites are identified as "strained" siloxane bridges which are assumed to be reversibly opened under the action of the adsorbate at sufficiently high temperatures and pressures. The coordinated species are being considered as precursor states for the dissociative chemisorption under more severe conditions.

Zusammenfassung

Mit Hilfe von gravimetrischen und infrarotspektroskopischen Methoden wurde die Adsorption von tertiärem Butanol, von 2.2.4-Trimethylpentan-3-ol und von Diisopropyläther an Siliziumdioxiden mit unterschiedlichem Hydroxylgruppengehalt untersucht. Die Adsorption ist vollständig reversibel. Isostere Adsorptionswärmen und Adsorptionsentropien legen zusammen mit spektroskopischen Ergebnissen ein äußerst komplexes und ungewöhnliches Adsorptionsverhalten nahe. Dabei sind *H*-Brückenwechselwirkungen zwischen Silanolgruppen als *H*-Brückendonatoren und den Adsorbatmolekülen als *H*-Brückenakzeptoren ebenso beteiligt wie koordinative Adsorptionswechselwirkunden. Die Koordinationszentren sind „gespannte" Siloxanbrücken, von denen angenommen wird, daß sie in Anwesenheit des Adsorptivs bei genügend hohen Temperaturen und Drücken reversibel geöffnet werden. Die koordinierten Spezies werden als Vorstufe für die dissoziative Chemisorption betrachtet.

Acknowledgements

Financial support by the Deutsche Forschungsgemeinschaft and the Fonds der Chemischen Industrie is gratefully acknowledged. W. S. is indebted to the Stipendien-Fonds of the Verband der Chemischen Industrie for a grant.

References

1) *Boehm, H. P.*, Adv. Catalysis Relat. Subj. **16**, 179 (1966).
2) *Knözinger, H.*, in: The Hydrogen Bond, *P. Schuster, G. Zundel*, and *C. Sandorfy*, Eds., Vol. 3, p. 1263, North Holland Publ. Comp. (Amsterdam 1976).
3) *Curthoys, G., V. Ya. Davydov, A. V. Kiselev, F. A. Kiselev*, and *B. V. Kuznetsov*, J. Colloid Interf. Sci. **48**, 58 (1974).
4) *Sidorov, A. N.*, Zh. Fiz. Khim. **30**, 955 (1956).
5) *Egorov, M. M.*, Kolloid & Z. Polym. **212**, 126 (1966).
6) *Sidorov, A. N.*, Optik. Spektrosk. **8**, 806 (1960).
7) *Kubelkova, L.*, Collect. Czech. Chem. Commun. **37**, 2853 (1972).
8) *Kiselev, A. V.*, Disc. Faraday Soc. **52**, 14 (1971).
9) *Kunavicz, J., P. Jones*, and *J. A. Hockey*, Trans. Faraday Soc. **67**, 848 (1971).
10) *Peglar, R. J., F. H. Hambleton*, and *J. A. Hockey*, J. Catal. **20**, 309 (1971).
11) *Borello, E., A. Zecchina*, and *C. Morterra*, J. Phys. Chem. **71**, 2938, 2945 (1967).
12) *Clark-Monks, C.* and *B. Ellis*, J. Colloid. Interf. Sci. **44**, 37 (1973).
13) *Boccuzzi, F., S. Coluccia, G. Ghiotti, C. Morterra*, and *A. Zecchina*, J. Phys. Chem. **82**, 1298 (1978).
14) *Morrow, B. A.* and *A. Devi*, JCS Faraday I **68**, 403 (1972).
15) *Morrow, B. A.* and *A. Devi*, Chem. Commun. 1237 (1971).
16) *Morrow, B. A.* and *I. A. Cody*, J. Phys. Chem. **77**, 1465 (1973).
17) *Morrow, B. A.* and *P. Ramamurthy*, J. Phys. Chem. **77**, 3052 (1973).
18) *Morrow, B. A.*, JCS Faraday I **70**, 1527 (1974).
19) *Morrow, B. A.* and *I. A. Cody*, JCS Faraday I **71**, 1021 (1975).
20) *Morrow, B. A.* and *I. A. Cody*, J. Phys. Chem. **79**, 761 (1975).
21) *Morrow, B. A., I. A. Cody*, and *L. S. M. Lee*, J. Phys. Chem. **79**, 2405 (1975).
22) *Morrow, B. A.* and *I. A. Cody*, J. Phys. Chem. **80**, 1995 (1976).
23) *Morrow, B. A.* and *I. A. Cody*, J. Phys. Chem. **80**, 1998 (1976).
24) *Morrow, B. A., I. A. Cody*, and *L. S. M. Lee*, J. Phys. Chem. **80**, 2761 (1976).
25) *Fink, P.* and *B. Camara*, Z. Chem. **12**, 35 (1972).
26) *Low, M.-J. D.* and *Y. Harano*, J. Res. Inst. Catalysis Hokkaido Univ. **16**, 271 (1968).
27) *Kubelková, L., P. Schürer*, and *P. Jirů*, Surface Sci. **18**, 245 (1969).
28) *McDonald, R. S.*, J. Phys. Chem. **62**, 1175 (1958).
29) *Beliakova, L. D.* and *A. V. Kiselev*, Dokl. Akad. Nauk SSSR, **70**, 441 (1950).
30) *Bavarez, M.* and *J. Bastick*, J. Chim. Phys. **66**, 935 (1969).
31) *Mertens, G.* and *J. J. Fripiat*, J. Colloid Interf. Sci. **42**, 169 (1973).
32) *Jeziorowski, H., H. Knözinger, W. Meye*, and *H. D. Müller*, JCS Faraday I **69**, 1744 (1973).
33) *Lambert, R.* and *N. Singer*, J. Colloid Interf. Sci. **45**, 440 (1973).
34) *Knözinger, H.* and *H. Stolz*, Fortsch. Kolloide Polymere **55**, 56 (1971).
35) *Knözinger, H., H. Stolz, H. Bühl, G. Clement*, and *W. Meye*, Chem. Ing. Techn. **42**, 548 (1970).
36) *Knözinger, H.*, Acta Cient. Venezolana **24**, Supl. 2, 76 (1973).
37) *Knözinger, H.* and *W. Stählin* (to be published).
38) *Ross, S.* and *J. P. Olivier*, On Physical Adsorption, Interscience Publ. (New York, London, Sydney 1964).
39) *Jeziorowski, H.* and *H. Knözinger*, Z. Phys. Chem. (Frankfurt) **90**, 155 (1974).
40) *Weiss, A.*, (personal communication).
41) *Dunken, H. H.* and *H. Hobert*, Z. Phys. Chem. **260**, (Leipzig 1979) (in press).
42) *Dunken, H. H.*, (personal communication).

Author's address:

Prof. Dr. *H. Knözinger*, Dr. *W. Stählin*
Institut für Physikalische Chemie
Universität München
Sophienstr. 11
D-8000 München 2

Progr. Colloid & Polymer Sci. **67,** 41 – 47 (1980)
© 1980 by Dr. Dietrich Steinkopff Verlag GmbH & Co. KG, Darmstadt
ISSN 0340-255 X

Vorgetragen auf der Hauptversammlung der Kolloid-Gesellschaft e.V. in Regensburg,
2. bis 5. Oktober 1979

*Institut für Technische Chemie der Technischen Universität München, Lehrstuhl für Makromolekulare Stoffe,
Garching (Federal Republic of Germany)*

Infrarotspektrometrische und mikrokalorimetrische Untersuchungen zur Haftstellenanzahl estergruppenhaltiger Polymerer an der Silica (Aerosil)-CCl₄-Grenzfläche

E. Killmann und *M. Korn*

Mit 11 Abbildungen und 2 Tabellen

Die quantitative IR-Spektrometrie adsorbierter estergruppenhaltiger Substanzen, speziell aus CCl_4-Lösung an Silica, bietet die Möglichkeit, einerseits die Zahl der adsorbierten Polymersegmente, andererseits die Zahl der adsorptiv besetzten Oberflächenplätze des pyrogenen Silica (Aerosil) zu bestimmen.

Mikrokalorimetrische Messungen der Adsorptions- und Immersionsenthalpien an denselben Systemen ergänzen diese Untersuchungen und führen zur Aufklärung der Energetik der Polymeradsorption. Voraussetzung dazu ist die reproduzierbare Vorbehandlung (Feststoffausheizung, standardisierte Mischung, Desagglomerierung) der Aerosil-CCl₄-Suspension.

Diese Thematik, sowie die Ultraschalldispergierung, die Charakterisierung der Morphologie und Teilchengrößenverteilung des Adsorbens in wäßriger Suspension wird in einer gesonderten Publikation behandelt (1).

Mit Hilfe des ermittelten Extinktionskoeffizienten ($\varepsilon_{OH} = 1,79 \cdot 10^{-5}\,mol^{-1}\,cm^2$) bei der Wellenzahl der freien Silanolgruppen ($\bar{\nu}_{OH} = 3965$ cm^{-1} in CCl_4) ist es möglich, die Oberflächenkonzentration an verbleibenden freien, unbelegten SiOH-Gruppen als Funktion der adsorbierten Menge quantitativ zu bestimmen. Der verwendete Extinktionskoeffizient ist durch Titration der SiOH-Gruppen an extrem ausgeheiztem Aerosil mit Lithium-Aluminiumhydrid bestimmt worden (2).

Durch Messung der Extinktion der C=O- bzw. CH-Bande der Substanzen in der überstehenden Lösung läßt sich deren Konzentration

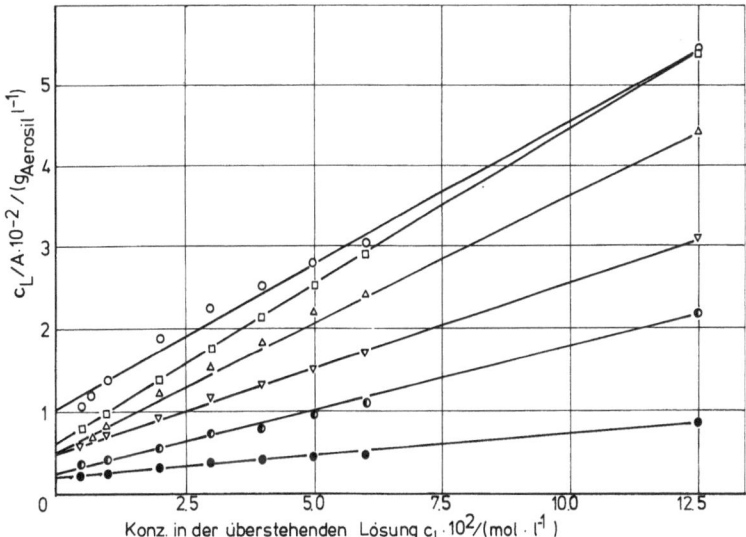

Fig. 1. Adsorptionsisothermen nach Langmuir; Systeme: Monomer – Tetrachlorkohlenstoff – Aerosil 200; Monomere: (◑) Hexanol-(1); (▽) Butanon; (●) Ethanol; (△) Hexanon-(2); (□) Essigsäure-n-butylester; (○) Di-n-propylether.

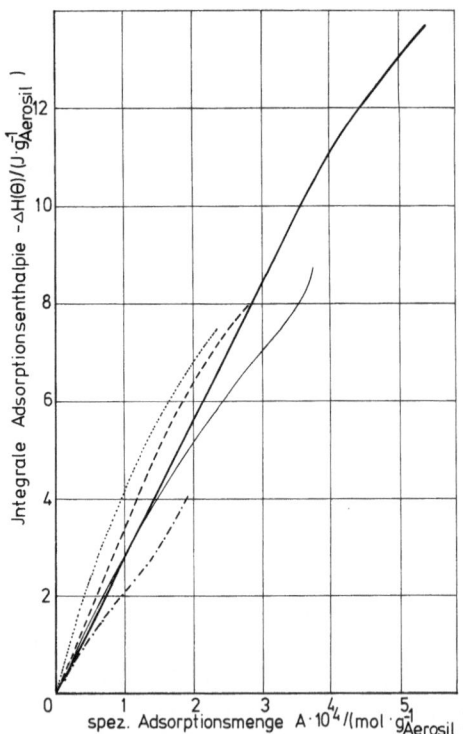

Fig. 2. Integrale Adsorptionsenthalpie $\Delta H(\Theta)$ als Funktion der spezifischen Adsorptionsmenge A: Systeme: Adsorptiv – Tetrachlorkohlenstoff – Aerosil 200; (– · – · – · – ·) Essigsäure-n-butylester; (· · · · ·) Di-n-propylether; (– – – – – –) Hexanol-(1); (———) Butanon; (– – – –) Hexanon-(2).

bestimmen; aus der Differenz zur Einwaagekonzentration ergibt sich die spezifische Adsorptionsmenge A und damit die Mengenisotherme.

In fig. 1 sind die Isothermen für die niedermolekularen monofunktionellen Substanzen in einem Langmuir-Plot aufgetragen, Langmuirverhalten nachweisend.

Die Sättigungsmengen dieser monofunktionellen Substanzen sind in der Tabelle I aufgeführt und können mit der Monoschicht-Kapazität, die nach *Brunnauer-Emmet* (3) errechnet wurde, verglichen werden.

Die Konzentration der freien SiOH-Gruppen des standard-vorbehandelten, nicht belegten Aerosils, beträgt $5{,}3 \cdot 10^{-4}$ mol $g_{Aerosil}^{-1}$, die totale Konzentration der SiOH-Gruppen $7{,}9 \cdot 10^{-4}$ mol $\cdot$ $g_{Aerosil}^{-1}$.

Mit Ausnahme der Alkohole liegen alle Sättigungsmengen A_∞ unter den Monoschichtmengen A_m und unter der SiOH-Oberflächenkonzentration. Mit steigender Molmasse der Substanzen gleichen Typs (Keton, Ester, Ether, Alkohol) nehmen die Sättigungsmengen ab. Alle diese Substanzen zeigen einen linearen Anstieg der integralen Adsorptionsenthalpie mit der Bedeckung, d. h. konstante differentielle molare Bindungsenthalpie (Fig. 2) und weisen daher energetische Äquivalenz aller SiOH-Gruppen für alle Bedeckungen nach (2).

Tabelle I. Monoschichtmengen A_m, Sättigungsmengen A_∞ und Mehrfachwechselwirkungsquotienten Q.

Nr. Adsorptivnummer in Fig. 11		A_m [a] (10^{-4} mol $g_{Aerosil}^{-1}$)	A_∞	Q $\Theta = 0{,}15$	$\Theta > 0{,}5$
1	1-Hexanol	8,5	5,4	0,7	0,7
2	Ethanol	15,2	14,1		
3	Ethylenglycolmonoethylether	11,8	9,2 [b]		
4	2-Butanon	11,5	3,8	1,5	0,8
5	2-Hexanon	9,3	2,7	1,7	1,1
–	Diethylether	11,3	5,0 [b]		
6	Di-n-propylether	8,6	2,2	1,4	1,4
7	Essigsäure-n-butylester	8,9	1,9	1,3	1,3
–	Propionsäure-n-butylester	7,6	1,64 [c]		
8	Tetrachlorkohlenstoff	10,9	–		
12	PBMA 2400	10,4	7,6		
13	PBMA 55000	10,4	10,2		
14	PBMA 1570000	10,4	10,2		
10	PCL	8,9	18,2		
11	PVAC	10,8	33,6		
15	PEG 600	20,7	26,4 [b]		
16	PEG 6000	20,7	40,4 [b]		

[a]) berechnet nach *Emmet* and *Brunauer* (3)
[b]) nach *Killmann* and *Winter* (8)
[c]) nach *Joppien* (9)

Aus diesem Grunde kann eine Konkurrenzadsorption des Adsorptivs mit dem Lösungsmittel um die Oberflächenplätze nicht die Ursache für die unvollständige Belegung und für die unterschiedlichen Sättigungswerte der verschiedenen Ester, Ketone, Alkohole und Ether sein. Vielmehr postulieren wir in Übereinstimmung mit *Mills* und *Hockey* (4), daß dieses Verhalten durch die Solvatation der Adsorptive durch Tetrachlorkohlenstoff zu erklären ist. Die voluminöse CCl₄-Solvathülle der Adsorptivmoleküle hindert die Adsorption weiterer Moleküle an die Oberfläche. Eine notwendigerweise eintretende Desolvatation bei weiterer Adsorption ist offenbar energetisch ungünstig.

Die Sättigungswerte von Ethanol und Ethylenglycolmonoethylether überschreiten die verfügbare SiOH-Gruppen-Konzentration. Darüberhinaus zeigt die Adsorptionsenthalpie des Ethanols im Gegensatz zu den anderen vorher diskutierten Substanzen einen konvexen Verlauf der Adsorptionsenthalpie mit steigender Adsorptionsmenge bzw. -bedeckung (Fig. 3).

Danach nimmt die differentielle Adsorptionsenthalpie dann deutlich ab, wenn die adsorbierte Menge die SiOH-Gruppenkonzentration übersteigt. Folglich findet die Adsorption offenbar zusätzlich an anderen weniger energetischen Adsorptionsplätzen statt, z. B. an den Siloxangruppen oder schon besetzten Silanolgruppen.

Die Adsorptionsisothermen (Fig. 4) der Polymeren Poly(methacrylsäure-n-butylester) (M_w 3200, 100000, 4000000), Poly(ε-caprolacton) (M_w 33000), Poly(vinylacetat) (M_w 25000) zeigen den typischen Hochaffinitätscharakter mit

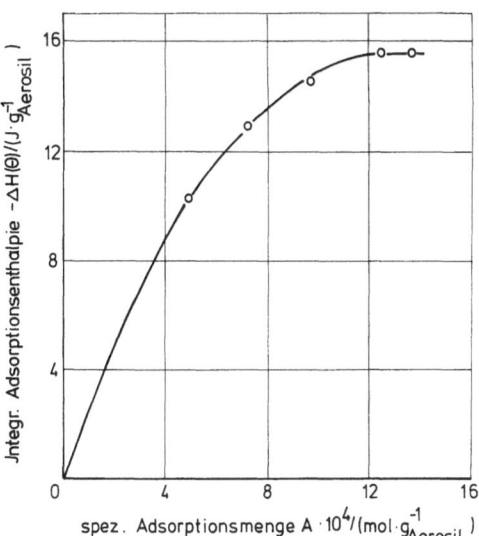

Fig. 3. Integrale Adsorptionsenthalpie $\Delta H (\Theta)$ als Funktion der spezifischen Adsorptionsmenge A; System: Ethanol – Tetrachlorkohlenstoff – Aerosil 200.

steilem Anfangsanstieg. Die Sättigungsmengen A_∞ übersteigen die Monoschichtmengen A_m und die SiOH-Gruppenkonzentration deutlich.

Für diese polymeren Substanzen konnte, wie oben dargestellt, aus der Extinktion der SiOH-Bande über den gesamten Adsorptions- bzw. Bedeckungsbereich die Konzentration ΔC_{OH} an gebundenen SiOH-Gruppen bzw. gemäß Gl. [1] der für den Anteil an gebundenen SiOH-Gruppen charakteristische Parameter p_{OH} ermittelt werden,

$$p_{OH} = \frac{-\Delta c_{OH}}{c_A} \qquad [1]$$

wobei $c_A = A \cdot c_S$ der Konzentration des Adsor-

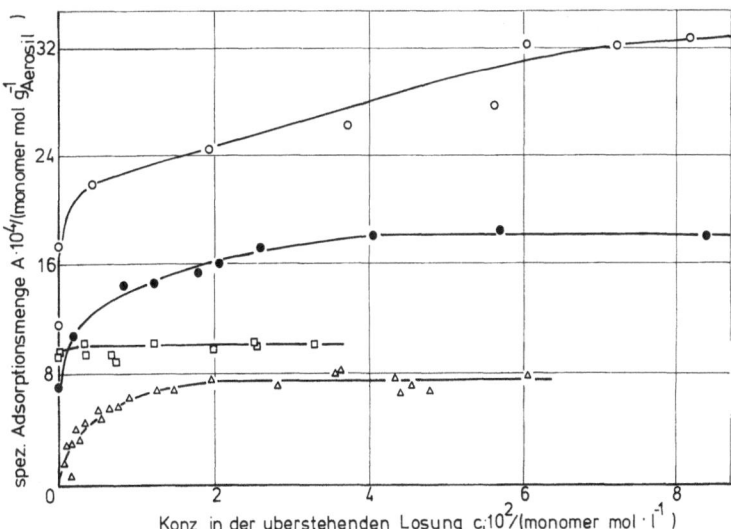

Fig. 4. Adsorptionsisothermen; Systeme: Polymer – Tetrachlorkohlenstoff – Aerosil 200; Polymer: (●) Poly(caprolacton); (○) Poly(vinylacetat); (△) Poly(butylmethacrylat) 2400; (□) Poly(butylmethacrylat) 55000.

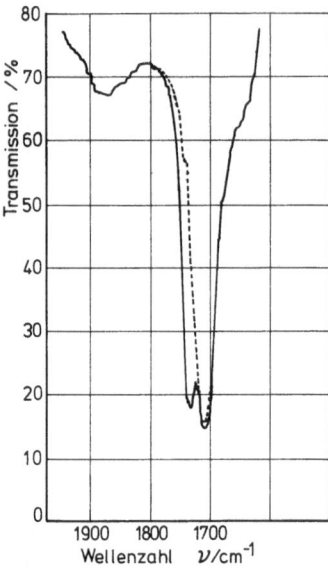

Fig. 5. IR-Spektrum des Systems Poly(caprolacton) − Tetrachlorkohlenstoff − Aerosil 200; Einwaagekonzentration von Poly(caprolacton) $c_E = 1{,}80$ monomer mol l^{-1}, Feststoffkonzentration $c_S = 30$ g$_{Aerosil}$ l^{-1}, Küvettenschichtdicke ,d = 1,2 mm; ———— nach der Kompensation mit Gleichgewichtslösung der Konzentration c_L, − − − − − nach der Kompensation auf die Basislinie

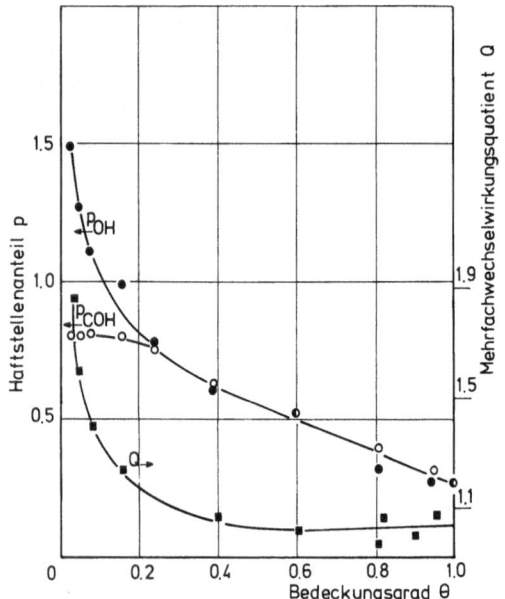

Fig. 6. Haftstellenanteil p und Mehrfachwechselwirkungsquotient Q als Funktion des Bedeckungsgrades Θ. System: Poly(caprolacton) − Tetrachlorkohlenstoff − Aerosil 200

$A_\infty = 18{,}2 \cdot 10^{-4}$ monomer mol g$_{Aerosil}^{-1}$
$A_m = 8{,}9 \cdot 10^{-4}$ monomer mol g$_{Aerosil}^{-1}$.

bats und c_S der Feststoffkonzentration entsprechen.

Mit einer modifizierten, zunächst von *Fontana* und *Thomas* (5) benutzten Methode wurde weiterhin aus den Absorptionsbanden (Fig. 5) der freien und adsorbierten Karbonylgruppen nach Gl. [2] der Anteil p_{COH} an adsorbierten Karbonylgruppen bestimmt:

$$p_{COH} = \frac{c_{COH}}{c_A}.$$ [2]

Die Konzentration c_{COH} der adsorbierten Polymersegmente wird dabei durch drei verschiedene Kompensationsverfahren aus den Extinktionen der Banden der freien und gebundenen Karbonylgruppen erhalten. Damit ergibt sich ein Mehrfachwechselwirkungsquotient Q für jede Bedeckung, der dem Verhältnis der Zahl der adsorptiv gebundenen SiOH-Gruppen zur Zahl der gebundenen Karbonylgruppen entspricht:

$$Q = \frac{p_{OH}}{p_{COH}} = \frac{-\Delta c_{OH}}{c_A \cdot p_{COH}}.$$ [3]

Die Resultate zeigen, daß dieses Verhältnis nicht stöchiometrisch $Q = 1$ ist.

Vielmehr ergeben sich abhängig von der Art des Adsorptivs und von der Oberflächenbedeckung Werte $Q < 1$ und $Q > 1$ sowohl für die nie-

dermolekularen (Tab. I) als auch für die hochmolekularen Adsorptive (Fig. 6 bis 9).

Mehrfachwechselwirkungsquotienten $Q > 1$, wie sie beispielsweise auch bei Poly (ε-caprolacton) ($Q \sim 2$ bei niedrigen Bedeckungen) vorliegen (Fig. 6), bedeuten, daß mehr als eine SiOH-Gruppe mit einer Karbonylgruppe in Wechselwirkung tritt.

Dies ist in Übereinstimmung mit dem Auftreten von geminalen bzw. vicinalen SiOH-Gruppen in Paaren, die Bindungen zu einer dazwischengeschobenen Karbonylgruppe eingehen.

Die zwei SiOH-Gruppen im geminalen Paar können auch bei höheren Temperaturen nicht miteinander kondensieren, da die freiwerdende Valenz am Si-Atom nicht abgesättigt werden kann; die auf der ausgeheizten Oberfläche verbliebenen vicinalen SiOH-Gruppen können aufgrund ihres gegenseitigen Abstandes nicht kondensieren.

Der Abfall der Q-Werte mit höheren Bedeckungen kann erklärt werden durch die ansteigende gegenseitige Konkurrenz der Karbonylgruppen um die SiOH-Gruppen.

$Q < 1$-Werte lassen sich erklären entweder durch die Wechselwirkung von mehr als einer Karbonylgruppe mit einer SiOH-Gruppe oder

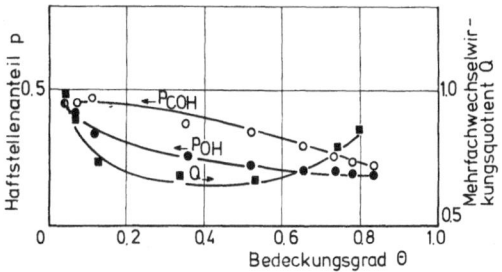

Fig. 7. Haftstellenanteile p und Mehrfachwechselwirkungsquotient Q als Funktion des Bedeckungsgrades Θ. System: Poly(vinylacetat) – Tetrachlorkohlenstoff – Aerosil 200
$A_\infty = 33,6 \cdot 10^{-4}$ monomer mol g_{Aerosil}^{-1}
$A_m = 10,8 \cdot 10^{-4}$ monomer mol g_{Aerosil}^{-1}.

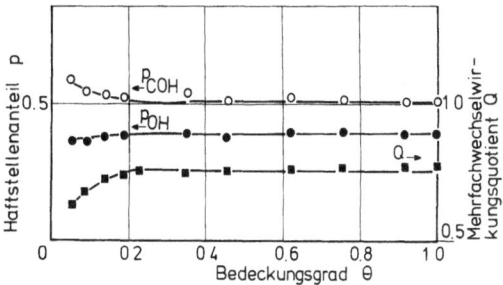

Fig. 9. Haftstellenanteile p und Mehrfachwechselwirkungsquotient Q als Funktion des Bedeckungsgrades Θ. System: Poly(butylmethacrylat) M_n 55000 – Tetrachlorkohlenstoff – Aerosil 200
$A_\infty = 10,2 \cdot 10^{-4}$ monomer mol g_{Aerosil}^{-1}
$A_m = 10,4 \cdot 10^{-4}$ monomer mol g_{Aerosil}^{-1}.

durch die zusätzliche Adsorption an anderen Adsorptionsplätzen (Fig. 7, 8, 9).

Als solche alternative Plätze kommen in erster Linie die von *Morrow* (6) nachgewiesenen gespannten Siloxanbrücken in Frage, wobei die Bindung über Charge-Transfer erfolgt. Die Möglichkeit der Adsorption an noch vorhandenen, gegenseitig *H*-verbrückten SiOH-Gruppen, ist ebenfalls nicht außer acht zu lassen. Doch spricht dagegen, daß auch bei hoch ausgeheiztem Silica – bei dem nahezu keine gegenseitig *H*-verbrück-

ten SiOH-Gruppen mehr auftreten – noch Werte $Q < 1$ gefunden werden.

Eine Änderung der p_{OH}-, p_{COH}- und Q-Werte mit der Bedeckung weist nach, daß die Konformation der adsorbierten Makromoleküle von der Bedeckung abhängig ist. Konstanz dieser Werte deutet auf eine bedeckungsunabhängige Konformation hin. Insgesamt zeigen die Ergebnisse, daß alle untersuchten Polymere mit einem relativ hohen Haftstellenanteil am Aerosil gebunden sind ($p_{\text{COH}} \geq 0,4$).

Die mikrokalorimetrischen Untersuchungen zur Polymeradsorption dienen der Ermittlung der integralen Adsorptionsenthalpie $\Delta H(\Theta)$ als ein analytisches Maß für den Anteil der adsorbierten Polymersegmente (Haftstellenanteil p_{COH}) und der Bestimmung der Bindungsenthalpie $\Delta H_{P,A}$ sowie der Erfassung der Einflüsse der Solvatation und Konkurrenzwechselwirkung. Figur 10 zeigt den Verlauf der gemessenen integralen Adsorptionsenthalpien für die untersuchten Polymeren.

Für die integrale Adsorptionsenthalpie $\Delta H(\Theta)$ läßt sich Gl. [4] formulieren:

$$-\Delta H(\Theta) = -n \, \Delta H_{P,A} + n \, \Delta H_{L,A} + n \, \Delta H_{P,L} + \Delta H_{P,P} \quad J. \qquad [4]$$

Unter Vernachlässigung der Änderungen der Wechselwirkungen zwischen Polymer und Lösungsmittel ($\Delta H_{P,L}$) und zwischen Polymer und Polymer ($\Delta H_{P,P}$) ergibt sich Gl. [5].

$$H_{P,A} = \frac{\Delta H(\Theta)}{n} + \Delta H_{L,A} \quad J \text{ monomer mol}^{-1} \qquad [5]$$

mit $n = p_{\text{COH}} \cdot A$ monomer mol g_{Aerosil}^{-1}. [6]

Wertet man die Adsorptionsenthalpien $\Delta H(\Theta)$ der monofunktionellen Adsorptive nach Glei-

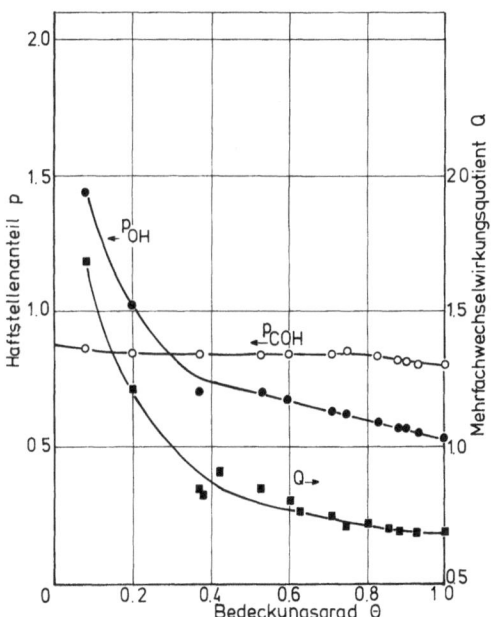

Fig. 8. Haftstellenanteile p und Mehrfachwechselwirkungsquotient Q als Funktion des Bedeckungsgrades Θ. System: Poly(butylmethacrylat) M_w 2400 – Tetrachlorkohlenstoff – Aerosil 200
$A_\infty = 7,55 \cdot 10^{-4}$ monomer mol g_{Aerosil}^{-1}
$A_m = 10,4 \cdot 10^{-4}$ monomer mol g_{Aerosil}^{-1}.

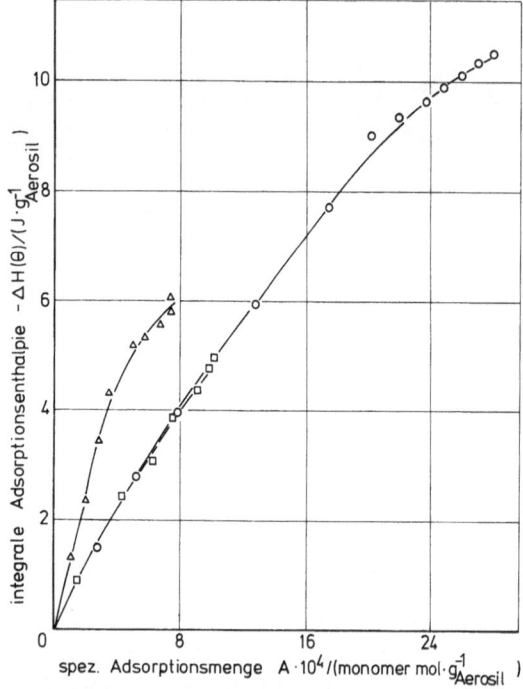

Fig. 10. Integrale Adsorptionsenthalpie $- \Delta H\,(\Theta)$ als Funktion der spezifischen Adsorptionsmenge A; Systeme: Polymer $-$ Tetrachlorkohlenstoff $-$ Aerosil 200, ($\triangle$) Poly(butylmethacrylat) 2400; ($\square$) Poly(butylmethacrylat) 55 000; ($\bigcirc$) Poly(vinylacetat).

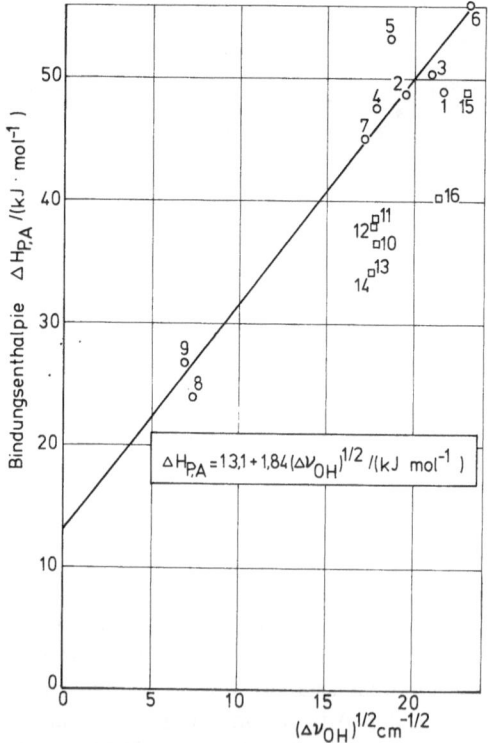

Fig. 11. Bindungsenthalpie $\Delta H_{P,A}$ als Funktion der spektralen Bandenverschiebung $\Delta\nu_{OH}$; System: Adsorptiv $-$ Tetrachlorkohlenstoff $-$ Aerosil 200; Adsorptiv-Nummernzuordnung in Tab. I.

chung [5] aus, so ergeben sich mit den Werten A aus den Adsorptionsisothermen lineare Adsorptionsenthalpieverläufe mit der Bedeckung und damit konstante Bindungsenthalpiewerte der Größenordnung von $\Delta H_{P,A} \sim 40\ \mathrm{kJ\ mol^{-1}}$ entsprechend der Wasserstoffbrückenbindung. Diese Werte sind in der Figur 11 in Korrelation zur Wellenzahlverschiebung $\Delta\nu$ der SiOH-Bande aufgetragen (Kreise). Die sich damit ergebende lineare Beziehung ist in guter Übereinstimmung mit der Gleichung nach *Hertl* und *Hair* [7], die diese für die Adsorption von monofunktionellen niedermolekularen Substanzen aus der *Gasphase* angegeben haben.

Wertet man die integralen Adsorptionsenthalpien $\Delta H\,(\Theta)$ der Polymeren in entsprechender Weise aus, wobei bei der Berechnung die Haftstellenanteile p_{COH} der adsorbierten Polymeren zu berücksichtigen sind [Gl. 6], so ergeben sich $\Delta H_{P,A}$-Werte, die wesentlich unter den Werten der monofunktionellen Substanzen liegen (Quadrate). Zur Erklärung dieses Befundes können folgende Überlegungen angestellt werden:

Bei der Berechnung von $\Delta H_{P,A}$ wurde angenommen, daß pro absorbiertes Molekül bzw. pro

absorbiertes Segment ein CCl_4-Molekül von der Oberfläche verdrängt wird.

Aus der Benetzungswärme mit CCl_4 ergab sich $\Delta H_{L,A}\ (CCl_4) = 23{,}4\ \mathrm{kJ\ mol^{-1}_{CCl_4}}$. Dieser Betrag wurde in gleicher Weise bei den monofunktionellen und bei den polymeren Adsorptiven in der Berechnung berücksichtigt. Es ist aber zu erwarten, daß durch die relativ flach adsorbierende Polymerkette mehr als ein Lösungsmittelmolekül pro adsorbierendes Polymersegment zu verdrängen ist. Durch die Verdrängung der zusätzlichen Lösungsmittelmoleküle von der Grenzfläche wird ein zusätzlicher $\Delta H_{L,A}$-Enthalpiebetrag benötigt, der in der Berechnung nicht berücksichtigt wurde. Dieser Fehlbetrag ist eine mögliche Ursache für die Diskrepanz der gegenüber der Bezugsgeraden zu niedrig liegenden $\Delta H_{P,A}$-Werte der Polymeren.

Die der Berechnung zugrunde liegenden Annahmen sind also nur für die monofunktionellen Adsorptive zulässig.

Zusammenfassung

Es werden Haftstellenanteile der adsorbierten Polymersegmente von estergruppenhaltigen Polymeren an der Grenzfläche Silica (Aerosil)/CCl_4 als Funktion des Bedeckungsgrades infrarotspektrometrisch bestimmt.

Aus der Nichtübereinstimmung der Konzentrationen adsorbierter Karbonylgruppen und besetzter SiOH-Gruppen der Aerosiloberfläche ergibt sich die Notwendigkeit der Einführung des Mehrfachwechselwirkungsquotienten $Q = \dfrac{p_{OH}}{p_{COH}}$.

Der Charakterisierungsparameter p_{OH} — berechnet als Verhältnis der Konzentration besetzter SiOH-Gruppen zur Konzentration des adsorbierten Polymeren — kann somit nicht ohne weiteres dem Haftstellenanteil p_{COH} der adsorbierten Polymerensegmente gleichgestellt werden.

Aus den integralen Adsorptionsenthalpien $\Delta H (\Theta)$, den Adsorptionsisothermen und den Haftstellenanteilen p_{COH} ergeben sich unter Einbeziehung der Desorptionsenthalpie des Lösungsmittels die molaren Netto-Bindungsenthalpien $\Delta H_{P,A}$.

Ihre Kenntnis macht es möglich, allein aus dem Verlauf der integralen Adsorptionsenthalpien als Funktion des Bedeckungsgrades zu quantitativen Aussagen über die Haftstellenanteile und dadurch über die Konformation der adsorbierten Makromoleküle zu gelangen.

Summary

The fraction of adhered segments p_{COH} of polymers with ester groups in the main or side chain at the silica (Aerosil)/CCl_4 interface as a function of coverage has been determined by means of infrared spectrophotometry.

The results show that the number of the adsorbed carbonyl groups differs from the number of the occupied SiOH groups of the silica surface. This fact necessitates the establishment of the Multiple Interaction Quotient $Q = \dfrac{p_{OH}}{p_{COH}}$.

It is therefore obvious that the characterisation parameter p_{OH} — calculated as a ratio of the concentration of the occupied SiOH groups to the concentration of the adsorbate — cannot be generally regarded as being identical with the fraction of adhered polymer segments p_{COH}.

Based on the knowledge of the fraction p_{COH} the molar net binding (adsorption) enthalpy $\Delta H_{P,A}$ has been determined from the measured adsorption enthalpy $\Delta H (\Theta)$, the desorption enthalpy of the solvent and from the adsorption isotherms.

Consequently, once the $\Delta H_{P,A}$ value has been determined, the quantitative determination of the fraction of adhered polymer segments p_{COH} and therefore also conclusions about the conformation of the adsorbed polymer chain are facilitated by the mere knowledge of the easily measurable integral adsorption enthalpy $\Delta H (\Theta)$.

Der Deutschen Forschungsgemeinschaft, dem Fonds der Chemie und der Otto-Röhm-Gedächtnisstiftung danken wir für die gewährte Unterstützung.

Literaturverzeichnis

1) *Eisenlauer, J.*, und *E. Killmann*, J. Colloid Interf. Sci., **74,** 108 (1980).
2) *Korn, M.*, Dissertation, TU München (1978).
3) *Emmet, P. H.*, und *S. Brunauer*, J. Am. Chem. Soc. **59,** 1553 (1937).
4) *Mills, A. K.*, und *J. A. Hockey*, J. C. S. Faraday I, **71,** 2384 (1975); ibid. **71,** 2392 (1975); ibid. **71,** 2398 (1975).
5) *Fontana, B. J.*, und *J. R. Thomas*, J. Phys. Chem. **65,** 480 (1961).
6) *Morrow, B. A.*, und *I. A. Cody*, J. Phys. Chem. **77,** 1465 (1973).
7) *Hertl, W.*, und *M. L. Hair*, J. Phys. Chem. **72,** 4676 (1968).
8) *Killmann, E.*, und *K. Winter*, Angew. Makromol. Chem. **43,** 53 (1975).
9) *Joppien, G. R.*, Makromol. Chem. **175,** 1931 (1974).

Anschrift der Verfasser:

Prof. Dr. *E. Killmann*, Dr. *M. Korn*
Institut für Technische Chemie
der Technischen Universität München
Lehrstuhl für Makromolekulare Stoffe
Lichtenbergstr. 4
D-8046 Garching

Progr. Colloid & Polymer Sci. **67**, 49 – 53 (1980)
© 1980 by Dr. Dietrich Steinkopff Verlag GmbH & Co. KG, Darmstadt
ISSN 0340-255 X

Lectures during the conference of the Kolloid-Gesellschaft e.V.,
October 2–5, 1979 in Regensburg

Woodside, California/USA

Structural changes in the transformation from α- to β-keratin

M. L. Huggins

With 6 figures

1. Introduction

For both α-keratin (1) and β-keratin (2), the unstretched and stretched forms of the protein in hair and certain other natural substances, I have recently deduced new structure patterns and have shown that these patterns agree with a considerable body of experimental evidence. It seems appropriate now, after briefly describing these patterns, to consider the structural changes taking place during the transformation.

2. Alpha keratin

In the structure I have deduced, each polypeptide chain has a helical (= spiral) structure, stabilized by NHO hydrogen bonds connecting turns of each helix (3, 4). Of the various structurally reasonable helices of this type. The 13-atom ring helix structure with bonding as indicated by the formula

$$-C(-NH-CHR-CO)_3-N-$$
$$\quad | \qquad\qquad\qquad\qquad\quad |$$
$$\quad O \cdots\cdots\cdots\cdots\cdots\cdots H$$

appears to be the correct one (5, 6). The molecular chains are in "parallel" orientation, with the $-NH-CHR-CO \rightarrow$ direction the same for all. They are grouped into helically staggered "3-stacks", with their axes parallel. (They are *not* coiled around a common axis, as in a rope.)

Designating the chains in each 3-stack by the letters A, B and C, the whole pattern of amino acid residues is shifted in the axial direction about 5.1 Å on proceeding from A to B or B to C

or C to A. The strong meridional x-ray reflection corresponding to this distance is thus simple accounted for. The number of residues per turn of the molecular helix averages about 3.5.

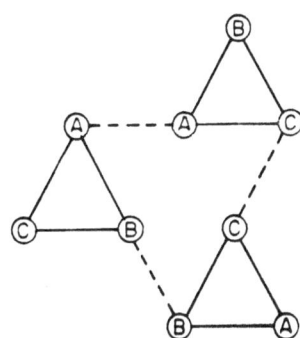

Fig. 1. Proposed (1) grouping of the polypeptide chains in α-keratin into 3-stacks and 9-stacks. A, B, and C designate chains for which the residue pattern is at different heights. Full lines connect chains in the same 3-stack. Dashed lines connect chains having like residues at the same level, a probable prerequisite for crosslinks.

Three 3-stacks are stacked in parallel fashion to give "9-stacks", as shown in fig. 1. The 9-stacks are similarly stacked to give a structure in which the polypeptide chains are arranged, like close-packed cylinders, in a pattern that can be represented by a crystallographic unit cell that (neglecting minor displacements) has the projection shown in fig. 2. Adjacent chains are connected by some disulfide (and probably other) crosslinks.

For discussion of the principles used in deducing this arrangement and for experimental evidence for its correctness, see reference (1).

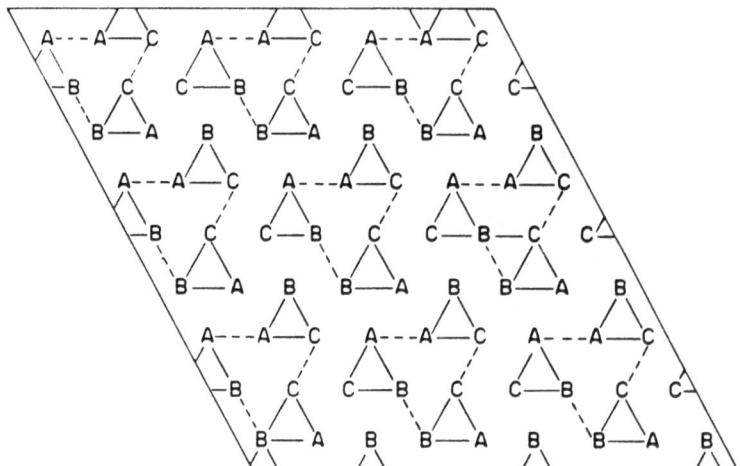

Fig. 2. A proposed arrangement of the polypeptide chains in α-keratin. This arrangement is similar to one pictured in reference (1), but is simplified by assuming that all the 9-stacks have the same orientation.

3. Beta keratin

Astbury and coworkers (7, 8) in 1931 showed that stretching α-keratin in the presence of steam changes the crystalline arrangement to a radically different one. Since the structure model proposed to explain the experimental results was not in conformity with known structural principles in several respects, I suggested (9) certain modifications, including the introduction of NH . . . O hydrogen bonds. Other structural modifications have since been proposed by Astbury, Pauling and Corey, and myself.

Attempts to decide between the different proposals, with the aid of better x-ray diffraction data and results of investigations by other techniques, have not been entirely successful. Probably the most thorough study has been that by *Fraser, MacRae, Parry,* and *Suzuki* (10, 11). They concluded that β-keratin has a structure of the antiparallel chain type (3, 4, 8, 9, 12), with some disorder in the relative positions of adjacent sheets and other minor adjustments.

Having become convinced that the polypeptide chains in α-keratin are all arranged in *parallel,* rather than *antiparallel,* fashion, I have recently looked for a parallel chain structure for β-keratin that is both theoretically reasonable and in agreement with the known experimental data. I have found a class of closely related structures that appear to satisfy this requirement. In another paper (2) I have described these structures in some detail and have presented pertinent theoretical and experimental evidence. In this paper I shall be concerned only with the parts of the theory that pertain to the mechanism of the transformation

from the alpha structure to the beta structure (or structures).

If a stretching force is applied in the axial direction to α-keratin, in the presence of steam or other reagent that can break hydrogen bonds and crosslinks, the parallel helical chains must obviously be extended, with a progressive decrease in the number of residues per helix turn. At the maximum possible extension (without appreciable alteration of the preferred bond lengths and bond angles) each helix degenerates into a planar zig-

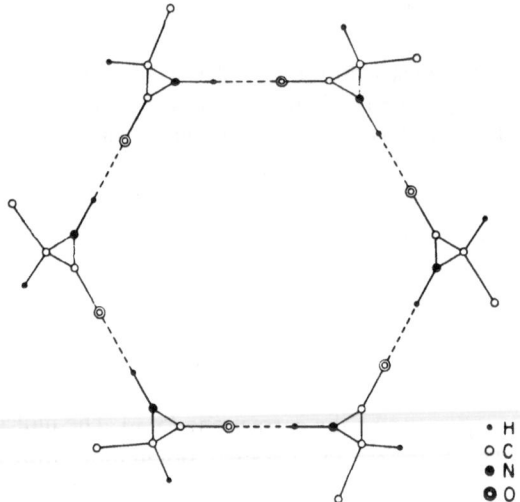

Fig. 3. Idealized projection of a 6-stack, proposed (2) for β-keratin. The drawing is for right-handed polypeptide helices with levo arrangement of the bonds at each $\underset{\diagup}{\diagdown}C_R$ group. For left-handed polypeptide helices, the directions of the C−H and C−R bonds would be interchanged. The hydrogen bonds around the hexagonal prism are in a helical arrangement, with handedness opposite to that in the individual polypeptide helices.

zag structure, for which I calculate the extension per residue to be about 3.65 Å. This is about 2.46 times 1.485 Å, the estimated (13) extension in α-keratin.

I propose that in β-keratin each chain is still helical, with a slightly smaller degree of extension: that corresponding to a residue/turn ratio of 1. On this basis I have estimated the axial shift per residue to be about 3.4 Å, in good agreement with the x-rax data (11).

The C−O centerlines, the N−H centerlines, and the lines bisecting the $C_\alpha{<}^{C_\beta}_H$ angle are in planes passing through the helix axis, making angles of about 120° with each other. NHO hydrogen bonding can then give the hexagonal prism 6-stack structure pictured in fig. 3. The prisms can be packed to give suitable locations for crosslinks, as shown in fig. 4.

In this structure the NH and CO groups are all connected by approximately linear hydrogen bonds, as would be expected on the basis of the tremendous amount of accumulated knowledge of the structures of other comparable systems (3, 4, 9, 14−18).

Instead of (or in addition to) the hexagonal prism structure, a (pleated or wavy) sheet structure would be obtained if half of the molecular chains are right-handed and half are left-handed helices. Fig. 5 shows how a fiber might contain regions of these three types, all with (at least approximately) the same distribution of molecular axes. Note that, even at the boundaries between regions of different types, there are two planes of hydrogen bonds making dihedral angles between them of about 120° at each chain axis.

In the transformation of an α-type structure to a β-type structure, a nearly fully extended chain could easily be transformed from a right-handed helix to a left-handed helix, passing through a

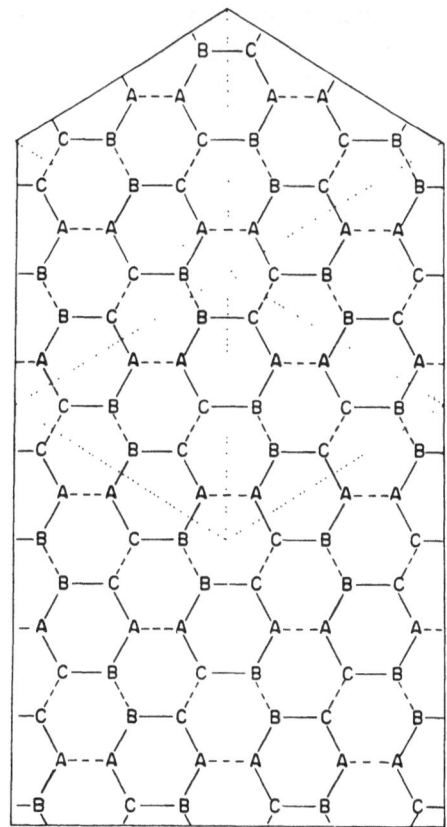

Fig. 4. Idealized representation of the proposed arrangement of hexagonal prism 6-stacks to give optimum crosslinking. Full lines represent NHO hydrogen bonds. Dashed lines represent crosslinks. Small rotations of the 6-stacks about their axes are neglected.

planer-zigzag structure on the way. The resulting structure pattern − hexagonal prism, pleated sheet, wavy sheet, or a more complicated arrangement − should depend of the relative Gibbs energies of the different types. I am not now in a position to evaluate these differences theoretically or to determine the actual patterns experimentally. I have shown, however, that each of the three

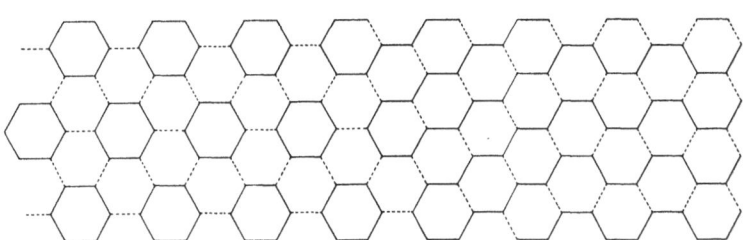

Fig. 5. Idealized projection, showing the proposed arrangement of hydrogen bonds (full lines) and crosslinks (dashed lines) in three hypothetical structure patterns. A polypeptide chain axis is at each bend in the pattern. From left to right: the hexagonal prism 6-stack structure, a pleated sheet structure, and a wavy sheet structure. The interchain bonding in the boundary regions is also shown.

types mentioned can yield as good agreement with the observed x-ray spacings as was obtained by *Fraser* and coworkers (10, 11), assuming an antiparallel chain sheet model.

The pattern of NHO hydrogen bonds in each 6-stack is helical, since there is a vertical displacement of these bonds, of about one-third the shift per residue, at each prism edge. This can be illustrated by the following diagram, representing a projection of the bond pattern in one prism face onto a plane through the prism axis:

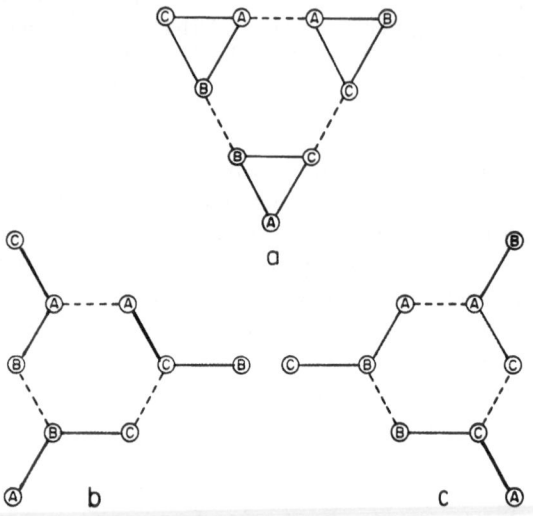

Because of the vertical shift required by this pattern, the repeat distance in the direction of the 6-stack and molecular axes is twice the shift per residue in each molecular chain.

Fig. 6. Possible steps in the transformation of α-keratin to β-keratin.
a. A reasonable modification of the 9-stack structure (fig. 1) in the first stage of the rearrangement.
b and c. Structures that might reasonably be formed after the extension of the helices, when sheets of hydrogen bonds (here represented by full lines at 120° angles) begin to be formed. Further hydrogen bonding and cross-linking between chains at the same level lead simply to the 6-stack structure for β-keratin. (Compare the sections of fig. 4 enclosed in dotted triangles.)

5. Transformation of alpha- to beta-keratin

The process occurring when an α-keratin structure of the kind I have described and pictured in figs. 1 and 2 changes to a β-keratin structure of the 6-stack type can be illustrated by the diagrams in fig. 6.

From estimated bond lengths and bond angles I have calculated that the chain atom centers are approximately on a cylinder having a radius of 0.6 Å, to be compared with distances of the chain atoms from the helix axis ranging from 1.6 to 2.3 Å, calculated by Pauling and Corey for their α-helix.

The axial shift per residue is about 3.33 Å in β-keratin, to be compared with 1.49 Å in the alpha form. The chain extension is thus considerably more in the crystalline region than the (approximately 100%) overall extension of the fibers reported by Astbury and coworkers.

6. Discussion

The structures described for both α- and β keratin seem reasonable to me, but there are obviously certain aspects of incompleteness in the proposed models. For example, there must be further determination and elucidation of the disposition of the component residues. Attempts must be made to relate the structures quantitatively to experimental x-ray, spectroscopic, and other data. For the beta form, attempts must be made to decide which of the proposed structure types (or others) is correct for materials obtained from different sources or by different treatments.

I shall gladly leave further investigations of these matters to other scientists. I want to concentrate now on other matters that I consider at least equally important.

In conclusion, I wish to acknowledge the fact that my theoretical deductions are based on experimental research and theoretical ideas of many others. To them I am grateful.

Added 14 September 1979:

Prof. *H. Zahn* has proposed that the β-keratin structure is produced by crystallization of the amorphous regions in natural keratin — not by recrystallization, after extension, of the crystalline part of natural keratin. I suggest that the crystalline α-keratin structure, on extension and recrystallization, *does* produced the hexagonal prism type of β-keratin structure *and* that the amorphous part of natural keratin crystallizes to form a (primarily) sheetlike β-keratin structure, such as those I have described, with neighbouring chains not all in parallel orientation. I picture the total β-keratin structure as being a composite of many crystalline regions, multiply twinned together to give stable hydrogen bonding and crosslinking.

Summary

Recently deduced structure patterns for α-keratin (the protein in hair) and β-keratin (produced by stretching α-keratin) are described. In the transformation the intramolecular hydrogen bonds and the crosslinks between the helical chains are broken. The molecular chain helices are extended until there is just one residue per helix turn. New laterally oriented interchain hydrogen bonds are formed. They are in planes making dihedral angles of about 120° with each other. These hydrogen bonds produce aggregates that can be "6-stacks", shaped like hexagonal prisms, or perhaps (with half of the chains reversing their helix rotation sense) "pleated" or "wavy" sheets or composites of these or other types. In any case, disulfide and presumably other types of crosslinks are formed between appropriately located carbon atoms at the bends of the hydrogen bond aggregates.

Zusammenfassung

Es werden neu abgeleitete Strukturmodelle für α-Keratin (Haarprotein) und β-Keratin (erzeugt aus α-Keratin durch Streckung) beschrieben: Durch die Transformation werden intramolekulare Wasserstoffbrücken und covalente Quervernetzung zwischen den helikalen Ketten gebrochen. Die Molekülketten-Helices werden gedehnt, bis nur noch ein Rest pro Helixwendel verbleibt. Dabei entstehen neue, seitlich orientierte Wasserstoffbrücken zwischen den Ketten. Sie liegen in Ebenen, die zueinander Raumwinkel von 120° bilden. Diese Wasserstoffbrücken erzeugen Aggregate, welche die Form hexagonaler Prismen annehmen oder vielleicht „gefaltete" oder „gewellte" Schichten oder einen Verbund dieser oder anderer Strukturtypen bilden (hierbei ändert die Hälfte der Helices ihren Drehsinn). Man

kann davon ausgehen, daß Disulfidbrücken und wahrscheinlich auch andere Arten von covalenten Vernetzungen zwischen günstig stehenden C-Atomen an den Krümmungen der Wasserstoffbrückenaggregate entstehen.

References

1) *Huggins, M. L.*, Macromolecules **10**, 893 (1977).
2) *Huggins, M. L.*, Proc. Int. Symp. Macromol., Dublin, 289 (1977).
3) *Huggins, M. L.*, Ann. Rev. Biochem. **11**, 27 (1942).
4) *Huggins, M. L.*, Chem. Rev. **32**, 195 (1943).
5) *Pauling, L.* and *R. B. Corey*, J. Am. Chem. Soc. **72**, 5349 (1950).
6) *Huggins, M. L.*, J. Am. Chem. Soc. **74**, 3963 (1952).
7) *Astbury, W. T.*, and *A. Street*, Phil. Trans. Roy. Soc. (London) **A 230**, 75 (1931).
8) *Astbury, W. T.*, Fundamentals of Fibre Structure, Oxford Univ. Press (Oxford, 1933).
9) *Huggins, M. L.*, J. Org. Chem. **1**, 407 (1936).
10) *Fraser, R. D. B., T. P. MacRae, D. A. D. Parry,* and *E. Suzuki,* Polymer **10**, 810 (1969).
11) *Fraser, R. D. B.,* and *T. P. MacRae,* Conformation in Fibrous Proteins and Related Synthetic Polypeptides, Academic Press (New York and London, 1973).
12) *Pauling, L.,* and *R. B. Corey,* Proc. Nat. Acad. Sci. USA **37**, 251 (1951), **39**, 253 (1953).
13) *Fraser, R. D. B., T. P. MacRae,* and *A. Miller,* J. Mol. Biol. **10**, 147 (1964).
14) *Huggins, M. L.*, Physical Chemistry of High Polymers, John Wiley and Sons (New York, 1958).
15) *Huggins, M. L.*, J. Chem. Educ. **34**, 480 (1957).
16) *Huggins, M. L.*, J. Polymer Sci. **30**, 121 (1958).
17) *Huggins, M. L.*, Angew. Chem. **83**, 163 (1971).
18) *Huggins, M. L.*, Angew. Chem. Int. Ed. **10**, 147 (1971).

Author's address:
Dr. *M. L. Huggins*
135 Northridge Lane
Woodside, California 94062, USA

Progr. Colloid & Polymer Sci. **67**, 55 – 61 (1980)
© 1980 by Dr. Dietrich Steinkopff Verlag GmbH & Co. KG, Darmstadt
ISSN 0340-255 X

Lectures during the conference of the Kolloid-Gesellschaft e.V.,
October 2–5, 1979 in Regensburg

Department of Physical and Theoretical Chemistry of the University and Gesamthochschule Essen, F.R.G

Evidence for the existence of a solvation term in the mutual interaction of hydrophobic surfaces in disperse systems

M. Müller, M. Müther, I. Belouschek, P. Belouschek and *G. Peschel*

With 4 figures and 2 tables

Introduction

Considerable attention is nowadays focused on the question if hydration effects contribute notably to the stability of hydrophobic disperse systems. Recent work has indicated that the classic DLVO theory has considerable shortcomings in describing the interaction of colloidal particles in the close distance regime where mutual overlap of hydration layers might produce additional repulsion effects (1 – 6). Discussion of this peculiar feature of particle encounter has been mostly restricted to hydrophilic surfaces in the past. But the purpose of what follows is to show that hydrophobic surfaces likewise exert a structuring influence on bordering water which represents a notable barrier to interparticle contact. Several features of the behavior of vicinal water near hydrophobic particles have been summarized by *Eagland* (7). A more theoretical analysis of the interaction between water molecules and hydrophobic surfaces is given by *Melrose* (8). This phenomenon is, of course, an essential prerequisite for the *Nemethy-Scheraga* treatment of hydrophobic bonding between apolar molecules when being dissolved in water (9).

Most of the experiments conducted with hydrophobic colloids yield only indirect information about particle hydration effects. A useful tool in this field of research appears to be nuclear magnetic resonance as was applied by *Johnson* et al. (10). Their studies of polyvinyl acetate dispersions suggest that the total amount of hydration water per unit surface is larger the larger the particle radius.

It is the purpose of this work to substantiate the concept of particle hydration on a more quantitative level. A direct method developed by us refers to the approach of two, e.g., hydrophobic surfaces immersed in aqueous solution. Repulsion effects arising at sufficiently close surface separation distances are considered to be due to the overlap of the hydration layers questioned. Results of this study will be presented in a subsequent paper (11).

An alternative more indirect approach is to measure the adsorption of dissolved substances from aqueous solution onto hydrophobic powders, e.g., carbon black. Since the thickness of the hydration sheath on a solid surface proved to be dependent on the nature and the amount of electrolyte added to the bordering solution (5, 6, 12) the adsorption of a solute should distinctly vary with electrolyte concentration if vicinal water actually has some influence on this process.

By choosing simple solute molecules such as substituted phenolic compounds it seems likely that their adsorptional behavior allows reliable predictions about water structure modifying potency. Such experiments had been described in a former paper (13) but will now be repeated and supplemented, respectively, by using a more refined method.

Water near Hydrophobic Surfaces

It is well known that hydrophobic molecules dissolved in water stabilize the surrounding four-bonded water network by additional *van der Waals* contacts. Macroscopic hydrophobic surfaces should have a similar influence on bordering water structure thus forming a so-called hydrophobic hydration sheath (hydration of the second kind (14). On a more complex level we might expect that this hydration process is not restricted to the first adjacent molecular layer but extends over some distance deep into the solution as found for hydrophilic surfaces.

Drost-Hansen (15) has proposed a schematized model of water near a nonpolar surface. The vicinal water structure is believed to consist of clathrate-like entities but not to allow for any extended structurally disorganized zone some distance away from the surface.

Our former studies of the water/silica surface revealed that a structured boundary layer exists whose thickness turned out to follow a non-monotonous function of the concentration of electrolyte added (5). Distinct extrema appeared at about 10^{-2} and 0.5 mol dm^{-3}. The latter extremum is ascribed to a structural transition of higher order in the electrolyte solution which most likely creates some disorder. This apparently provides a favourable condition of the surface to propagate its ordering influence deeper into the adjacent solution. Evidence for the occurrence of such a transition range stems from *Vaslow* (16) and *Good* (17). In fact, this critical concentration, where hydration envelopes are discussed to get overlapped, is considered to be already achieved near a charged silica surface when the electrolyte concentration far from the surface is still about 10^{-2} mol dm^{-3}. By adsorptional effects multilayers of adsorbed water are built up in this range. Similar conclusions were drawn by *Friend* and *Hunter* (18). At this state of development one cannot say if these peculiar properties of vicinal water near hydrophobic surfaces are nearly the same of differ by a larger extent. Since hydrophobic surfaces are commonly less charged than hydrophilic ones we might expect a displacement of the hydration maximum at about 10^{-2} mol dm^{-3} to higher concentrations.

It is clear, however, that the adsorption of any substance from aqueous solution by adding electrolyte should follow somehow the concentration profile of the hydration layer thickness if boundary water has actual influence on the adsorptional process.

Adsorption Equilibrium

The essential quantity to be determined in our tests is the amount of solute adsorbed from the aqueous phase onto active carbon. The carbonaceous surface commonly shows no uniform structure; it is partly covered with quinone, hydroquinone, and oxide groups, respectively, which diminish the underlying hydrophobic character in an obscure manner and preclude any exact interpretation of the adsorption results.

When the solution under test has been equilibrated with active carbon the moles of solute n_{ads} retained by 1 gram of the carbon specimen are according to *Maatman* et al. (19) given by

$$n_{ads} = \frac{c_i V - c_f (V - Pm)}{m} \qquad [1]$$

$$= n_{ads, s} + n_{ads, p}$$

c_i is the initial and c_f the final concentration (in mol dm^{-3}) of the solute, V (in dm^3) is the volume of the solution free from carbon particles, P (in dm^3 kg^{-1}) the pore volume per kilogram active carbon and m its weight (in kg). $n_{ads, s}$ is that contribution of the solute which has directly reacted with the carbonaceous surface; $n_{ads, p}$ represents the contribution that is retained by the structurally modified boundary layer surrounding the carbon particles as a hydration sheath.

If the study is restricted to very small quantities m dispersed in a large volume V, then $Pm \ll V$, so that eq. [1] becomes

$$n_{ads} = \frac{(c_i - c_f) V}{m} \qquad [2]$$

In this communication the discussion will be only concerned with n_{ads} since present technique does not yet allow a precise separation of the two terms in eq. [1]. Thus things are complicated by the fact that the directly adsorbed amount appears to be partly cancelled when the boundary layer by virtue of its changed solvent potency exerts exclusion effects on the solute.

From studies made by *Tschapek* et al. (20) follows that aliphatic alcohol molecules which exhibit partly typical hydrocarbon nature decrease the charge density near a hydrophobic surface when being adsorbed. Thus it seems likely that the amphiphilic phenolic compounds used in this work will also be preferentially adsorbed when competing with electrolytes added to the solution phase.

Experimental

Activated carbon supplied by *Merck*, Art. 2184, had been treated with nitric acid and washed by the manufacturer. Thus its reaction was slightly acid when being wetted with water which implied the occurrence of an effective negative surface charge. Its BET surface area was found to be $8.54 \cdot 10^5$ m² kg⁻¹; the pore volume was $P = 0.44$ dm³ kg⁻¹. All phenolic compounds purchased from *Merck* were purified by sublimation in vacuo or distillation, respectively. All their solutions prepared for test were 10^{-3} mol dm⁻³ throughout all runs. Sodium chloride, sodium sulfate, and sodium bromide which were added to the test solutions were of analytical grade.

The experimental procedure differs from that earlier utilized by us in many respects (13). Active carbon (usually about $2.5 \cdot 10^{-4}$ kg) was mixed with the solution under test. This was prepared by initially dissolving a phenolic derivative in water (10^{-3} mol dm⁻³) and then adding electrolyte up to the concentration desired. The mixture was placed in a double-walled stoppered flask which could be precisely thermostated. In order to achieve adsorption equilibrium the suspension was vigorously stirred over a period of 24 hours. After this procedure it was allowed to settle for 2 hours.

Then a small amount of equilibrium solution was sucked through a narrow-pored filter from the surface region which was rather free from carbon particles. According to experience with our former method (13) much attention must be paid to this point because streaming phenomena which must be expected to be induced by this process might affect the rigid boundary layer surrounding the particles. Owing to their changed solvent power for the solute its partial but unverifiable destruction would introduce discernible errors into the analytical results.

c_i as well as c_f (eq. [1]) were analyzed by a spectrophotometric method (*Cary 17, Varian*) choosing the absorption maxima in the range from 260 nm to 290 nm.

Results and Discussion

The following phenolic compounds were tested: 2-methyl-, 3-methyl-, 4-methyl-, 2-ethyl-, 3-ethyl-, 4-ethyl-, 2-chloro-, 3-chloro-, and 4-chlorophenol. For all substances quoted sodium chloride was chosen as the electrolyte which serves as a means to adjust the thickness of the hydration layer on the carbonaceous surface. In a single case 4-chlorophenol was selected and adsorbed in the presence of sodium sulfate, sodium chloride, and sodium bromide. The order of these reagents corresponds to the well known lyotropic series pointing into the direction of "structure-breaker" effects. All electrolytes used were varied in the concentration range 10^{-4} up to 3 mol dm⁻³. The initial concentration of the phenol derivatives was always kept constant at 10^{-3} mol dm⁻³. In our foregoing work on this topic (13) we had adjusted phenol concentrations in the low range of 2.10^{-4} mol dm⁻³. This had the advantage that *implications caused by the influence of the phenol derivatives on the hydration layer thickness*

could be disregarded, but on the other hand, some analytical diffuculties arose.

In fig. 1 n_{ads} according to eq. [2] is plotted against the concentration of sodium chloride for 2-methyl-, 3-methyl-, and 4-methylphenol at 293 K. The same is done in fig. 2 for 2-ethyl-, 3-ethyl-, and 4-ethylphenol, and in fig. 3 for 2-chloro-, 3-chloro-, and 4-chlorophenol. Fig. 4 reflects the adsorption results for 4-chlorophenol and the three electrolytes quoted above. The full lines in all figures were drawn by an interpolation method using spline-functions with a standard deviation of $\pm 0.5\%$.

The outstanding features of figs. $1-3$ are that above 1 mol dm⁻³ electrolyte the adsorption of the phenol derivatives increases sharply and that in the range about 0.1 mol dm⁻³ there is a more or less pronounced adsorption minimum whose origin can only be explained by interference of water structure.

Comparing figs. 1 and 2 we note at once that chiefly at higher electrolyte concentrations the 2-substituted phenols show the lowest, the 4-substituted ones the highest adsorption values. This is particularly true for the ethyl-substituted derivatives. Evidence derived from the structural disjoining pressure in thin layers between fused silica-zor rutile plates, respectively, suggests that above an electrolyte concentration of about 1 mol dm⁻³ the layering of water from the surface gets undetectable. It is just this range in which the adsorption increases heavily so that it seems reasonable to state that structured water near surfaces impedes adsorptional processes which is likewise advocated by *Ling* (21).

There ist apparently a predominance of hydrophobic interaction of phenolic compounds when being adsorbed from aqueous solution onto carbonaceous surfaces (22, 23). The extent of interaction is governed by the hydration tendency of the solute as well as of the surface (24−27) which is, by the way, dependent on the water structure modifying potency of the electrolyte present. Structure breaking ions diminish but structure forming ones magnify the adsorption strength. This view is confirmed by the results presented in fig. 4 where the adsorption behavior of 4-chlorophenol actually follows the lyotropic series in the structure breaking order (28). In further confirmation of this point of view we had to expect that regarding figs. 1 and 2 the hydration tendency and along with this the adsorptional interaction of the phenolic compounds gets smaller in the or-

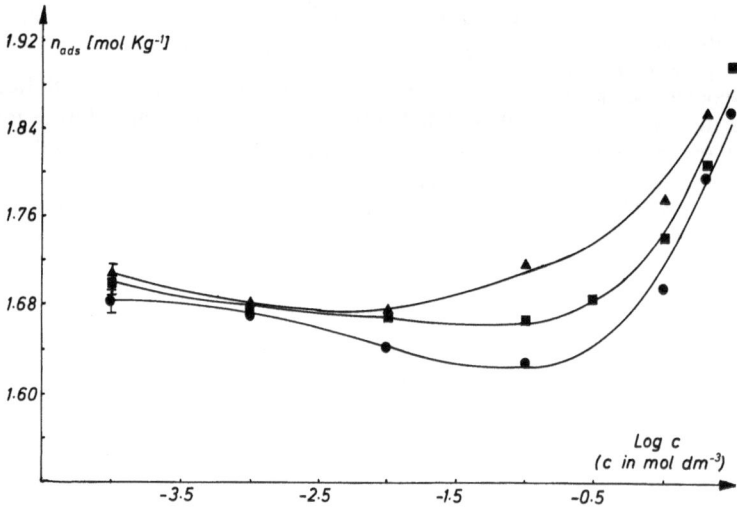

Fig. 1. The mole number n_{ads} adsorbed per kg active carbon vs. the concentration of sodium chloride at 293 K. ▲ 4-methylphenol, ■ 3-methylphenol, ● 2-methylphenol

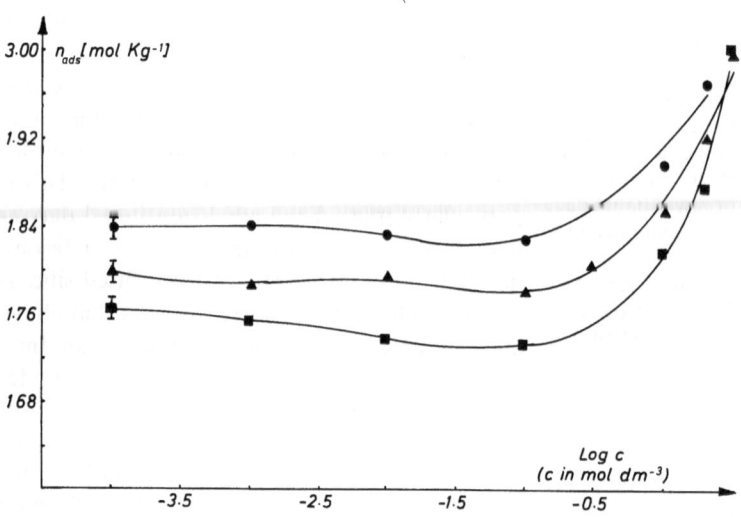

Fig. 2. The mole number n_{ads} absorbed per kg active carbon vs. the concentration of sodium chloride at 293 K. ● 4-ethylphenol, ▲ 3-methylphenol, ■ 2-ethylphenol

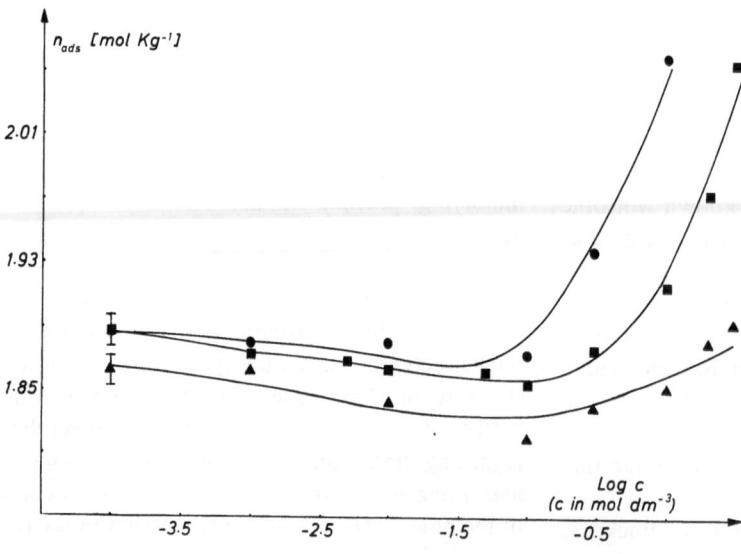

Fig. 3. The mole number n_{ads} adsorbed per kg active carbon vs. the concentration of sodium chloride at 293 K. ● 3-chlorophenol, ■ 4-chlorophenol, ▲ 2-chlorophenol

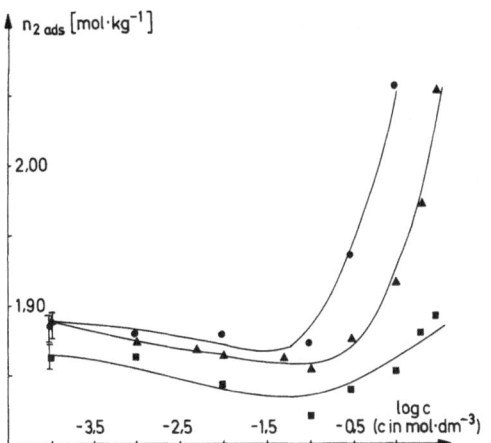

Fig. 4. The mole number n_{ads} of 4-chlorophenol adsorbed per kg active carbon vs. the concentration of sodium sulfate (●), sodium chloride (■), and sodium bromide (▲) at 293 K

der from the 4- to the 2-substituted derivative. This is actually the case. In this connection findings of *Huyskens* and *Tack* (29) are of some importance. The authors measured the transfer free energy for different phenols from water to cyclohexane. Particularly they determined the value of ΔG^{0*} which according to their reasoning would be observed if the molar volume of the compound were 0.11 dm³. The calculation was based on the relation

$$\Delta G_1^{0*} = \Delta G_1^0 - 0.041 \, (110 - \Phi) \qquad [3]$$

where ΔG_1^0 is the experimentally found transfer free energy and Φ is the molar volume. Table 1 reflects the values of ΔG_1^{0*} and Φ for the methylphenols treated in figs. 1 and 2. Additionally the corresponding partition coefficients P_1 and the apparent free energies of adsorption $- RT \ln b$ on carbon black (Seisei Shirasagi provided by Takeda Chemical Industries, Japan) (23) are inserted. b is an equilibrium constant of the adsorption process derived from *a Langmuir* equation.

Unlike the methyl- and ethylphenols the adsorption of the chlorophenols (fig. 3) follows the

order of 2-, 4-, and 3-substitution which conforms to the order of their dissociation constants in aqueous solution (Table 2). Strange to say that this is not the case for, e.g., the methylphenols (fig. 1), whose dissociation constants likewise follow the odd order (Table 2). According to *Umeyama* (23) the chlorophenols seem to belong to phenolic derivatives which together with hydrophobic forces interact with underlying carbon surfaces via charge transfer and dipole forces, which might overshadow the former ones.

In support of our hypothesis of vicinal water influence it is the finding that in most of the cases in question a flat adsorption minimum occurs at about 0.1 mol dm⁻³ electrolyte. Note that, e.g., sodium chloride solution in thin layers displays a maximum structural disjoining pressure at about this concentration (13) which according to our hypothesis should give rise to lower adsorption values for solutes.

The concept of a structural change in the bulk of aqueous electrolyte solution in the concentration range 0.1 – 1 mol dm⁻³ as thoroughly discussed by *Vaslow* (16) seems to provide an explanation for the adsorption anomalies found in this region. This method permits the determination of the apparant molar volumes of electrolytes dissolved in water. Starting from lower concentrations the data show a steeper rise above about 0.1 mol dm⁻³. This effect is considered to be due to the release of water molecules from the more closely packed hydration envelopes of the ions which get destroyed or rearranged, respectively, by mutual overlap.

All evidence points to the conclusion that electrolytes showing only poor interaction with water molecules should in this case bring about a larger disorder in solution since the disruption of hydration domains appears facilitated. Any adjacent solid surface might by virtue of its potency of orienting absorbed molecules induce a deeper structural order in the solution near-by, since de-

Table 1. Free Energy of Transfer $\Delta G_1^0{}^*$ at 298 K from Cyclohexane to Water (29), Corresponding Partition Coefficients P_1 (for Monomolecules) (29), Molar Volume Φ (29), and Free Energy of Adsorption $-RT \ln b$ on Carbon Black at 303 K (23) for 2-, 3-, and 4-Methylphenol.

Methylphenols	$\Delta G_1^0{}^*$ [kJ mol⁻¹]	P_1	Φ [dm³ mol⁻¹]	$-RT \ln b$ [kJ mol⁻¹]
2-methylphenol	− 0.88	1.00 ± 0.03	0.1050	16.69
3-methylphenol	+ 1.05	0.46 ± 0.03	0.1050	16.98
4-methylphenol	+ 1.09	0.45 ± 0.08	0.1050	17.11

Table 2. Dissociation Constants of Methyl- and Chlorophenols in Aqueous Solution.

Substituted Phenols	Dissociation Constants
2-methylphenol	$5.25 \cdot 10^{-11}$ (30, 31) $6.3 \ \cdot 10^{-11}$ (32)
3-methylphenol	$8.11 \cdot 10^{-11}$ (33, 34) $9.8 \ \cdot 10^{-11}$ (32)
4-methylphenol	$5.47 \cdot 10^{-11}$ (33, 34) $6.7 \ \cdot 10^{-11}$ (32)
2-chlorophenol	$3.00 \cdot 10^{-10}$ (35) $1.05 \cdot 10^{-11}$ (35)
3-chlorophenol	$8.51 \cdot 10^{-10}$ (36) $8.3 \ \cdot 10^{-10}$ (37)
4-chlorophenol	$3.8 \ \cdot 10^{-10}$ (37, 38, 39) $4.37 \cdot 10^{-10}$ (40, 41)

coupling of the initial solution structure is thus made more easy. Actually, potassium chloride exhibits a stronger disjoining pressure maximum than, e.g., lithium chloride in this concentration regime.

If organic solutes added to the electrolyte solution exert a structure-breaking tendency this might be superimposed on the mechanism discussed in the foregoing. Consequently the 2-substituted phenols should produce, if at all, the most pronounced adsorption minimum at about $0.1 \ \text{mol dm}^{-3}$. In fact, the results shown in fig. 1 lend support to this idea whereas the findings plotted in figs. 2 and 3 present no significant, though not contradictory, evidence for this explanation.

The adsorption minima at about $10^{-2} \ \text{mol dm}^{-3}$ detected in our former investigations (13) have practically vanished which might be caused by the higher phenol concentrations strongly interfering with the molecular orienting mechanism in this region.

Finally, our concept is corroborated by the graphs drawn in fig. 4. The sulfate ion is known to strongly stabilize water structure which makes the surface incapable to induce any extended hydration layer. Obviously, any adsorption minimum is missing. The bromide ion is a typical structure breaker and therefore evidently creates a minimum.

These effects remind of the "salting-in" phenomena wellknown in colloid chemistry. We propose to call the effect of increased hydration processes near solid surfaces by the presence of structure breaking solutes "induced interfacial hydra-

tion". Additional aspects will surely emerge by further work being in progress.

Summary

The adsorption of the 2-, 3-, and 4-substituted methyl-, ethyl-, and chlorophenols from aqueous solution in the presence of chiefly sodium chloride of the concentration $10^{-4} - 3 \ \text{mol dm}^{-3}$ onto active carbon was determined by an improved experimental device. It could be shown that for the alkylphenols the adsorption increased when going from the 2- to the 4-substituted compounds which can be explained when including water structure.

For the chlorophenols the order is changed and follows the dissociation constants. In the concentration range above $0.5 \ \text{mol dm}^{-3}$ electrolyte the adsorption grows stronger. It is of interest that in most cases an adsorption minimum occurs at about $0.1 \ \text{mol dm}^{-3}$ which can obviously be ascribed to a particularly strong interfacial hydration in this region. The results suggest that hydration layers on adsorbents impede the adsorptional process.

Zusammenfassung

Es wurde die Adsorption der 2-, 3- und 4-substituierten Methyl-, Ethyl- und Chlorphenole aus wäßriger Lösung in Gegenwart von hauptsächlich Natriumchlorid der Konzentration $10^{-4} - 3 \ \text{mol dm}^{-3}$ an Aktivkohle mittels einer verbesserten experimentellen Anordnung bestimmt. Es zeigte sich, daß bei den Alkylphenolen die Adsorption von den 2- zu den 4-substituierten Verbindungen ansteigt, was sich unter Einbeziehung der Wasserstruktur erklären läßt. Bei den Chlorphenolen ist die Reihenfolge verändert und folgt den Dissoziationskonstanten. Im Konzentrationsbereich oberhalb von $0,5 \ \text{mol dm}^{-3}$ Elektrolyt nimmt die Adsorption stark zu. Von Interesse ist ein fast stets bei ca. $0,1 \ \text{mol dm}^{-3}$ anzutreffendes Adsorptionsminimum, das sich offenbar von einer hier besonders stark auftretenden Grenzflächenhydratation ableitet. Die Resultate lassen vermuten, daß Hydratschichten auf dem Adsorbenten die Adsorption behindern.

Acknowledgements

Financial support by the Deutsche Forschungsgemeinschaft and the Fonds der chemischen Industrie is gratefully acknowledged.

References

1) *Deryagin, B. V.*, Discuss. Farad. Soc. **42**, 109 (1966).
2) *Deryagin, B. V.* and *N. V. Churaev*, Dokl. Akad. Nauk SSSR **207**, 572 (1972).
3) *Roberts, A. D.*, J. Colloid Interf. Sci. **41**, 23 (1972).
4) *Israelachvili, J. N.* and *G. E. Adams*, J. Chem. Soc. Faraday Trans. I **74**, 975 (1978).
5) *Peschel, G.* and *P. Belouschek*, Progr. Colloid Polymer Sci. **60**, 108 (1976).
6) *Peschel, G.* and *P. Belouschek*, Z. Physik. Chem. (N.F.) **108**, 145 (1977).
7) *Eagland, D.*, in: Water. A Comprehensive Treatise, Vol. **5**, p. 1, Plenum Press (New York, London 1975).

8) *Melrose, J. C.,* J. Colloid Interf. Sci. **28,** 403 (1968).

9) *Nemethy, G.* and *H. A. Scheraga,* J. Chem. Phys. **36,** 3382, 3401 (1962).

10) *Johnson, G. A., S. M. A. Lecchini, E. G. Smith, J. Clifford,* and *B. A. Pethica,* Discuss. Farad. Soc. **42,** 120 (1966).

11) *Selig, M.* and *G. Peschel* (being prepared).

12) *Belouschek, P.* and *G. Peschel,* Colloid & Polymer Sci. (in press).

13) *Peschel, G., P. Belouschek, B. Kress,* and *R. Reinhard,* Progr. Colloid & Polymer Sci. **65,** 83 (1978).

14) *Wicke, E.,* Angew. Chem. **78,** 1 (1966).

15) *Drost-Hansen, W.,* in: Chemistry of the Cell Interface (*H. D. Brown,* ed.) p. 1, Academic Press (New York 1971).

16) *Vaslow, F.,* J. Phys. Chem. **70,** 2286 (1966).

17) *Good, W.,* Electrochim. Acta **9,** 203 (1964).

18) *Friend, J. P.* and *R. J. Hunter,* Clays Clay Minerals **18,** 275 (1970).

19) *Maatman, R. W., D. N. Rubingh, B. J. Mellema, G. R. Baas,* and *P. M Hoekstra,* J. Colloid Interf. Sci. **31,** 95 (1969).

20) *Tschapek, M., C. Wasowski,* and *R. M. Torres Sanchez,* Z. Phys. Chem., Leipzig **260,** 336 (1979).

21) *Ling, G.,* Ann. New York Acad. Sci. **125,** 401 (1965).

22) *Singh, D. D.,* Indian J. Chem. **9,** 1369 (1971).

23) *Umeyama, Hideaki, Tsuneji Nagai,* and *Hisashi Nogami,* Chem. Pharm. Bull. **19,** 1714 (1971).

24) *Schwuger, M. J.,* Ber. Bunsenges. Physik. Chem. **75,** 167 (1971).

25) *Rupprecht, H., H. Liebl,* and *E. Ullmann,* Pharmazie **28,** 759 (1973).

26) *Rupprecht, H.* and *H. Liebl,* Pharmazie **30,** 102 (1975).

27) *Blashchuk, Zh. G.,* and *Yu. M. Glazman,* in: Research in Surface Forces (*B. V. Deryagin,* ed.), Vol. 4, Consultants Bureau (New York 1975).

28) *Luck, W. A. P.,* Top. Current Chem. **64,** 113 (1976).

29) *Huyskens, P. L.* and *J. J. Tack,* J. Phys. Chem. **79,** 1654 (1975).

30) *Sprengling, G. R.* and *C. W. Lewis,* J. Am. Chem. Soc. **75,** 5709 (1953).

31) *Kiefer, F.* and *P. Rumpf,* Compt. rend. **230,** 2302 (1950).

32) Handbook of Chemistry and Physics, (*Weast, R. C.,* ed.) p. D-150, CRC Press, Inc. (1973).

33) *Biggs, A. J.,* Trans. Farad. Soc. **52,** 35 (1965).

34) *Herington, E. T.* and *W. Kynaston,* Trans. Farad. Soc. **53,** 138 (1957).

35) *Jonassen, H. B., R. B. Leblanc, A. W. Meibohm,* and *R. M. Rogan,* J. Am. Chem. Soc. **72,** 2430 (1950).

36) *Hodgson, H. H.* and *R. Smith,* J. Chem. Soc. 263 (1939).

37) *Bordwell, F. G.* and *G. J. Cooper,* J. Am. Chem. Soc. **74,** 1058 (1952).

38) *Hantzsch, A.,* Ber. **39,** 139 (1906); **40,** 1523 (1907).

39) *Tiessens, G. J.,* Rec. trav. chim. Pays-Bas **48,** 1068 (1929).

40) *Zollinger, H., W. Buchler,* and *C. Wittwer,* Helv. Chim. Acta **36,** 1711 (1953).

41) *Hantzsch, A.,* Ber. **32,** 575, 3066 (1899); **35,** 210 (1902).

Author's address:

Prof. Dr. rer. nat. *G. Peschel*
Teilbereich Physikal. u. Theoret. Chemie
Universität Essen – Gesamthochschule
Postfach 68 43
4300 Essen 1

Progr. Colloid & Polymer Sci. **67,** 63 – 69 (1980)
© 1980 by Dr. Dietrich Steinkopff Verlag GmbH & Co. KG, Darmstadt
ISSN 0340-255 X

Vorgetragen auf der Hauptversammlung der Kolloid-Gesellschaft e.V. in Regensburg,
2. bis 5. Oktober 1979

Lehrstuhl für Chemie II (Physikalische Chemie), Chemisches Institut, Universität Regensburg

Elektrokinetische Untersuchung der Wechselwirkung von Proteinen mit Lipidschichten

B. Dobiáš

Mit 8 Abbildungen

Die biologischen Membranen sind komplex in ihrer Struktur und Funktion. Charakteristische Merkmale sind der Stofftransport entgegen dem Konzentrationsgradient und die Übertragung von elektrischen Impulsen. Über den Aufbau der Membranen existieren mehrere Modelle (1). Nach einem dieser Modelle wird angenommen, daß die Strukturproteine innerhalb der Lipid-Doppelschicht angeordnet sind, wobei die Kohlenwasserstoffketten die Lücken der gefalteten Polypeptide ausfüllen. Nach einer anderen Darstellung durchdringen die Proteinmoleküle die gesamte Lipidschicht in regelmäßigen Abständen. Wieder andere Modelle der Membranstruktur gehen von regelmäßigen strukturellen Einheiten aus, die aus globulärem Protein oder aus wechselweisen Anordnungen von Lipidmizellen und globulären Proteinen bestehen.

Die molekularen Mechanismen, die der Membranfunktion zugrundeliegen, sind bis heute nur unvollständig bekannt, was überwiegend dadurch verursacht wird, daß stets mehrere Prozesse nebeneinander ablaufen. Zum Studium von verschiedenen physiologischen Funktionen von Zellorganellen wie Membranen, Mitochondrien und Rezeptoren werden sehr oft künstliche bimolekulare Lipidfilme verwendet (2, 3). Solche Lipidmembranen von einigen mm² Fläche lassen sich z. B. durch Auftragen (Aufstreichen) eines in *n*-Oktan bzw. *n*-Dekan gelösten Lipids über eine Öffnung (∅ 1 – 3 mm) in einer dünnen Wand, z. B. in einer Teflonfolie, die die wäßrige Phase in zwei Kompartimente trennt, herstellen. Dabei bildet sich ein Flüssigkeitsfilm, der durch das Abfließen der Lösung an den Rand der Öffnung dünner wird. Im Endzustand befindet sich in der Öffnung

ein bimolekularer Lipidfilm mit einer Dicke von ca. 70 Å (Abb. 1).

In den bimolekularen Filmen tauchen die hydrophilen Gruppen des Lipidmoleküls in die Wasserphase ein, wobei die hydrophoben Kohlenwasserstoffreste eine kontinuierliche Kohlenwasserstoffphase bilden.

Aufgrund der Wechselwirkung der hydrophilen Gruppen der Lipidmoleküle mit Wasser kommt es an der Phasengrenze zum Aufbau einer elektrischen Doppelschicht mit einem Phasengrenzpotential ψ_o. Bei den natürlichen Lipidschichten, z. B. Zellmembranen, beeinflußt dieses Phasengrenzpotential die Zellfunktion wie z. B. den Ionentransport oder die elektrische Leitfä-

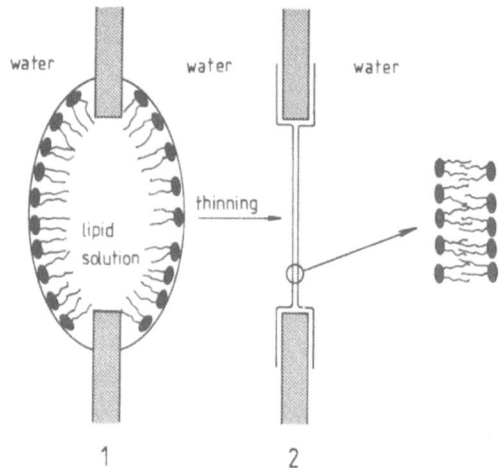

Abb. 1. Schematische Darstellung der Bildung eines bimolekularen Lipidfilms an der Phasengrenze Wasser/Kohlenwasserstoff-Lipid/Wasser. 1, Lipidlösung aufgetragen über die Öffnung einer Teflonwand; 2, Bimolekularer Lipidfilm.

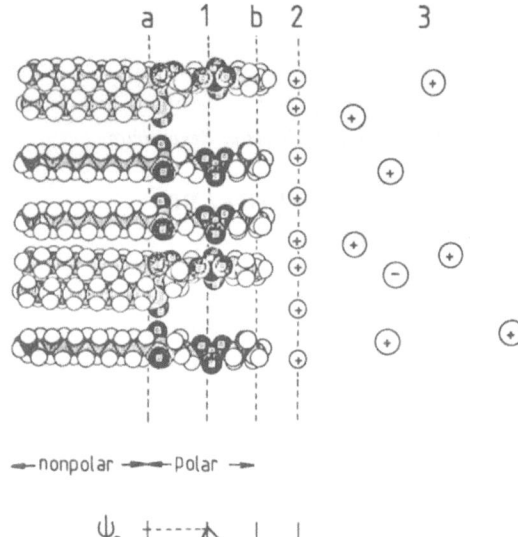

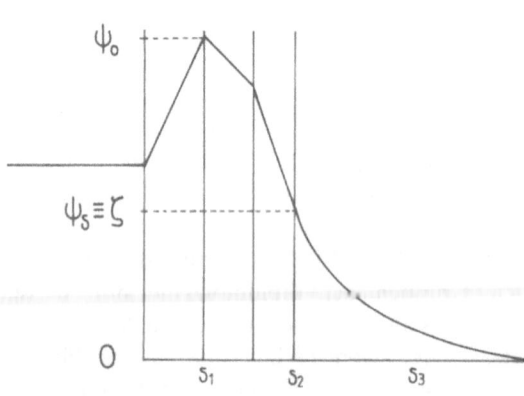

Abb. 2. Struktur der elektrischen Doppelschicht an der Phasengrenze Phosphatidyläthanolamin/Wasser ohne Berücksichtigung der Hydration. a) Estergruppen (permanentes Dipol), 1, Potentialbestimmende Phosphatgruppen (i. P. $\cong$ 2,3). b) Aminogruppen, 2, Sternschicht (Gegenionen); 3, Diffuser Teil der elektrischen Doppelschicht; ψ_o, Phasenpotential; ψ_s, Sternpotential; ζ, Zetapotential; $\delta_1 - \delta_3$, Ladungsdichte; i. P., isoelektrischer Punkt.

higkeit. Für das Studium der Vorgänge an den Phasengrenzen Lipid/wäßrige Lösung sind besonders das Sternsche Potential (ψ_s) bzw. das ζ-Potential von Bedeutung, da sich diese unter bestimmten Bedingungen aus elektrokinetischen Messungen bestimmen lassen. Die Abbildung 2 zeigt die Verteilung der einzelnen Potentiale an der Phasengrenze Phosphatidyläthanolamin/Wasser.

Obgleich sich bimolekulare Lipidfilme mit adsorbierten Proteinen oder anderen biologisch interessanten Materialien herstellen lassen (4), ist es schwierig, an diesen wegen ihrer schlechten mechanischen Stabilität elektrokinetische Messungen durchzuführen. Adsorbieren wir aber die Lipidmoleküle in Form eines bimolekularen Fil-

mes an einem festen Träger, so ist es möglich, mit Hilfe von elektrokinetischen Messungen, die Wechselwirkung der Lipidschicht mit den verschiedensten biologisch interessanten Stoffen zu untersuchen.

Außerdem lassen sich auf diese Weise auch solche Lipidfilme und ihre Mischungen mit anderen Stoffen herstellen, die keine stabilen bimolekularen Filme durch Aufziehen der Lipid-Lösung über eine Öffnung (2, 3) liefern.

Im Verlauf dieser Arbeit wird die Wechselwirkung der Lipidschicht mit Proteinen und linearen Polymeren diskutiert.

Experimenteller Teil

Zur Herstellung der bimolekularen Lipidfilme wurde als fester Träger reinster Quarz der Korngröße 0,28 – 0,8 mm (Brasilien, Firma Kranz) verwendet (5). Das Quarzpulver wurde mit N,N-Dimethyl-N-octadecyl-3-ammoniumpropyltrimethoxy-silylchlorid (Dow Corning Corp. Michigan, USA) silanisiert. Die zur Silanisierung benutzte wäßrige Butanol-Lösung war $1 \cdot 10^{-5}$ M. Das Zetapotential des silanisierten Quarzes lag im Wasser bei $+28 \pm 3$ mV. Als Lipid wurde Phosphatidyläthanolamin (Koch-Light Lab. Ltd., reinst) verwendet. Das Lipid wurde in n-Oktan (Riedel de Haen, S.P. 120 – 130 °) gelöst. Als Protein wurde Cytochrom c (i.P. bei pH 10,6; M.G. 13 500; Serva, reinst, salzfrei, 0,43 % Fe) und Serumalbumin (i.P. bei pH 4,9; M.G. 67 000; Serva, lyophil. rein, 92 % min) genommen.

Als Polyelektrolyte wurden synthetische, organische, lineare, makromolekulare und wasserlösliche Verbindungen der Firma Hoechst benutzt, deren einzelne Typen sich in der Ionogenität und im Charakter ihrer reaktiven Gruppen voneinander unterscheiden. Sie basieren chemisch auf nichtionischem Polyacrylamid oder auf anionischem Copolymerisat aus Acrylamid und Acrylat.

$$\left[CH_2 \overline{\quad\quad} CH \overline{\quad\quad} CH_2 \overline{\quad\quad} CH \overline{\quad\quad} \right]_n$$
$$\quad\quad\quad | \quad\quad\quad\quad\quad\quad\quad | $$
$$\quad\quad CO \cdot NH_2 \quad\quad\quad\quad CO \cdot NH_2$$

Polyacrylamid

$$\left[\left[CH_2 \overline{\quad} CH \overline{\quad} \right]_p \left[CH_2 \overline{\quad} CH \overline{\quad} \right]_q \right]_n$$
$$\quad\quad\quad | \quad\quad\quad\quad\quad\quad | $$
$$\quad\quad CONH_2 \quad\quad\quad\quad COO\text{-}Na^+$$

Copolymerisat aus Acrylamid und Acrylat.

Als kationischer Polyelektrolyt wurde Bozefloc C 45, als anionischer Polyelektrolyt Bozefloc A 41 und als nichtionisches Polymer Bozefloc N 25 verwendet.

Alle anderen Chemikalien waren analytisch rein, das bidestillierte Wasser hatte eie spezifische Leitfähigkeit $\varkappa = 1,2 - 1,6 \cdot 10^{-6}$ Ohm^{-1} cm^{-1}. Die Vorbereitung der Lipidschicht ist schematisch in der Abbildung 3 dargestellt. Sie wurde in einer früheren Arbeit ausführlich beschrieben (5, 6). Den Aufbau der elektrischen Doppelschicht bringt die Abbildung 4. Die Quarzteilchen mit der adsorbierten Lipidschicht wurden für die Herstellung eines Diaphragmas zur Messung des Strömungspotentials genommen. Die Apparatur und Prozedur wurde in früheren Arbeiten im Detail beschrieben (5, 7). Für die Messung des Potentials wurde das Digital Electrometer (Keithley Instruments) verwendet. Für die Berechnung des Zetapotentials wurden die Werte der spezifischen Leitfähigkeit in den Poren des Diaphragmas und die Viskosität der Lösungen eingesetzt.

Alle Messungen wurden bei 25 ± 1 °C durchgeführt.

Diskussion der Ergebnisse

Die an monomolekularen Lipidfilmen früher durchgeführten elektrokapillaren Messungen haben gezeigt, daß die polaren Gruppen der an der Phasengrenze Öl/H$_2$O adsorbierten Lipidmoleküle zum Wasser hin orientiert sind (8) und daß der Charakter der elektrischen Ladung der Lipidmoleküle sehr stark pH-abhängig ist. Dieses hängt mit der Dissoziation der anionischen bzw. kationischen Gruppen des Lipidmoleküls zusammen (i. P.).

Adsorbieren wir an der silanisierten SiO$_2$-Oberfläche Phosphatidyläthanolamin oberhalb seines isoelektrischen Punktes aus z. B. Oktanlösungen (5), erhalten wir Abhängigkeiten, die den Adsorptionsisothermen der Tenside ähnlich sind (9). Aus diesen läßt sich die Sättigungskonzentration des Lipids in der Phasengrenze bestimmen. Die Ausgangskonzentration an Phosphatidyläthanolamin für die Herstellung der bimolekularen Lipidfilme in diesen Versuchen war 1,6 mg/ml n-Oktan. Mit dieser Konzentration wurden gut reproduzierbare Werte des Zetapotentials von -101 ± 5 mV erreicht und zwar für pH-Werte des Wassers zwischen 5,4 und 5,8. Diese Werte müssen für jede neue Lipid-Charge neu bestimmt werden, da die Zusammensetzung der Lipide von Charge zu Charge ein wenig schwankt. Danach wird das Phosphatidyläthanolamin an der Phasengrenze mit Wasser positive bzw. negative Bindungsplätze (Abb. 4) in einem Verhältnis bieten können, das dem pH-Wert des Wassers entspricht (5).

Zur Untersuchung der Wechselwirkung der Proteine mit einem bimolekularen Lipidfilm wurden in dieser Arbeit Cytochrom c unterhalb (positive Ladung) und Serumalbumin oberhalb (negative Ladung) ihres i. P. genommen. Die Änderung des Zetapotentials der Lipidschicht in der Ab-

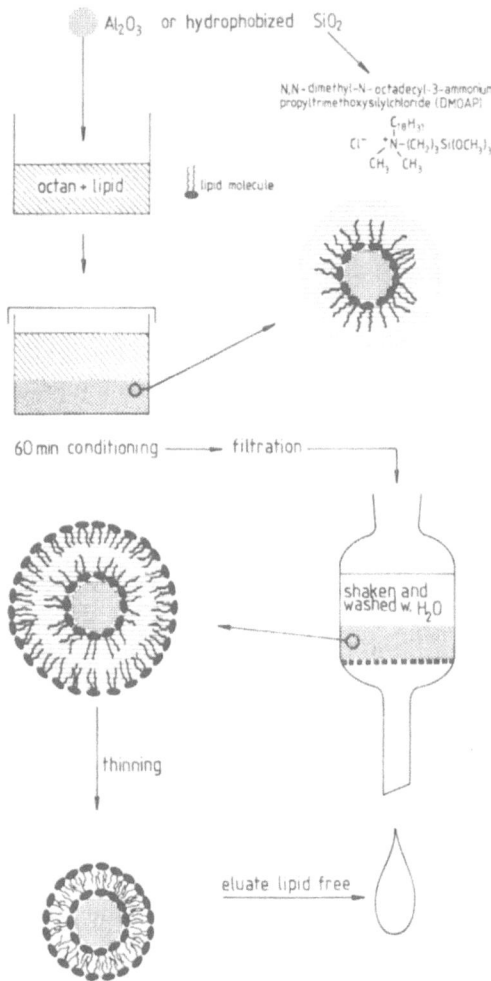

Abb. 3. Vorbereitung einer Lipidschicht an der festen Oberfläche.

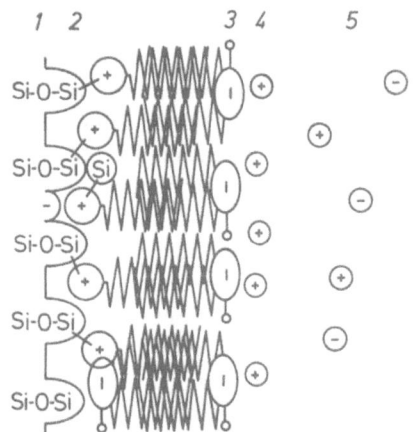

Abb. 4. Schematische Darstellung der adsorbierten Lipidschicht an der silanisierten Oberfläche des Quarzes. 1, Schicht der aufladenden Ionen; 2, Chemisorbiertes Silan bzw. coadsorbiertes Lipid; 3, Lipidschicht; 4, Schicht der Gegenionen; 5, Diffuse Schicht.

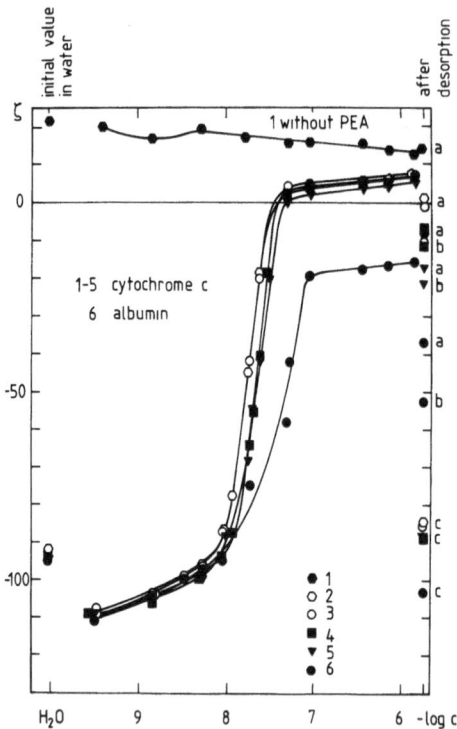

Abb. 5. Einfluß der Proteinkonzentration (Mol) auf die Änderung des Zetapotentials (in mV) der Lipidschicht. Konzentration des Proteins: 1, $5 \cdot 10^{-6}$ M; 2 und 6, $1 \cdot 10^{-5}$ M; 3, $5 \cdot 10^{-5}$ M; 4, $1 \cdot 10^{-4}$ M. (PEA = Phosphatidyläthanolamin.)

hängigkeit von der Proteinkonzentration zeigt die Abb. 5.

Die Adsorption des Cytochroms c verläuft wie bei kationaktiven Tensiden. Wir können also annehmen, daß das Protein eine im Mittel positiv fixierte Ladung besitzt, insofern an die negativen Ladungen der Phosphatidmoleküle gebunden wird und mit wachsender Konzentration die negativen Ladungen der Lipidschicht kompensiert. Adsorbieren wir nun Cytochrom c an der silanisierten Oberfläche des Quarzes ohne Lipidschicht (Abb. 5, Kurve 1), so stellen wir fest, daß praktisch im ganzen Konzentrationsbereich das positive Zetapotential nur unwesentlich absinkt. Bei einer Cytochrom-Konzentration von ca. $1,6 \cdot 10^{-8}$ M erreicht das Zetapotential den Nullwert. Hier sind die entgegengesetzt geladenen ionischen Gruppen des Lipids und Proteins in der Phasengrenze genau kompensiert. Weitere Erhöhung der Proteinkonzentration führt zur Sättigung der Adsorptionsschicht mit Protein, da der Wert des Zetapotentials nur noch wenig mit zunehmender Konzentration des Cytochroms steigt.

Die unterschiedliche Hydrophobität bzw. der positive Angangswert des Zetapotentials des für

die Versuche verwendeten silanisierten Quarzes (Abb. 5, Kurven 2 – 5) hat praktisch keinen weiteren Einfluß auf den Verlauf der Adsorption und die Sättigung der Lipidschicht mit Protein. Daraus und aus dem Verlauf der Kurve 1 im Bild 5 läßt sich schließen, daß der Einfluß hydrophober Wechselwirkungen in den untersuchten Fällen keine dominante Rolle spielen kann.

Die schlechte Desorption des Proteins von der Grenzfläche Lipid/Wasser (a) in Bild 5 deutet auf ziemlich feste Bindungen des Proteins an der Lipidschicht hin. Erst eine $1 \cdot 10^{-3}$ M KCl-Lösung (b), aber viel deutlicher eine NaOH-Lösung von pH 10 (c) führt zur Desorption der Proteinschicht.

Bei der Adsorption des Albumins hat die $\zeta - c$-Abhängigkeit (Abb. 5) einen ähnlichen Verlauf wie bei Cytochrom c, mit dem Unterschied, daß die Sättigung der Lipidschicht bei einem negativen ζ-Potential erreicht wird. Das anomale Verhalten des Albumins bei der Adsorption ist aber kein neuer Befund. Diese Beobachtung haben z. B. *Lindau* und *Rhodius* (10) bei der Untersuchung der Adsorption des Albumins an einer negativ geladenen Quarzoberfläche gemacht und *McLaren* (11) bei der Adsorption von Albumin an Kaolinit. Die ersten zwei Autoren erklären dieses Phänomen aufgrund der Bindung von Aminogruppen an der Quarzoberfläche. *McLaren* setzt einen teilweisen Ionenaustausch (Alkali-Ion gegen H$^+$) und eine einfache Adsorption des Proteins an der Kaolinit-Oberfläche voraus, wobei sich beide polare Gruppen an der Adsorption beteiligen. *Dilman* und *Miller* (12), die die Adsorption des Albumins an kationischen Austauscher-, Cellophan- und Silikonkautschukmembranen untersucht haben, fanden, daß für diese Adsorption zwei gleichzeitig verlaufende Mechanismen charakteristisch sind. Der eine Mechanismus impliziert ionische Wechselwirkungen und ist exotherm mit einer Adsorptionswärme von -10 kcal/mol, der andere Mechanismus impliziert hydrophobe Wechselwirkungen und ist mit einer Adsorptionswärme von $+5$ bis $+20$ kcal/mol.

Da die Adsorption des Serumalbumins in unseren Versuchen im pH-Bereich von 5,4 bis 5,6 durchgeführt wurde, der nicht weit vom isoelektrischen Punkt des Albumins liegt (4, 9), läßt sich die bevorzugte Adsorption des Proteins durch die Wechselwirkung der Lipidschicht mit der noch relativ großen Anzahl ionisierter Aminogruppen erklären.

Die Desorption des adsorbierten Albumins mit H₂O oder KCl- bzw. NaOH-Lösungen verläuft auf ähnliche Weise wie die bei Cytochrom c. Aus dem Adsorptionsverhalten des Cytochroms c und des Albumins läßt sich schließen, daß vorwiegend die positiv geladenen ionisierten Aminogruppen der beiden Proteine an die negativ geladenen Phosphatgruppen des Lipids gebunden wurden.

Um die Bindung der Proteine an der Lipidschicht mit der Bindung anderer makromolekularer Stoffe vergleichen zu können, wurden an dem Phosphatidyläthanolamin-Film verschiedene lineare Polymere adsorbiert. Diese Stoffe sind Polymerisate bzw. Copolymerisate auf der Basis von Acrylamid bzw. von Acrylamid und Acrylat und werden z. B. als Flockungsmittel verwendet. Die Ergebnisse der Adsorption dieser Stoffe bringt die Abbildung 6. Aus der Abhängigkeit ζ–c ist ersichtlich, daß es mit steigender Konzentration der beiden Polyelektrolyte (A 41 und C 45) zu

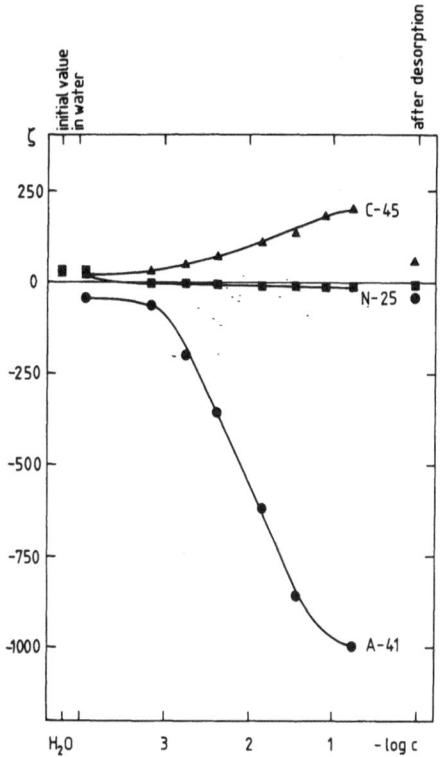

Abb. 7. Einfluß der Polyelektrolytkonzentration (g/L) auf die Änderung des Zetapotentials (in mV) der silanisierten Quarzoberfläche.

einem deutlichen Anstieg des Zetapotentials in negativer bzw. positiver Richtung kommt. Das nichtionische Polymer verhält sich bei der Adsorption leicht kationisch. Die Adsorption der beiden Polyelektrolyte ist gegenüber der Adsorption der beiden Proteine durch sehr hohe Werte des Zetapotentials charakterisiert. Bei der Desorption der Polyelektrolyte mit Wasser desorbiert der anionische Stoff praktisch komplett.

Die Adsorption dieser Polyelektrolyte an der silanisierten Quarzoberfläche ohne Lipidfilm ist der Adsorption an Oberflächen mit Lipidfilm sehr ähnlich, wobei die Werte des Zetapotentials etwas niedriger liegen (Abb. 7). Die nichtionische Substanz benimmt sich bei der Adsorption leicht anionisch. Die Desorption mit H₂O gelingt bei dem anionischen Polyelektrolyten wiederum vollkommen. Die Werte des Zetapotentials bei der Adsorption der Polyelektrolyte, besonders von Bozefloc A 41, scheinen ungewöhnlich hoch zu sein. Dieses Phänomen läßt sich vielleicht damit erklären, daß die in die Gleichung für die Berechnung (5, 7) des Zetapotentials eingesetzte Viskosität eine gemittelte Viskosität ist und nicht den wahren Verhältnissen in der elektrischen

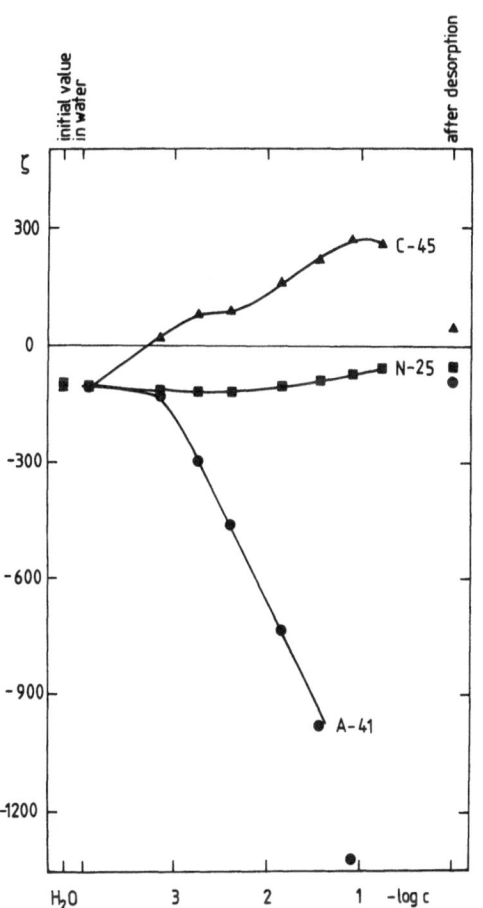

Abb. 6. Einfluß der Polyelektrolytkonzentration (g/L) auf die Änderung des Zetapotentials (in mV) der Lipidschicht.

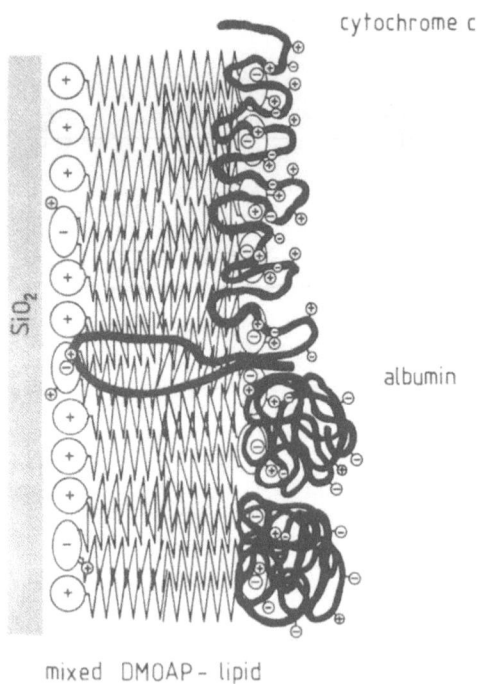

cytochrome c

albumin

SiO₂

mixed DMOAP - lipid
bilayer

Abb. 8. Schematische Darstellung der Bindung des Cytochroms c und des Serumalbumins an der Phosphatidyläthanolaminschicht.

Doppelschicht bzw. in der Nähe der Scherebene entspricht.

Aufgrund des Verlaufs der beiden Abhängigkeiten in den Abb. 6 und 7 läßt sich schließen, daß bei den untersuchten linearen Polymeren neben den elektrostatischen Wechselwirkungen der hydrophilen Gruppen auch hydrophobe Wechselwirkungen eine bedeutende Rolle spielen müssen. Aufgrund der Desorptionsmessungen wäre zu erwarten, daß der adsorbierte anionische Polyelektrolyt weiter in die wäßrige Phase hineinragt als die beiden anderen Substanzen. Das amphotere Benehmen des nichtionischen Polymeren an der negativen Lipid- bzw. an der positiven silanisierten Quarzoberfläche läßt sich durch die induzierte polare Wechselwirkung der beiden Phasengrenzen auf das Polymer erklären. Der Mechanismus der Adsorption von Polyelektrolyten an festen Oberflächen wird von uns weiter untersucht.

Das Adsorptionsverhalten der Proteine unterscheidet sich also von dem der synthetischen Polymeren. Worauf diese Unterschiede im einzelnen beruhen, ist aufgrund unserer Untersuchungen nicht zu sagen. Beide Molekülklassen unterscheiden sich in erster Linie im Molekulargewicht, in der Molekularform und im Anteil der hydrophoben Wechselwirkungen. Es ist zu vermuten, daß eben diese unterschiedlichen Eigenschaften für das verschiedene Adsorptionsverhalten verantwortlich sind.

Die Adsorption der beiden Proteine an die Lipidschicht deuten wir vorwiegend als Wechselwirkung zwischen den ionisierten Gruppen des Proteins und des Lipids. Das unterschiedliche Verhältnis von Amino- zu Carboxylgruppen unterhalb bzw. oberhalb der isoelektrischen Punkte der beiden Proteine läßt erwarten, daß bei Cytochrom c eine viel festere Bindung an das Lipid auftritt als im Falle des Albumins (Abb. 8). Dies wurde bei der Untersuchung der Adsorption des Albumins bei höheren pH-Werten (> 5,6) bestätigt. Die an der Lipidschicht adsorbierte Menge von Albumin sinkt mit zunehmender Dissoziation der Carboxylgruppen (13).

Die Versuche haben gezeigt, daß es möglich ist, Lipidstrukturen mit adsorbierten Proteinschichten aufzubauen und diese zur weiteren Untersuchung von biologisch interessanten Wechselwirkungen zu verwenden.

Ich möchte mich für die wertvolle Diskussion der Ergebnisse bei Herrn Prof. Dr. *K. Heckmann* sowie für die technische Hilfe bei Frau *H. Brunner* und Fräulein *R. Plank* bedanken. Mein Dank gilt auch der Deutschen Forschungsgemeinschaft für die finanzielle Unterstützung dieser Arbeit.

Zusammenfassung

Es werden mono- und bimolekulare Schichten von Lipid (Phosphatidyläthanolamin) an hydrophobierten Quarzoberflächen adsorbiert. Danach wird die Adsorption von Proteinen (Cytochrom c, Albumin) und von synthetischen linearen Polymeren an den Lipidschichten mit Hilfe elektrokinetischer Verfahren untersucht.

Die Versuchsanordnung gestattet auch die Gewinnung von Informationen über analog gebaute und behandelte bimolekulare Lipidmembranen zwischen zwei wäßrigen Phasen.

Summary

Mono- and bimolecular lipid layers (phosphatidylethanolamine) are adsorbed on hydrophobized quarz surfaces. Subsequently a number of proteins (cytochrome c, albumine) and synthetic straight-chain polymers are adsorbed on the lipid layers. The adsorption is followed by electrokinetic measurements.

The experimental set-up can be used for obtaining supplementary information about bimolecular lipid layers between two aqueous phases, which cannot be determined by flux or current measurements alone.

Literatur

1) *White, A., P. Handler* und *E. L. Smith,* Principles of Biochemistry, Mc Graw-Hill, S. 87, (New York 1968).

2) *Tien, H. T.,* The Chemistry of Biosurfaces, Marcel Dekker Inc., (New York 1971).

3) *Dobiáš, B.,* Forschungsbericht, Physiologisches Institut der Tschechoslowakischen Akademie der Wissenschaften in Prag (1969).

4) *Lüschow, U.* und *J. Schulz-Harder,* Biochimica and Biophysica Acta **512,** 377 (1978).

5) *Dobiáš, B.* und *K. Heckmann,* Bioelectrochemistry and Bioenergetics **4,** 231 (1977).

6) *Dobiáš, B.* und *K. Heckmann,* J. Electroanal. Chem. Interfatial Electrochem. **48,** 333 (1973).

7) *Dobiáš, B.,* Tenside-Detergents, **12,** 210 (1975).

8) *Dobiáš, B.,* Forschungsbericht der DFG, Universität Regensburg (1971).

9) *Dobiáš, B.,* Tenside-Detergents **9,** (6), 322 (1972).

10) *Lindau, G.* und *R. Rhodius,* Z. Phys. Chem. **A172,** 321 (1935).

11) *Mc Laren, A. D.,* J. Phys. Chem. **58,** 129 (1954).

12) *Dillman, W. J.* und *I. F. Miller,* J. Coll. Interface Sci. **44,** (2), 221 (1973).

13) *Dobiáš, B.,* Bioelectrochemistry and Bioenergetics, (in Vorbereitung).

Anschrift des Verfassers:

Dr. *B. Dobiáš*
Universität Regensburg
Lehrstuhl für Chemie II
Chemisches Institut
Universitätsstr. 31
8400 Regensburg

Progr. Colloid & Polymer Sci. **67**, 71–83 (1980)
© 1980 by Dr. Dietrich Steinkopff Verlag GmbH & Co. KG, Darmstadt
ISSN 0340-255 X

Lectures during the conference of the Kolloid-Gesellschaft e.V.,
October 2–5, 1979 in Regensburg

School of Chemistry, University of Bristol, Bristol, England

Direct measurements of particle-particle interactions

R. H. Ottewill

With 13 figures

Introduction

A great deal of our knowledge about the subject of Colloid Science is currently based on experimental observations carried out on systems of rather low number concentration. The reasons for this situation are often experimental in that many of the techniques available, such as light scattering, microelectrophoreses etc., cannot be used on systems with a high number concentration. However, both in Industry and in Biology the colloidal dispersions encountered are frequently quite concentrated. One definition of a concentrated dispersion would be in terms of volume fraction when it would typically be between 0.1 and ca. 0.7. In view of their important applications there is a compelling need to try and understand in some detail the properties of concentrated colloidal systems and to develop methods of making meaningful experimental measurements on such systems. In addition, simultaneously with the development of new experimental techniques and with new applications of older ones, theories must be extended or developed to predict the properties of concentrated dispersions.

Since the pioneering work of *Derjaguin* and *Landau* (1) and *Verwey* and *Overbeek* (2) the ideas of a pairwise interaction between particles has been developed considerably and we can now recognise a number of types of interaction. The most important of these are: −

i) electrostatic interactions − usually repulsive,
ii) van der Waals interactions − usually attractive,
iii) steric interactions − usually repulsive,
iv) close-range Born interactions − repulsive.

The extent to which the particles can be solvated also plays an important role but this is not one which has yet been conclusively elucidated.

An important factor with these interactions is the range over which their influence can be felt by another particle. For example, with electrostatic interactions at very low electrolyte concentrations the range of the interactions can be of the order of one micron. However, with steric interactions there is essentially no repulsion until the two sets of adsorbed layers are in close proximity. Consequently, the latter interactions are of rather short range. Fig. 1 shows a visual concept of these ideas in that the dotted line around the particle indicates the range to which the repulsive forces extend. At low concentrations the so-called spheres of influence (3) do not overlap and the particles are able to move freely under Brownian motion so that only transient interactive 'contacts' occur. As the concentration increases, however, there comes a situation when inevitably all the spheres of interaction overlap. At this point the physical properties of the systems change, i.e. it becomes a diffracting lattice (4, 5, 6, 7) and usually starts to exhibit elastic properties (8). An alternative definition of *the behaviour* of a concentrated system would therefore be that of a system where all the particles are in a long-term interactive situation.

The electrostatic repulsive potential energy of interaction between two small spherical particles can be given by the expression (2):

$$V_R = \varepsilon \, R^2 \, \psi_s^2 \cdot \exp\left(- \varkappa \, h\right)/r \qquad [1]$$

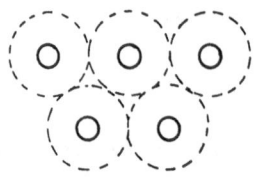

Fig. 1. Schematic diagram illustrating the order-disorder transition which can occur on increasing the concentration of latex and the distinction between hard and soft interactions. The dashed circle represents the range of interaction forces.

increase concentration

DISORDER

Particles are randomly arrayed

Undergo free Brownian motion

Contacts between particles are transient and repulsive

ORDER

All particles spend time interacting with the other particles

Range of repulsive forces

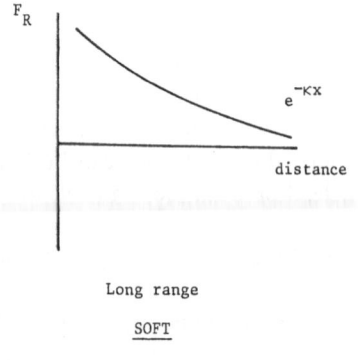

Long range

SOFT

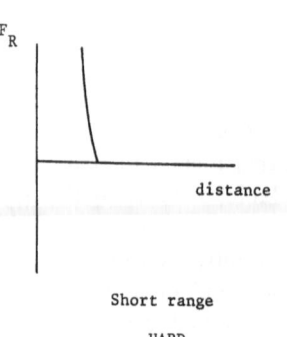

Short range

HARD

where ε = the dielectric constant of the dispersion medium, R = the radius of the particle, ψ_s = the surface potential, h = the distance of separation between the particle surfaces and r = the distance of separation between the particle centres. For a symmetrical electrolyte $\varkappa$ is given by the expression,

$$\varkappa^2 = 8\,\pi\,n_0\,v^2\,e^2/\varepsilon\,k\,T \qquad [2]$$

where n_0 = the number of ions of each type per cm³ of the bulk electrolyte, v = the valency of the ions and e = the fundamental electronic charge. Equation [1] shows that the dependence of the interaction energy with distance is exponential and it is influenced by the parameter $\varkappa$ and hence by the electrolyte concentration. The term $1/\varkappa$ is often spoken of as the thickness of the electrical double layer. In a 10^{-6} mol dm⁻³ solution of electrolyte it has a value of ca. 3300 Å and thus for a particle of radius 300 Å is substantially greater than the size of the particle; thus strong interaction can occur at low volume

fractions. Moreover, with interactions of this type the rate of change of V_R with h is gradual and as a consequence of the long range and small dV_R/dh these interactions are often spoken of as *soft-sphere interactions*.

By contrast, for dispersions in non-aqueous media stabilised either by adsorbed layers or by grafted polymer chains, the energy of steric interaction rises very steeply with decreasing distance and the range of the interaction is small (see fig. 1). This type of system can therefore approximate to the classical *hard-sphere interaction*.

For many cases of small particles in low aqueous electrolyte concentrations and those of small particles with thick adsorbed layers in non-aqueous media the attractive interaction is essentially very small and the overall interaction is dominated by the repulsive part. However, with an increase in electrolyte concentration in the one case and with an increase in particle size relative to adsorbed layer thickness in the other, the attractive interactive contributions tend to give a well-defined minimum in the interaction curve. This leads to association of particles at a distance, a process which is frequently reversible, as illustrated in fig. 2, there being a rate of movement of particles into the minimum and a rate of movement out, thus setting up a steady state condition (9). In the aqueous situation further increases in electrolyte concentration lead to an overwhelming dominance of attraction and the damping out of repulsive interactions with the consequent creation of a deep primary minimum in energy (see fig. 2); this situation explains the classical phenomenon of coagulation by electrolytes (2).

In this contribution the discussion will primarily centre on examining the repulsive interactions which occur between spherical particles. An immediate question which arises therefore is – what type of system can be used for experimental observations? At the present time undoubtedly one of the most convenient is a polymer latex. The main reasons for this choice are:

a) the particles are prefectly rigid spheres,
b) the system can be prepared with a very narrow size distribution,
c) the particles can be electrostatically charged by covalently bound surface groups to give anionic, cationic or amphoteric surfaces,
d) the particle size can be varied over wide limits, from ca. 200 Å to 10 μm,
e) the volume fraction can be varied over a very wide range – from very dilute do close-packing,
f) the polymer is essentially insoluble in the aqueous phase.

The preparation of polystyrene latices of this type and their characterisation has been discussed in detail elsewhere (10, 11). This paper will outline the methods which can be used for examining particle-particle interactions in both aqueous and non-aqueous dispersions and also the methods which can be used for determining the time-average structure of these systems. A complementary problem is that of the movement of the particle, *particle dynamics;* this is an ongoing area of interest and has recently been discussed by *Pusey* (12).

Aqueous dispersions

The phase diagram

One of the basic prerequisites for a fundamental study on concentrated systems of latices is

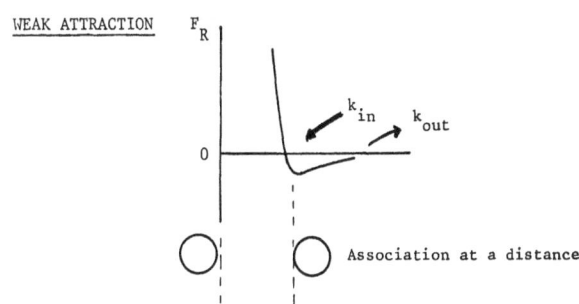

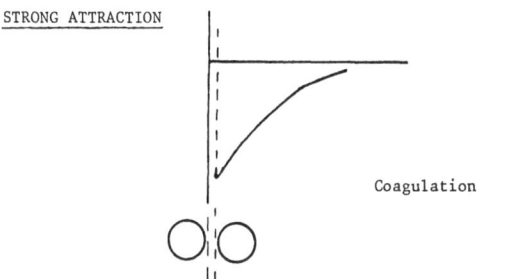

Fig. 2. Schematic diagram illustrating the distinction between the behaviour of colloidal particles in the presence of weak and strong attraction.

the determination of a phase diagram (13). A typical example for a latex with a diameter of 1090 Å is shown in fig. 3 as a plot of electrolyte concentration against the volume fraction of the latex at 25° (14). On the diagram is shown the region where a disordered system exists and the region where an ordered latex system exists. The co-existence region which exists between the ordered and disordered regions is also shown. With polymer particles in this size range a clearly observed iridescence is observed when the system is in the ordered region. Thus the co-existence region can be observed experimentally as a situation where a milky latex layer exists in the top of a tube in co-existence with an iridescent layer in the bottom of the tube. In the ordered region the whole volume shows iridescence.

The latter fact makes the observation of the order-disorder transition as a function of temperature one which can be observed visually. With an increase in temperature the iridescence disappears over a very short range of temperature and reappears on cooling (14). The temperature at which this occurs depends on both volume fraction and electrolyte concentration. Thus the full representation of the phase diagram requires a three-dimensional plot of temperature-electrolyte concentration-volume fraction. An ex-

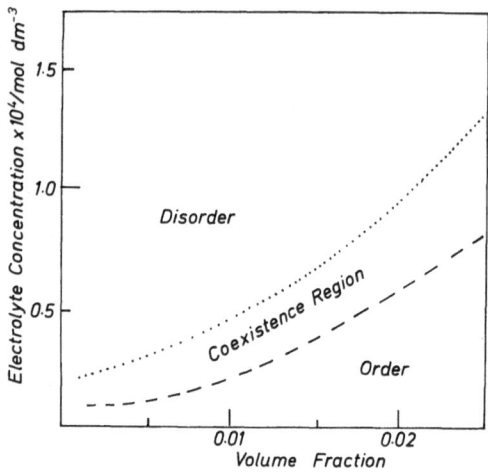

Fig. 3. Phase behaviour of a polystyrene latex containing particles with a radius of 545 Å showing the dependence of the ordered region on volume fraction and electrolyte concentration (sodium chloride).

ample, containing some preliminary data for a latex containing particles of diameter 1090 Å is given in fig. 4; a complete diagram at a number of temperatures has not yet been obtained.

Experimental scattering methods

General background

In a light scattering experiment the quantity usually measured is the time average reduced intensity R_θ which can be defined as,

$$R_\theta = I_\theta \cdot r_0^2 / I_0 \qquad [3]$$

where I_θ = the intensity of the scattered light at an angle θ to the direction of the incident beam, I_0 = the intensity of the incident beam and r_0 = the distance between the scattering particle and the position of the detector. For unpolarised incident radiation, R_θ, is related to the form factor $P(\theta)$ and the structure factor $S(\theta)$ by the equation,

$$R_\theta = (1 + \cos^2 \theta) \, K_0 \, M \, c \, P(\theta) \, S(\theta) \qquad [4]$$

where K_0 is an optical constant given by,

$$K_0 = \frac{9 \pi^2 n_0^4}{2 N_A \lambda_0^4} \left[\frac{n^2 - n_0^2}{n^2 + 2 n_0^2} \right]^2. \qquad [5]$$

c = the concentration of particles in g cm^{-3}, N_A = the Avogadro number, M = the particle molecular weight, n_0 = the refractive index of the dispersion medium and n is taken as the refractive index of the particle. For a polystyrene latex particle the apparent molecular weight can be taken as,

$$M = 4 \pi R^3 \varrho N_A / 3 \qquad [6]$$

where ϱ = the density of polystyrene.

The scattering vector K can be written as,

$$K = 4 \pi n_0 \sin (\theta/2) / \lambda_0. \qquad [7]$$

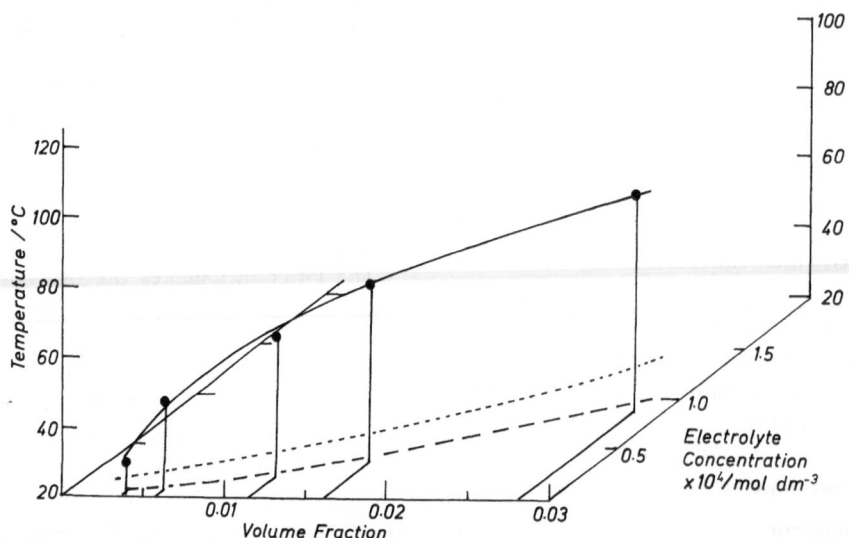

Fig. 4. Three-dimensional representation of the phase behaviour of a polystyrene latex with a radius of 545 Å. ●, temperature transition between ordered and disordered and disordered phases.

For spherical particles the form factor $P(\theta)$ is given by the equation (15),

$$P(\theta) = [3(\sin x - x \cos x)/x^3]^2 \qquad [8]$$

with $x = K \cdot R$, and the structure factor $S(\theta)$ by the equation,

$$S(\theta) = 1 + \frac{4\pi N}{K} \int_0^\infty (g(r) - 1) r \sin Kr \, dr \qquad [9]$$

where N = the number of particles per cm³ and $g(r)$ = the particle-pair distribution function (16).

The disordered region

Low volume fractions and small particles

For very low volume fractions of small latex particles ($R < \lambda_0/20$) measurement of the intensity at 90° to the scattered beam leads directly to the turbidity, τ, as given by,

$$\tau = 16\pi R_{90}/3. \qquad [10]$$

The turbidity is then related to M and to the second virial coefficient, B, by the equation,

$$H \cdot c/\tau = 1/M + 2B \cdot C \qquad [11]$$

where H is an optical constant given by,

$$H = \frac{24\pi^3 n_0^4}{N_A \lambda_0^4} \left[\frac{n^2 - n_0^2}{n^2 + 2n_0^2}\right]^2. \qquad [12]$$

Measurements at very low concentrations with extrapolation to $c = 0$ can therefore be used to obtain a value of M and to give from the gradient of the curve, in this region, a value of B. The latter quantity is related to the electrostatic repulsion between the particles by the equation,

$$B = \frac{2\pi N_A}{M^2} \int_0^\infty (1 - \exp(-V_R/kT)) r^2 \cdot dr \qquad [13]$$

where for $\varkappa R < 3$, V_R is given by equation [1].

The ordered region

One of the primary points of information needed for an ordered system is the type of structure which is formed. The method used for the determination of the structure must depend on, particle size, the volume fraction of the latex and consequently on the relationship between the distance of separation of the particles and the wavelength of the radiation used to probe the system. Of the methods available the ones that we have found most consistently useful have been, angular light scattering, the diffraction of light in the reflecting mode and small angle neutron scattering. These techniques provide information about the time-average structure. In addition, information on the particle dynamics can be obtained from photon correlation spectroscopy (12).

Low volume fractions and small particles

For small particle-size latices, where the particle radius is less than about 500 Å, and where ordered systems can be formed at very low volume fractions by the addition of mixed-bed ion-exchange resins to the latex (16, 17) angular light scattering in conventional equipment forms a very sensitive means of examining the system. A typical example of how the intensity of the scattered light varies as a function of the scattering vector is shown in fig. 5 a, for a latex containing particles with a number average radius of 256 Å. The corresponding plot of $P(\theta)$ against K is given in fig. 5 b. From these data the structure factor can be calculated from equation [4] in the form,

$$S(\theta) = \frac{R_\theta}{(1 + \cos^2\theta) K_0 c M \cdot P(\theta)}. \qquad [14]$$

The resultant curve is given in fig. 5 c.

As shown previously Fourier transformation of $S(\theta)$ through equation [9] leads to $g(r)$ (16, 18); this is an exercise, however, which must be carried out with some caution since it requires very precise experimental data over a wide K range. The basic features, however, already exist in the curve of $S(\theta)$ against K. From fig. 5 c it can be seen that there is clear evidence for nearest neighbour interactions and for next-nearest neighbour interactions. The curves resemble those obtained from X-ray examinations of liquids and therefore indicate that the particles are in a "liquid-like" arrangement at these volume fractions rather than in a highly-ordered "solid-like" lattice. It has been shown, particularly by *van Megen* and *Snook* (19) that this is what would be expected theoretically. Using Monte Carlo computations and assuming that the pair-potential had the form given in equation [1] they obtained a $S(\theta)$ against K curve similar in form

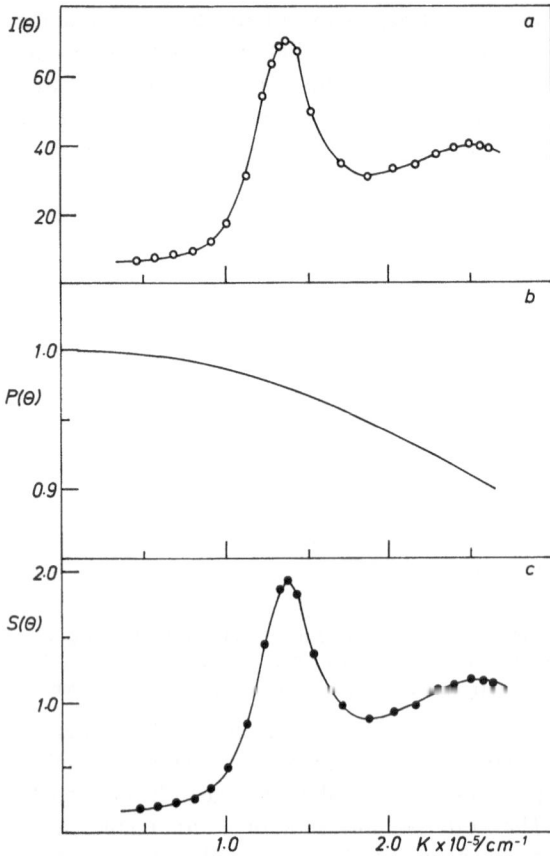

Fig. 5. Light scattering behaviour of a latex (particle radius = 256 Å) at a low electrolyte concentration, of ca. 10^{-5} mol dm^{-3} at a volume fraction of 10^{-3}.
a) intensity, $I(\theta)$, as a function of scattering vector K,
b) $P(\theta)$ against K,
c) $S(\theta)$ against K.

to that shown in fig. 5 c. The main problems experimentally with this method which need further investigation are, defining precisely the surface potential and the electrolyte concentration and correcting for the small but finite polydispersity of the latex particle sizes.

Ordered region – high volume fractions

As the concentration of the dispersion increases, or the particle size increases, it becomes increasingly difficult to use conventional time-average light scattering methods; the system becomes too turbid and multiple scattering becomes a substantial problem. However, as previously shown (6, 20) light intensity measurements in a reflective mode can be used to obtain information about the structural arrangements of particles in concentrated ordered arrays. The ordered array acts as a diffracting lattice (20) and Bragg's Law can be applied to determine the form of the lattice and the interlattice spacings. Strong evidence has been obtained for the existence of both body-centred and face-centred arrangements. Fig. 6 shows how the experimental data from diffraction experiments can be fitted to theoretical computations for a face-centred lattice of particles.

The use of optical diffraction is limited to volume fractions and incident wavelengths where there is a significant change in the Bragg angle with either parameter (21). An alternative approach to determine the structure of concentrated dispersions is to use small angle neutron scattering. This extends the range of examination in terms of volume fraction and particle size. The basic principles involved are very similar to those which have been elaborated for light scattering (22, 23). The range of wavelengths available covers the range ca. 5 to 20 Å. The quantity determined experimentally is the intensity of scattered neutrons relative to scattering by water at the same wavelength, $I(Q)$, at the scattering vector Q defined by,

$$Q = 4\pi \cdot \sin(\theta/2)/\lambda \qquad [15]$$

where θ = the angle between the incident beam

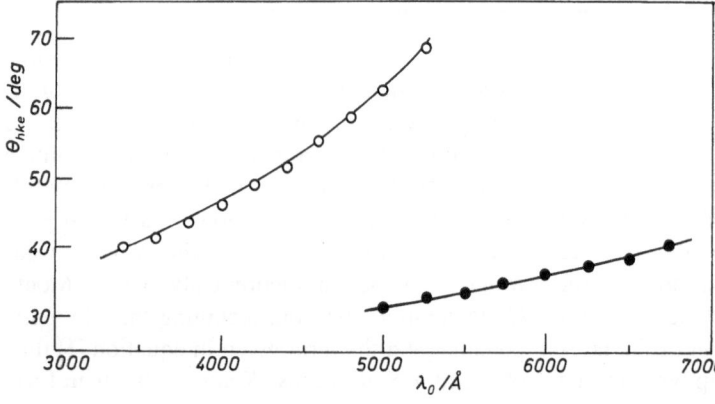

Fig. 6. Bragg diffraction from an ordered latex lattice plotted as θ_{hkl} against λ_0 for a latex with a particle radius of 1820 Å, with no added electrolyte, at a volume fraction of 0.32. ●, experimental points ($h\,k\,l$ = 111); ○, experimental points ($h\,k\,l$ = 222); ———, theoretical curves for (111) and (222) reflections.

and the position of the detector used for measuring the intensity of the scattered beam and λ = the wavelength of the neutron beam. As an example of this method some results are presented in fig. 7 in the form of $S(Q) \cdot N$ against Q for a polystyrene latex containing particles of radius 155 Å at volume fractions of 0.08 and 0.21. The shift of the position of the peak along the Q axis is clearly discernible as the volume fraction is increased.

All the diffraction evidence comes out strongly in favour of the formation of either body-centred or face-centred cubic arrays with the latex particles sited on lattice points on a time-average basis. At low volume fractions, where the lattice is very expanded, the structure appears to be liquid-like. However, as the volume fraction is increased a sharpening of the peaks occurs (see fig. 7) indicating a tendency towards the formation of a "solid-like" structure. At close-packing a well-ordered solid is formed which retains the lattice features. This is illustrated by the scanning electron micrograph in fig. 8.

Experimental pressure methods

General background

An alternative, and in many ways a complementary approach, to the use of scattering techniques for the examination of particle-particle

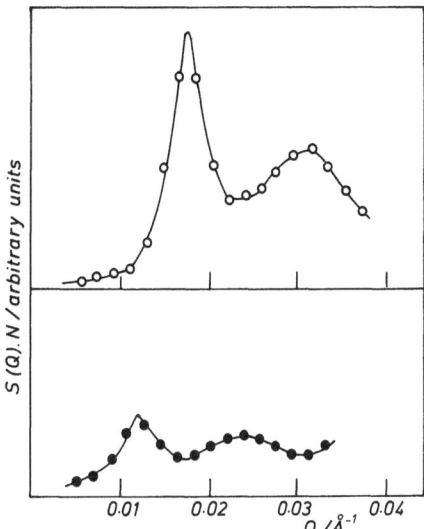

Fig. 7. Small angle neutron scattering data obtained on polystyrene latices (particle radius = 155 Å) at low electrolyte concentration, ca. 10^{-5} mol dm^{-3}, at different volume fractions, $-\bullet-$, 0.08; $-\bigcirc-$, 0.21.

interactions is to determine the excess osmotic pressure of the dispersion. The two methods are, in fact, intimately related since, as shown by *Debye* (24), equation [11] can be rewritten for dilute systems, in the form,

$$\tau = R \, T H \, c/(\mathrm{d}\pi/\mathrm{d}c) \qquad [16]$$

where π = the excess osmotic pressure. The relationship between π and c for dilute systems can

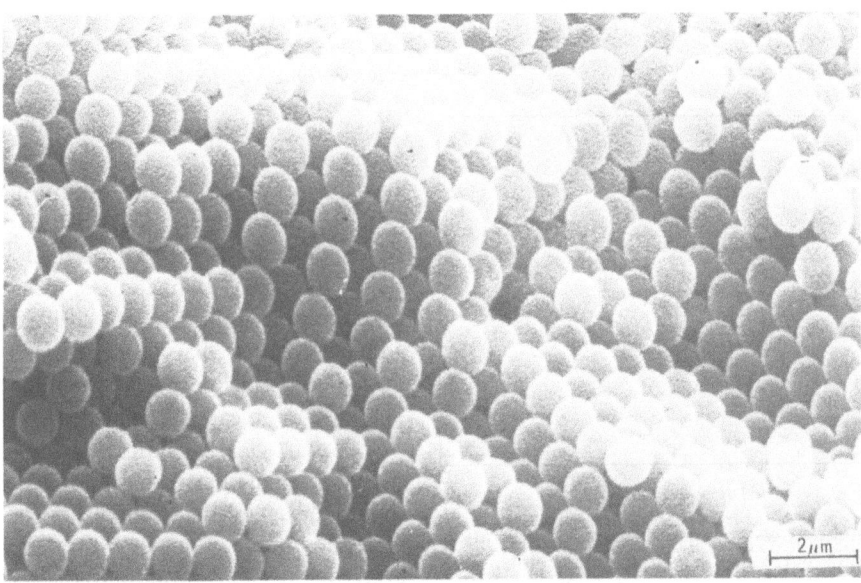

Fig. 8. Scattering electron micrograph of a latex compressed to close-packing showing the face-centred "crystalline" arrangement of the particles (radius = 0.9 µm).

be written in the form,

$$\pi = (R\,T/M) \cdot c + B\,R\,T \cdot c^2 \qquad [17]$$

where the interaction coefficient B is identical to that obtained by light scattering. Moreover, π can be directly linked to the radial distribution function $g\,(r)$ and the interparticle force, dV_R/dr, by the equation (25),

$$\frac{\pi}{N\,k\,T} = 1 + \frac{2\,\pi\,N}{3\,k\,T} \int\limits_0^\infty r^2 \cdot g\,(r) \cdot r \frac{dV\,(r)}{dr} \cdot dr. \qquad [18]$$

Low volume fractions

As observed by many workers and utilised by *Hachisu* (26) if a polystyrene latex is allowed to stand in a long cylindrical tube over ion-exchange resin then the co-existence region can be clearly observed as a separation into two zones, the upper mily-white and the lower iridescent. The hydrostatic pressure on the boundary can also be determined from the height of the liquid meniscus above the boundary and interpreted as an excess pressure. In addition, the volume fraction of the latex just above and just below the boundary can be determined by sampling (26).

A less ambiguous approach is to utilise a sensitive membrane osmometer to determine the excess osmotic pressure as a function of the volume fraction of the latex. This, however, is not an easy problem and presents a number of experimental difficulties owing to the low osmotic pressures involved. Some provisional data which establish the order of magnitude of the osmotic

pressure and the form of the curve have been obtained by *Owens* (27) and are shown in fig. 9. These data were obtained using a latex containing particles of mean radius 155 Å at an estimated ionic strength of 10^{-5}. For comparison a calculated curve of osmotic pressure against concentration is included in fig. 9. This was calculated using equation [17], where for computational purposes a value of B was determined by writing equation [13] in the form,

$$B = \frac{2\,\pi\,N_A}{M^2} \sum_0^n \left[1 - \exp\left(-\,V_R/k\,T\right)\right]_i r_i^2 \cdot \varDelta r \qquad [19]$$

using equation (1) for V_R with $\psi_s = 125$ mV, $R = 155$ Å and $\varepsilon = 78.55$. Although more experimental data are needed before definitive conclusions can be reached these preliminary data suggest that the system is behaving in a "vapour-like" manner at low concentrations.

This type of osmometer if built of transparent material also enables the first onset of iridescence to be observed with a latex of size ca. 100 to 200 nm, usually as a coloured band near the membrane. In addition to the observation of the onset of iridescence visually, it is found that once this point is reached, the pressure over a range of volume fractions above this becomes essentially constant thus giving a delineation of the co-existence region between the vapour-like phase and the more ordered liquid-like phase. The range of osmotic pressure conveniently examined by this type of equipment appears to be between ca. 100 N m^{-2} and about 5000 N m^{-2}.

High volume fractions

For the higher volume fraction range, say between 0.1 and close-packing, where excess osmotic pressures up to tens of atmospheres can be experienced the type of apparatus described by *Barclay* et al. (28) can be used. It is moreover, easily modified to include a transparent compartment which allows both a visual observation and a diffraction analysis to be made on the latex during compression (29). Some typical results for this type of measurement are given in fig. 10. These data clearly indicate the region of the curve where the pressure remains essentially constant and suggest that the co-existence region can be rather broad. It must be remembered, however, that as the volume fraction of the latex changes so will the electrolyte content of the system so that the trace of an osmotic pressure

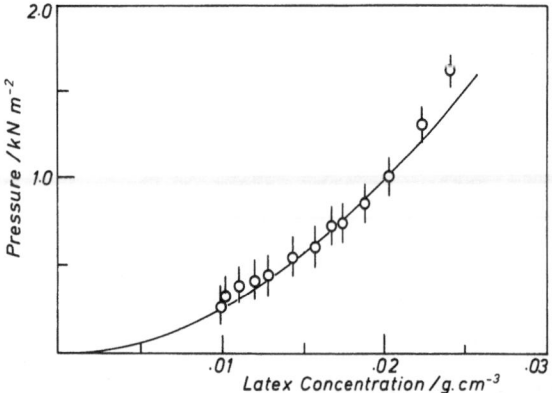

Fig. 9. Osmotic pressure against latex concentration (particle radius = 155 Å), ○, experimental points; —— calculated curve for, surface potential = 125 mV, radius = 155 Å and an electrolyte concentration = 10^{-5} mol · dm^{-3}.

determination is a diagonal across the type of phase diagram shown in fig. 3.

At the higher volume fractions the pressure rises very steeply indicating the formation of an incompressible system with strong repulsive forces acting between the particles – in fact, a solid-like phase.

From the experimental evidence now available it appears to be clear that the pressure against volume fraction characteristics of latices at low electrolyte concentrations can be represented schematically as shown in fig. 11. At low volume fractions the latex particles are in random motion and the system behaves as a *colloidal vapour*. At a certain volume fraction, dependent on both particle size and electrolyte concentration, a *liquid-like* phase is nucleated, which then co-exists with the *vapour-like* phase as the volume fraction is increased. At a higher volume fraction still the vapour-like phase disappears and the system behaves as an ordered liquid-like phase; once in this state the pressure starts to rise. This phase change appears to be analogous to a vapour-liquid phase transition and shows a well-defined co-existence region. At very low volume fractions when the particles are near to close-packing the system takes on a solid-like character; so far, no evidence has been obtained of a co-existence region for this transition. The properties of the latex at these high volume fractions are of considerable interest in that if a well-defined primary minimum existed coagulation would be expected to occur and has been observed by *Homola* and *Robertson* (30). In our experiments on somewhat different systems the results indicate strong repulsion somewhat independent of electrolyte concentration (29). This observation would be consistent with a strong steric repulsion at short distances which could be a consequence of surface roughness or of short dangling chains on the latex particle surface. An analogy might be drawn here with Newton Black soap films which are found to have a thickness essentially independent of electrolyte concentration (31).

As pointed out earlier a melting transition can also be clearly observed with the latex system, with particle diameters of the order of 100 nm (14) an effect which has also been observed by *Williams* et al. (32). In view of this a critical point should exist in the phase behaviour. So far, this has not been detected experimentally.

The data obtained in the liquid-like region is amenable to comparison with theory using a cell

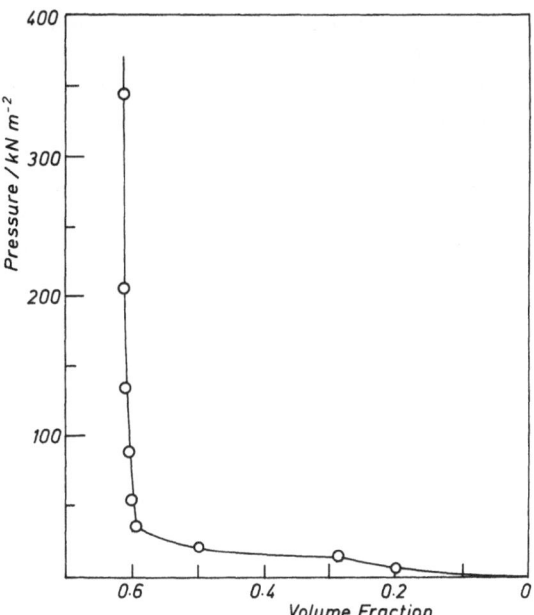

Fig. 10. Data obtained using a compression cell in the form of pressure against volume fraction at an electrolyte concentration of 10^{-5} mol dm^{-3} with a polystyrene latex containing particles of radius = 1820 Å.

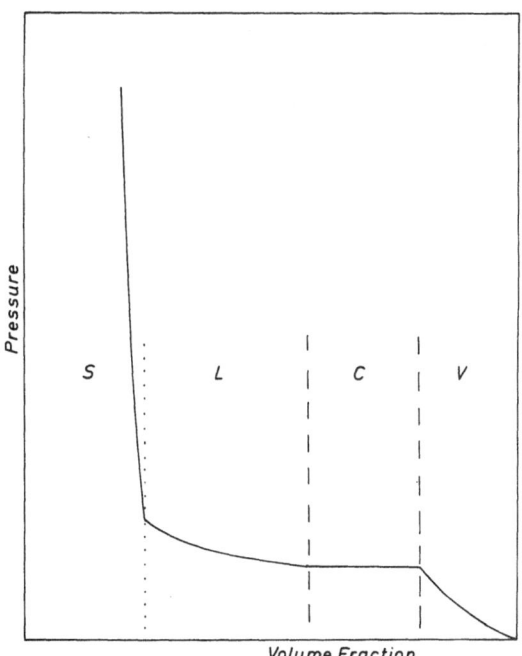

Fig. 11. Schematic diagram (not to scale) to illustrate regions of a pressure against volume fraction, *V*, vapour-like state; *C*, coexistence region; *L*, liquid-like state; *S*, solid-like state.

model of the type used by *Barker* (33) and *Barker* and *Henderson* (34) and some progress has been made in this direction. *Van Megen* and *Snook* (19) have shown that starting with equation (18) and using the cell model to replace the array of particles by a regular array of potential cells which constrain the motions of each particle, then sensible results can be obtained using the type of pair potential given in equation [1].

Non-aqueous dispersions

In apolar dispersion media such as hydrocarbons and with dispersed particles which do not take up water it now seems established that electrostatic interactions do not play a significant role in stabilising the particles in the dispersion. The main stabilising repulsive force becomes that of the steric interactions between molecules which are either adsorbed or chemically grafted

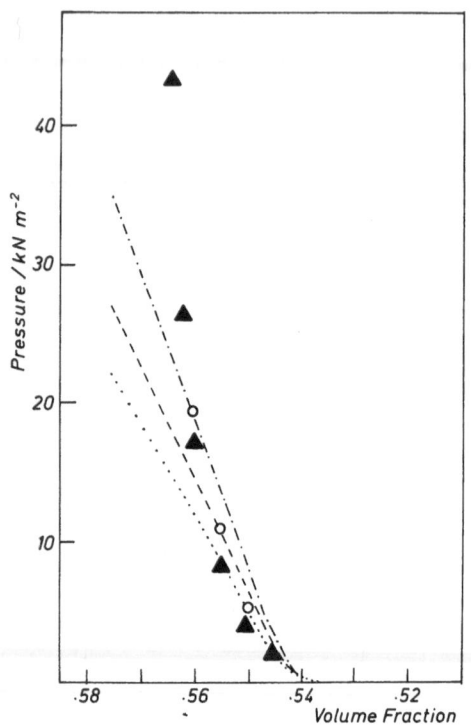

Fig. 12. Pressure against volume fraction for a polymethyl-methacrylate latex stabilised by poly-12-hydroxystearic acid in dodecane. ▲, experimental data (37). Theoretical calculations using the cell model taking $\delta = 85$ Å, $R = 773$ Å, $\psi_1 - \chi_1 = 0.35$, $V_1 = 227.3$ cm³ mol⁻¹, $\varrho = 1.114$ g cm⁻³; ····· $c_2 = 0.20$ g cm⁻³; − − − $C_2 = 0.22$ g cm⁻³; −·−·− $C_2 = 0.25$ g cm⁻³, ○, approximate points for polydisperse chains (variable C_2).

on to the particle surface. Again in this type of work polymer latices provide good model systems where the particles have a spherical geometry and a narrow particle size distribution. In the volume by *Barrett* (35) and in our own previous work (36) it has been shown that polymethyl-methacrylate (PMMA) latices can be prepared with poly-12-hydroxystearic acid (PHS) chains covalently linked to the particle surface. These particles essentially have a PMMA core, the diameter of which can be varied between a few hundred Angstroms and several microns (36), and a stabilising shell with a thickness of approximately 100 Å. In the latter case there is some degree of polydispersity in the length of the PHS chains and consequently these vary in extended length, probably between ca. 70 and 120 Å; more detailed information is being sought on this point.

As shown in previous work and illustrated in fig. 12, when systems of this type are examined, using dodecane as the dispersion medium, in a compression cell little interaction is experienced until the shells come close to the position of overlapping (37). Then, once this point is reached, the interaction becomes very strong and a steep rise in pressure occurs for a small change in volume fraction above ca. 0.55. At a volume fraction of 0.566, it was found that, taking the particle radius to be 77.5 nm, the total distance of separation between the particle surfaces was found to be 145 Å, that is, 72.5 Å for each shell in agreement with the distance expected from the known conformation of PHS. This behaviour is quite different from that observed with electrostatically stabilised latices in aqueous dispersion media and demonstrates quite convincingly the much harder nature of steric interactions.

An approximate equation for the pair potential of steric interactions, V_s, between two spherical core of radius, R, with stabilising shells of thickness, δ, is given (38), by the expression,

$$V_s = \frac{4\pi C_2^2 kT}{3 V_1 \varrho^2} (\psi_1 - \chi_1)(\delta - h/2)^2 (3R + 2\delta + h/2)$$

[20]

where $h =$ the distance between the core particle surfaces, $C_2 =$ the concentration of stabiliser in the adsorbed layer expressed in g cm⁻³, $\varrho =$ the density of the stabiliser chains and $V_1 =$ the molar volume of the solvent molecules. The quantities ψ_1 and χ_1 are derived from the *Flory* and *Krigbaum* theory (39) with ψ_1 an entropy parameter, as a first approximation taken as 0.5,

Fig. 13. $S(Q)$ against Q from small angle neutron scattering experiments on a polymethylmethacrylate latex (particle core radius = 325 Å) stabilised by poly-12-hydroxy stearic acid in dodecane. Core volume fraction = 0.41.

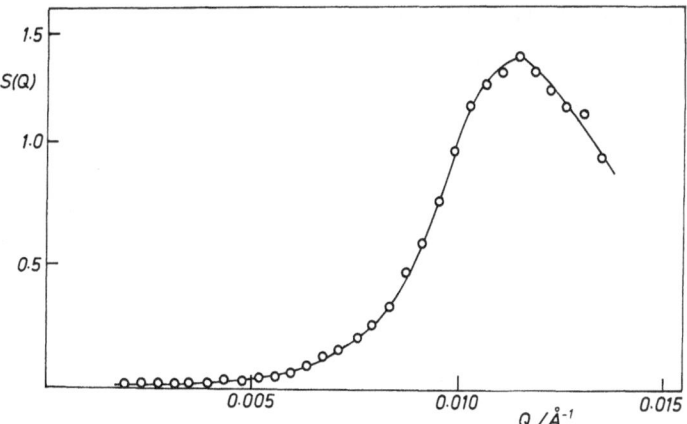

and χ_1 a dimensionless parameter divided by kT which characterises the interaction energy of the stabilising moieties with the solvent; thus if χ_1 is less than 0.5, the energy of interaction is positive and consequently repulsion occurs (38).

An example of the use of the Cell model (19, 33) carried out in collaboration with Dr. *van Megen* is shown in fig. 12 wherein the measured pressures are compared with those calculated theoretically. For the computation the values chosen were, $\delta = 85$ Å, $R = 773$ Å, $\psi_1 - \chi_1 = 0.35$, $V_1 = 227.3$ cm^3 mol^{-1}, $\varrho = 1.114$ g cm^{-3}, and $C_2 = 0.22$ g cm^{-3}. Although the attractive interaction energy was small it was also included in the calculation using a combined Hamaker Constant of 5×10^{-21} J. As can be seen from fig. 12, the calculations appear to give a reasonably good prediction of the volume fraction at which the onset of strong interaction occurs and the fit between the calculations and the experimental results at the lower end of the curve is good. At the higher volume fractions, however, the experimental pressure increases much more rapidly than the calculated value suggesting that the adsorbed layers are much less compressible in practice than they are considered to be in the approximate theory. This could well be a consequence of the fact that the theory assumes the stabilizing layer to have a uniform concentration of stabilising molecules in the shell. It is unlikely that this will be so for this system. As mentioned above, it seems probable that there will be a distribution of lengths in the PHS chains grafted to the surface and consequently the concentration of polymer segments in the stabilising shell will increase in the region closer to the surface. Such a distribution means that the interaction will decrease more rapidly with decreasing separation distance than proposed by the simple model for a homogeneous shell. If this is allowed for in the calculation, much better agreement can be obtained as shown provisionally in fig. 12.

The onset of ordered structure formation in these systems also occurs and can be examined by small angle neutron scattering (40). A typical example of the structure factor, $S(Q)$ against Q is shown in fig. 13 for a PMMA latex in dodecane with a core diameter of 650 Å. This sample had a core volume fraction of 0.41 and was examined with a neutron beam wavelength of 15.0 Å. As can be seen from these preliminary results, this promises to be a very suitable method for the examination of steric interactions.

Summary

Polymer latices, which can be prepared as concentrated dispersions with a narrow size distribution, provide suitable model systems for examining directly the forces of interaction between colloidal particles. Various experimental techniques can be utilized. The most direct of these involves the determination of the excess osmotic pressure as a function of the volume fraction of the dispersion. Using an optically transparent osmotic cell simultaneous optical diffraction measurements can be carried out to determine the structures formed by the colloidal particles. Consequently, order-disorder transitions in the dispersion can be observed and correlated with the osmotic pressure behaviour. If small particles are used, diameter ca. 50 nm, elastic light scattering measurements can be used to determine the structure factor and hence the radial distribution function, whilst inelastic light scattering measurements can provide information about the motion of the particles during interaction. Owing to multiple light scattering effects, these measurements are restricted to low volume fractions. However, the more concentrated systems can be investigated by means of small angle neutron scattering. Experimental results from the various experimental approaches will be described and compared with theoretical calculations carried out using the pair-wise interaction potential for interaction between two spherical latex particles.

Zusammenfassung

Polymer-Latices, die man in konzentrierten Suspensionen mit einer engen Teilchengrößenverteilung herstellen kann, eignen sich gut als Modelle für die direkte Untersuchung von Wechselwirkungen zwischen kolloiden Teilchen. Hierbei können verschiedene experimentelle Methoden eingesetzt werden. Unmittelbaren Einblick erlaubt die Bestimmung des osmotischen Drucks als Funktion der Volumenanteile der Dispersion. Durch Verwendung optisch transparenter Osmosezellen kann gleichzeitig die optische Streuung zur Strukturbestimmung der kolloiden Partikel ermittelt werden. Daraus lassen sich Übergänge im Ordnungszustand der Dispersionen beobachten und mit dem Verlauf des osmotischen Drucks korrelieren. Bei kleinen Teilchen (Durchmesser ≤ 50 nm) erlauben Messungen der elastischen Lichtstreuung eine Bestimmung des Strukturfaktors und damit der radialen Verteilungsfunktion, während die unelastische Lichtstreuung Rückschlüsse auf die Teilchenbewegung während der Wechselwirkungen erlaubt. Wegen multipler Lichtstreuungseffekte sind diese Bestimmungen auf geringe Volumenanteile beschränkt. Konzentrierte Suspensionen lassen sich jedoch durch Kleinwinkelstreuung von Neutronen erfassen. Es werden Ergebnisse der verschiedenen experimentellen Untersuchungen beschrieben und mit den theoretischen Berechnungen, die auf dem paarweisen Wechselwirkungspotential zweier sphärischer Partikel beruhen, verglichen.

Acknowledgements

The work reported in this lecture summarises part of a continuing programme of work on the properties of concentrated dispersions. I gratefully acknowledge the experimental work and discussions which have been contributed by Drs. *D. J. Cebula, J. W. Goodwin, A. Parentich* and *P. N. Pusey* and by Miss *S. Michele Lyons* and *Mrs. Sylvia M. Owens*. A considerable part of the work reported was supported by the Science Research Council of Great Britain. The neutron scattering experiments were carried out at the Institut Laue Langevin, Grenoble, with generous help from Mr. *N. M. Harris* and Dr. *J. Tabony*.

References

1) *Derjaguin, B. V.* and *L. Landau*, Acta Physiochim., U.R.S.S. **14**, 633 (1941).
2) *Verwey, E. J. W.* and *J. Th. G. Overbeek*, Elsevier, Theory of Stability of Lyophobic Colloids, Elsevier (Amsterdam 1948).
3) *Smoluchowski, M. von*, Z.physik Chem. **92**, 129 (1917).

4) *Alfrey, T., E. B. Bradford, J. W. Vanderhoff*, and *G. Oster*, J. Opt. Soc. Amer. **44**, 603 (1954).
5) *Luck, W., M. Klier*, and *H. Wesslau*, Naturwissenschaften **50**, 485 (1963).
6) *Hiltner, P. A.* and *I. M. Krieger*, J. Physical Chem. **73**, 2386 (1969).
7) *Takano, K.* and *S. Hachisu*, Science of Light **25**, 19 (1976).
8) *Goodwin, J. W.* and *R. W. Smith*, Disc. Faraday Soc. **57**, 126 (1974).
9) *Cornell, R. M., J. W. Goodwin*, and *R. H. Ottewill*, J. Colloid and Interface Sci. **71**, 254 (1979).
10) *Goodwin, J. W., J. Hearn, C. C. Ho*, and *R. H. Ottewill*, Colloid and Polymer Sci. **252**, 464 (1974).
11) *Goodwin, J. W., R. H. Ottewill, R. Pelton, G. Vianello*, and *D. E. Yates*, Brit. Polymer J. **10**, 173 (1978).
12) *Pusey, P. N.*, J. Phys. A: Math. Gen. **11**, 119 (1978).
13) *Hachisu, S., Y. Kobayashi*, and *A. Kose*, J. Colloid and Interface Sci. **42**, 342 (1973).
14) *Lyons, S. M.*, B. Sc. thesis, University of Bristol (1978).
15) *Kerker, M.*, The Scattering of Light and Other Electromagnetic Radiation, Academic Press (New York 1969).
16) *Brown, J. C., P. N. Pusey, J. W. Goodwin*, and *R. H. Ottewill*, J. Phys. A: Gen. Phys. **8**, 664 (1975).
17) *Brown, J. C., J. W. Goodwin, R. H. Ottewill*, and *P. N. Pusey*, Colloid and Interface Science, IV, 59 (1976).
18) *Ottewill, R. H.*, J. Colloid and Interface Sci. **58**, 357 (1977).
19) *Megen, W. van* and *I. Snook*, Disc. Faraday Soc. **65**, 92 (1978).
20) *Ottewill, R. H.*, Prog. Colloid and Polymer Sci. **59**, 14 (1976).
21) *Goodwin, J. W., R. H. Ottewill*, and *A. Parentich*, J. Phys. Chem. (1980).
22) *Bacon, G. E.*, Neutron Scattering in Chemistry, Butterworths (London 1977).
23) *Jacrot, B.*, Rep. Prog. Phys. **39**, 911 (1976).
24) *Debye, P.*, J. Applied Phys. **15**, 338 (1944).
25) *Riley, D. P.* and *G. Oster*, Disc. Faraday Soc. **11**, 107 (1951).
26) *Takano, K.* and *S. Hachisu*, J. Chem. Phys. **67**, 2604 (1977).
27) *Owens, S. M.*, M. Sc. thesis, University of Bristol (1979).
28) *Barclay, L., A. Harrington*, and *R. H. Ottewill*, Kolloid Z. u. Z. Polymere **250**, 655 (1972).
29) *Goodwin, J. W., R. H. Ottewill, A. Parentich*, and *G. Wiese* (to be published).
30) *Homola, A.* and *A. A. Robertson*, J. Colloid and Interface Sci. **54**, 286 (1976).
31) *Vrij, A.* and *J. A. de Feijter*, J. Colloid and Interface Sci. **70**, 456 (1979).
32) *Williams, R., R. S. Crandall*, and *P. J. Wojtowicz*, Phys. Rev. Letters **37**, 348 (1976).
33) *Barker, J. A.*, Lattice Theories of the Liquid State, Pergamon Press (London 1963).
34) *Barker, J. A.* and *D. Henderson*, Phys. Rev. **4**, 806 (1971).

35) *Barrett, K. E. J.,* Dispersion Polymerisation in Organic Media, Wiley (London 1975).

36) *Antl, L., J. W. Goodwin,* and *R. H. Ottewill* (to be published).

37) *Cairns, R. J. R., R. H. Ottewill, D. W. J. Osmond,* and *I. Wagstaff,* J. Colloid and Interface Sci. **54,** 45 (1976).

38) *Ottewill, R. H.* and *T. Walker,* Kolloid Z. u. Z. Polymere **227,** 108 (1968).

39) *Flory, P. J.* and *W. R. Krigbaum,* Chem. Phys. **18,** 1086 (1950).

40) *Cebula, D. J., J. W. Goodwin,* and *R. H. Ottewill,* (to be published).

Author's address:

Prof. Dr. *R. H. Ottewill*
School of Chemistry
University of Bristol
Cantock's Close
Bristol, BS8 1TS, England

Progr. Colloid & Polymer Sci. **67,** 85 – 90 (1980)
© 1980 by Dr. Dietrich Steinkopff Verlag GmbH & Co. KG, Darmstadt
ISSN 0340-255 X

Lectures during the conference of the Kolloid-Gesellschaft e.V.,
October 2–5, 1979 in Regensburg

Van 't Hoff Laboratory for Physical and Colloid Chemistry, Utrecht, The Netherlands

Particle interactions in colloidal dispersions of PMMA-latex in benzene

E. A. Nieuwenhuis, C. Pathmamanoharan, and *A. Vrij*

With 7 figures and 3 tables

Introduction

In this paper we show how information can be obtained on the interactions between particles in a dispersion. In aqueous dispersions the particles are mostly stabilized by electrical charge. The electrostatic forces are described quantitatively in the well known DLVO theory. In many studies the structural properties and osmotic pressures have been measured and interpreted (1 – 6).

Fewer studies have been made of these phenomena in dispersions in nonaqueous solvents (7 – 10). In this type of dispersions the stability is a result of steric repulsion between chain molecules attached at the particle surfaces. Recently we reported on the behavior of different kind of particles in apolar media (11 – 17). The basic idea behind these investigations is that structure and interparticle interactions in colloidal dispersions may be treated in the same way as in simple liquids (18, 19). It turns out that the interaction potential between molecules (in vacuo) has to be replaced by a potential of mean force between all the dispersed particles.

The solvent may often be treated as a homogeneous medium if the particle size is sufficiently large. Computer simulations (20) have shown that the spatial structure, represented by the radial distribution function is mainly determined by the hard repulsions between the particles in close contact in particular at higher concentrations. This is also true for some thermodynamic properties like the pressure. The effect of a weaker longer ranged attractive or repulsive tail in the pair potential may then be considered as perturbation. Therefore it is interesting to get a better understanding of colloidal systems from the analogy with the liquid state. One of the techniques available to obtain structural and thermodynamic properties is light scattering. The application of this technique is often restricted to small particle concentrations due to multiple scattering effects. To reduce the scattering power of the dispers system as much as possible, the refractive index of the particle has to be nearly equal to that of the solvent. In this paper we report on a study of a dispersion of polymethylmethacrylate (PMMA) latex in benzene.

Additional data can be obtained from other techniques. For example, the measurement of the sedimentation velocity and the viscosity give information not only on the particle itself but also on the interactions between the particles.

Latex preparation

The preparation of the PMMA-latex particles is performed by an emulsion polymerization in water mainly following a method given by *Fitch* (21). Sodium dodecyl sulfate (SDS) was used as emulsifier. We also studied the Kotera method, where the reaction is carried out without any emulsifier (22, 23). In all cases we added ethylene glycol dimethacrylate (EGDM) to the reaction mixture to build a three dimensional network inside the particle. The amount of this cross-linking agent was 5 weight percent with respect to the monomer. The $K_2S_2O_8/Na_2S_2O_5$ system was used as initiator and the reaction was carried out for about 7 hours at 70 °C, after which conversion was complete.

Table 1. Polymerization data for cross-linked PMMA-latex. Weight concentration of EGDM 5% of MMA. Initiator $K_2S_2O_8$ concentration $= 0.25 \, g \, l^{-1}$; $Na_2S_2O_5$ concentration $= 0.039 \, g \, l^{-1}$.

LATEX PREPARATION

LATEX sample	MMA /mol l^{-1}	SDS /mol l^{-1}	a_{LS} /nm	a_{PCS} /nm
5	0.1	–	106	106
3	0.2	–	122	118
2	0.5	–	175	175
4	0.8	–	187	170
7	0.2	10^{-3}	43	41
6	0.5	10^{-3}	57	56
8	1.5	10^{-3}	73	75

In table 1 the polymerization conditions are summarized for different samples together with the final particle size. The radius, a_{LS}, of the particles is obtained from the angle dependence of the time averaged light scattering by a dilute dispersion.

We also measured the particle radius, a_{PCS}, by means of photocorrelation spectroscopy, that determines the diffusion constant from the fluctuations in the scattered light (24). Both methods give the same results and no indication of polydispersity was found within experimental accuracy.

From table 1 two characteristics can be found. With and without emulsifier the particles become larger with increasing amount of monomer. This is in agreement with results of *Fitch* (21). He assumes that the number of particles formed does not depend on the amount of monomer within certain limits. The supply of monomer only determines the growing of the particles. At the same time it turns out that, starting with the same amount of monomer, the particles are smaller in the process where some quantity of soap is present. Afterwards the dispersions are dialysed and ion-exchanged, to remove residual monomer and ionic impurities (25).

Sample preparation

The dried latex is easily dispersible in different apolar solvents. The samples are sedimented 4 times to remove the linear polymer. In this paper we present results of sample 6 in benzene. The dispersions were used for sedimentation, viscosi-

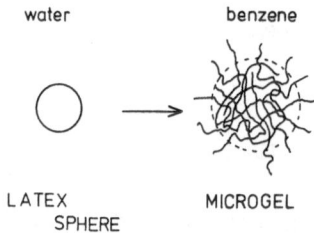

Fig. 1. Schematic illustration of the swelling of the PMMA-latex particles.

ty and light scattering experiments. Here we have to draw the attention to the change in shape of the particles going from the aqueous dispersion to the apolar medium. In water the particles are compact spheres stabilized by an electric double-layer. In benzene, however, they are swollen microgels (26) stabilized by protruding polymer chains as is outlined in fig. 1. The swelling of a particle of sample 6 in benzene is about a factor 2 in the diameter, as is determined by viscosity experiments. So at a relatively low weight concentration of latex the effective volume fraction of particles is quite high.

Light scattering

Theory

For a monodisperse system of spherically symmetric particles one may write for unpolarized light (27),

$$R(K) = (1 + \cos^2 \theta) \, K^* \, c \, M \, P(K) \, S(K) \quad [1]$$

with $K = (4 \pi n/\lambda_0) \sin (\theta/2)$.

Here $R(K)$ is the Rayleigh ratio and represents the reduced scattering intensity of the dispersion over that of the solvent, θ is the scattering angle, M the particle molar mass and c the weight concentration of particles. Further,

$$K^* = 2 \pi^2 n^2 (dn/dc)^2 (\lambda_0^4 N)^{-1} \quad [2]$$

where n is the refractive index of the dispersion, λ_0 the wavelength of the light in vacuo and N is Avogadro's number. $P(K)$ is the single particle scattering function and describes the interference of light scattered by different parts inside a single particle. The structure function $S(K)$ is determined by the interference of light scattered from different particles and is given by,

$$S(K) = 1 + 4 \pi \varrho \int_0^\infty r^2 \, h(r) \sin (Kr) (Kr)^{-1} \, dr. \quad [3].$$

Here $\varrho \, (= c \, N/M)$ is the particle number density. $h \, (r)$ is the total correlation function and represents the deviation from the mean number density at a distance r from a given particle. For zero scattering angle the value of the structure function is related to the osmotic compressibility by: $S \, (K = 0) = k \, T \, (\partial \varrho / \partial \Pi)$, where Π is the osmotic pressure of the system, k is Boltzmann's constant and T is the absolute temperature. Inserting this in equation [1] yields the well known Debye equation (28).

Experiment

Light scattering intensities were measured in a Fica-50 photometer at two different wavelengths, $\lambda_0 = 546$ nm and $\lambda_0 = 436$ nm. The scattering angle varied between $\theta = 15°$ and $\theta = 150°$. The samples were filtered into the measuring cell through a millipore filter (pore diameter 5 μm). All experiments were performed at 25.0 °C.

Results

In figs. 2 a and b the scattering of the dispersion is plotted logarithmically against the wave vector squared, for different concentrations. This scaling has been chosen because it follows from theory that the angle dependence of the single particle scattering can be represented by a straight line in this plot. This can be seen from the figure for the lower concentrations where we expect $S \, (K)$ to be nearly equal to 1. As the particle concentration is increased the influence of the interactions is revealed by the superposition of the structure function. Two deviations from the single particle behavior can be discriminated. First, a lagging behind of the scattering increase at small angles and second the development of a peak at higher concentrations. The structure function itself can be separated from the Rayleigh ratio by dividing the experimental scattering curve by the $P \, (K)$ function, as measured in the dilute region.

This procedure is illustrated in fig. 3 for one concentration. Some of the final $S \, (K)$ are given in fig. 4. Here $S \, (K)$ is plotted against the wave vector. Note the shifting of the peak to larger K-values with increasing concentration. This has to be correlated with a smaller preferential distance of the particles in real space due to their mutual interactions. In table 2 the peak positions are summarized. It is interesting to compare these

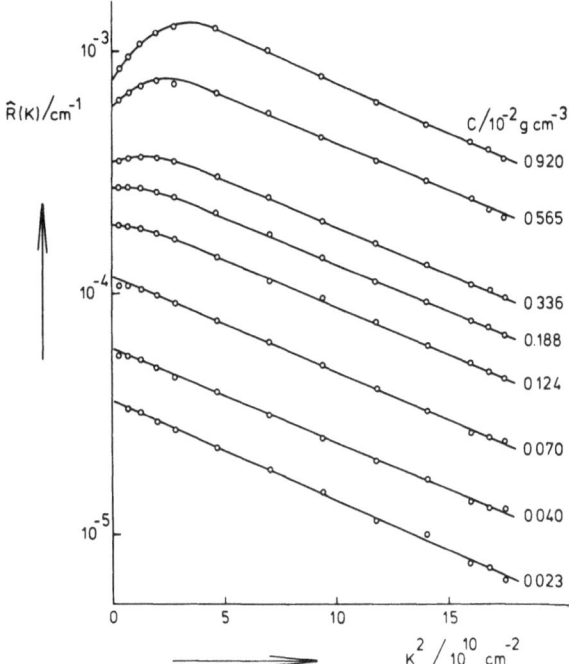

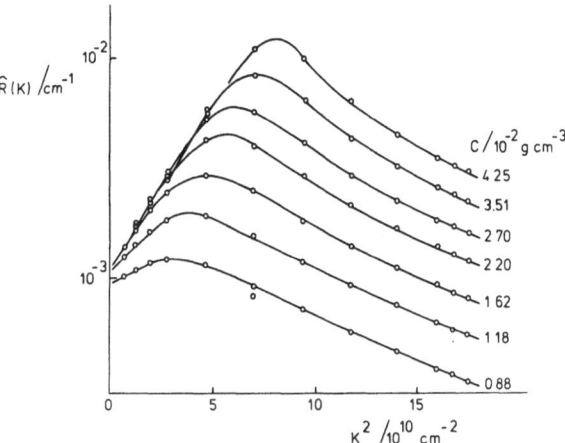

Fig. 2 a and b. Reduced light scattering intensity, $\mathring{R} \, (K) = R \, (K)/(1 + \cos^2 \theta)$, against K^2 for sample 6 in benzene at several latex concentrations.

with a mean distance of particle centers which is proportional to $c^{-1/3}$. Therefore we calculated the ratio of K_m and the cube root of c. One observes that this ratio becomes nearly constant for high densities. This suggests that the particles occupy minimum free energy positions created by repulsive interactions with surrounding particles. This is in contrast with pure hard sphere systems, where K_m is nearly constant.

In searching for the type of interaction between the particles a plot was made of $[S \, (K = 0)]^{-1}$ versus the concentration. The re-

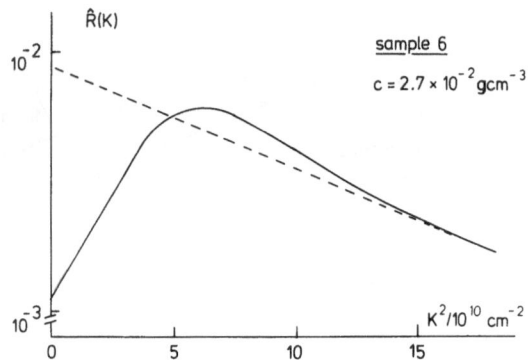

Fig. 3. Illustration of the extraction of the $S(K)$ from the light scattering data (———) and the single particle scattering function (– – – –) for sample 6 in benzene at $c = 0.027$ g cm^{-3}. $\hat{R}(K) = R(K)/(1 + \cos^2 \theta)$.

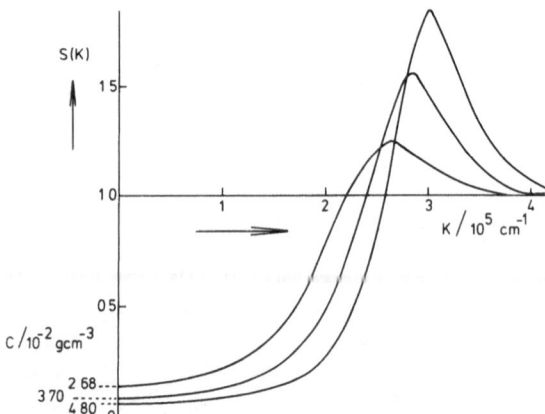

Fig. 4. Structure function, $S(K)$, against K, for sample 6 in benzene at three latex concentrations given at the left hand bottom corner.

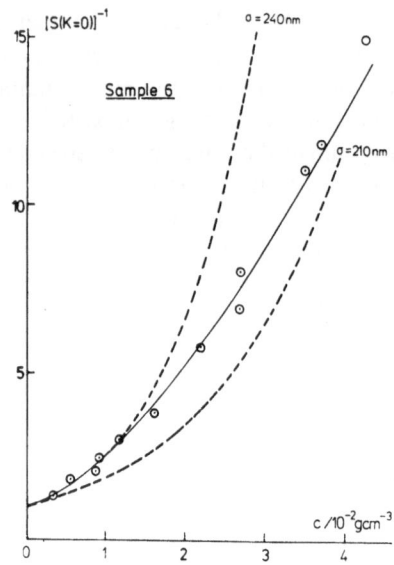

Fig. 5. Reciprocal of the structure function extrapolated to zero scattering angle against the concentration, c, for sample 6 in benzene. ◯ experimental data; – – – – theoretical curves for two different values of the hard sphere diameter, σ.

Table 2. Position of the first maximum, K_m, in the structure function at different concentration, c, for sample 6 in benzene.

c /10^{-2}gcm^{-3}	K_m /10^5cm^{-1}	$K_m/c^{1/3}$ /10^6g$^{-1/3}$
1.6	2.45	.97
2.2	2.55	.92
2.7	2.70	.90
3.5	2.80	.86
3.7	2.85	.85
4.3	2.95	.84
4.8	3.00	.83
5.3	3.05	.81
6.3	3.15	.79
6.6	3.25	.80
7.5	3.35	.79

sults are plotted in fig. 5 and are compared with a hard sphere repulsion as described by the Carnahan-Starling (29) equation,

$$(K\,T)^{-1}\,[\partial\Pi/\partial\varrho] =$$
$$= (1 + 4\,\varphi + 4\,\varphi^2 - 4\,\varphi^3 + \varphi^4)\,(1 - \varphi)^{-4} \quad [4]$$

where $\varphi = \pi\,\varrho\,\sigma^3/6$ is the volume fraction of hard spheres, with σ the hard sphere diameter.

The broken lines in fig. 5 give the compressibility for two different values of σ.

In the low concentration range the experimental curve can be approximately fitted with $\varphi = q_{hs}c$ and $q_{hs} \approx 11$ cm^3 g^{-1}. This value is much larger than the specific volume of PMMA ($\bar{v} = .808$ cm^3 g^{-1}) and thus points to a large swelling of the particles. With the molar mass $M = 3.7 \times 10^8$ g · mol^{-1} as determined by the Svedberg equation from sedimentation and diffusion (15) we find, using $q_{hs} = \pi\,\sigma^3\,N/6\,M$: $\sigma \approx 240$ nm. For hard spheres at small concentrations $K_m\,\sigma \approx 6.0$, which predicts $K_m \approx (6/240)$ nm$^{-1} = 2.5 \times 10^5$ cm^{-1}, a value comparable with the range found in table 2. At higher concentrations $S(K=0)^{-1}$ $= (k\,T)^{-1}\,\partial\Pi/\partial\varrho$ increases less steeply than a pure hard sphere. Obviously, the particles interact by a more soft potential. In principle it is possible to obtain $h(r)$ from a Fourier transform of $S(K)$. This was attempted in a previous paper (17).

The procedure requires, however, a sufficiently large range of $K\,\sigma$ and is further beset with many difficulties. The $K\,\sigma$-range for our relatively small particles was too small to attempt this procedure.

Sedimentation and viscosity

Theory

At finite concentrations also the hydrodynamic quantities of the system are influenced by the interaction between the particles (30 – 32). The sedimentation velocity and the specific viscosity of particles in solution are known to be dependent on particle concentration. The transport coefficients of macromolecular solutes are normally extrapolated to infinite dilution to remove the effects of concentration-dependent terms. By definition

$$S_c^{-1} = S_0^{-1}(1 + k_s c), \qquad [5]$$

where S_c and S_0 are respectively the sedimentation coefficients at concentration c and at infinite dilution. k_s represents an effective specific volume of the sedimenting component.

The specific viscosity of polymer solutions is adequately represented by the equation

$$\eta_{sp} = (\eta/\eta_0) - 1 = [\eta]c + K_\eta [\eta]^2 c^2 + \ldots \qquad [6]$$

Here η and η_0 are the viscosity of dispersion and solvent, $[\eta]$ the intrinsic viscosity and K_η the Huggins coefficient. Several authors (31 – 34) give a theoretical analysis for rigid spherical particles in the absence of charge effects or other forms of specific interactions. Some of them (34) consider also more or less interpenetrable spheres.

Experiment

Sedimentation studies were performed with a Beckman Spinco-E analytical ultracentrifuge equipped with Schlieren optics.

Viscosity was measured using an Ubellohde type dilution viscometer. Both type of experiments were carried out at 25.0 °C.

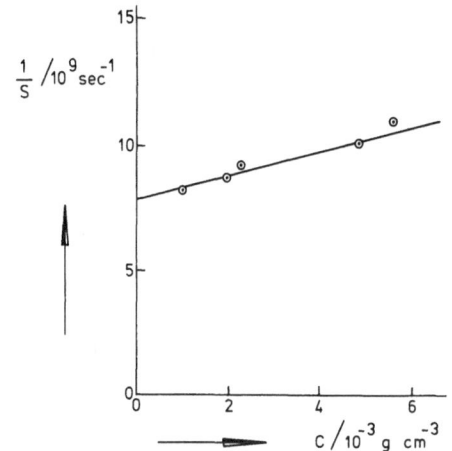

Fig. 6. Concentration dependence of the sedimentation coefficient for sample 6 in benzene at 25.0 °C.

Table 3. Hydrodynamic results for sample 6 in benzene at 25.0 °C.

D_0 /$10^{-8} cm^2 sec^{-1}$	S_0 /$10^{-11} sec$	k_s /$cm^3 g^{-1}$	$[\eta]$ /$cm^3 g^{-1}$	K_η	$k_s/[\eta]$
2.9	12.8	61	26	0.71	2.34

Results

The sedimentation coefficients are plotted reciprocally against the concentration in fig. 6. From the intercept and slope one can calculate S_0 and k_s (see table 3). In fig. 7, η_{sp}/c is plotted against the concentration. The value of $[\eta]$ and K_η were obtained from the intercept and slope (see table 3). The theoretical Huggins constant predicted by *Peterson* and *Fixman* (33) is 0.69 for hard spheres and agrees fairly well with that obtained from the experiment. For the ratio $k_s/[\eta]$ *Puyn* and *Fixman* (34) predict a value of 2.8 for hard spheres that decreases when partial penetration of the spheres takes place. The low experimental value may be due to the presence of loosely crosslinked segments on the periphery

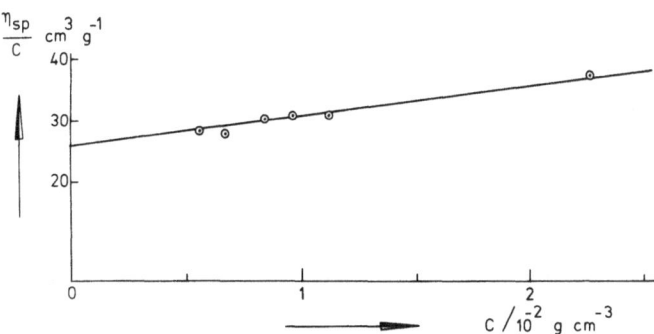

Fig. 7. Concentration dependence of the specific viscosity for sample 6 in benzene at 25.0 °C.

of the particle. The swelling of the particles can be determined from the intrinsic viscosity, $q_\eta = [\eta]/2.5$, where q_η is the viscosity specific volume. We find $q_\eta \approx 10$ cm³ g⁻¹ in good agreement with the hard sphere specific volume. For completeness table 3 contains also the diffusion coefficient (D_0) in dilute solutions as determined in (16).

Summary

The preparation of monodispers crosslinked PMMA-latex by aqueous emulsion polymerization is described. Light scattering of these particles in benzene as a function of scattering angle showed structure formation at higher latex concentrations. The results are discussed in terms of the structure function, $S(K)$, and are compared with liquid state theory for a hard sphere repulsion. Viscosity and sedimentation experiments as a function of concentration gave independently information on the swelling and type of interaction of these microgel particles.

Zusammenfassung

Es wird die Herstellung vernetzter, monodisperser PMMA-Latices durch Emulsionspolymerisation beschrieben. Die winkelabhängige Lichtstreuung der Partikel in Benzol gibt bei höheren Latexkonzentrationen Hinweise auf die Strukturbildung. Die Ergebnisse werden an Hand der Strukturfunktion $S(K)$ diskutiert und mit der Theorie des flüssigen Zustandes wird die Repulsion harter, kugelförmiger Teilchen verglichen. Viskositäts- und Sedimentationsuntersuchungen in Abhängigkeit von der Konzentration geben jeweils spezifische Einblicke in die Quellung und die Wechselwirkungen dieser Mikrogel-Partikel.

Acknowledgments

We thank Dr. *W. van der Drift* for his advice on polymerization and Mr. *J. Suurmond* for performing the ultracentrifugation experiments. Drs. *A. K. van Helden* is greatfully acknowledged for his stimulating discussions. We thank Mrs. *M. Uit de Bulten* for typing the manuscript and Mr. *W. den Hartog* for drawing the illustrations.

References

1) *Brown, J. C., P. N. Pusey, J. W. Goodwin,* and *R. H. Ottewill,* J. Phys. A: Math. Gen. **8,** 664 (1975).
2) *Van Megen, W.* and *I. Snook,* J. Chem. Phys. **66,** 813 (1977).
3) *Schaefer, D.,* J. Chem. Phys. **66,** 3980 (1977).
4) *Hiltner, P. A.* and *I. M. Krieger,* J. Phys. Chem. **73,** 2386 (1969).
5) *Takano, K.* and *S. Hachisu,* J. Chem. Phys. **67,** 2604 (1977).
6) *Williams, R., R. S. Crandall,* and *P. J. Wojtowicz,* Phys. Rev. Letters **37,** 348 (1976).
7) *Ottewill, R. H.,* Progr. Colloid Polymer Sci. **59,** 14 (1976).
8) *Hiltner, P. A., Y. S. Papir,* and *I. M. Krieger,* J. Phys. Chem. **75,** 1881 (1971).
9) *Kose, A.* and *S. Hachisu,* J. Colloid Interface Sci. **46,** 460 (1974).
10) *Vincent, B.,* J. Colloid Interface Sci. **68,** 190 (1979).
11) *Agterof, W. G. M., J. A. J. van Zomeren,* and *A. Vrij,* Chem. Phys. Letters **43,** 363 (1976).
12) *Caljé, A. A., W. G. M. Agterof,* and *A. Vrij,* Micellization, Solubilization and Microemulsions, ed. *K. L. Mittal,* vol. 2, p.779 (Plenum Press, New York 1977).
13) *De Hek, H.* and *A. Vrij,* J. Colloid Interface Sci. **70,** 592 (1979).
14) *Van Helden, A. K.* and *A. Vrij* (to be published).
15) *Pathmamanoharan, C., E. A. Nieuwenhuis,* and *A. Vrij,* Colloid & Polymer Sci. **257,** 1005 (1979).
16) *Fijnaut, H. M., C. Pathmamanoharan, E. A. Nieuwenhuis,* and *A. Vrij,* Chem. Phys. Letters **59,** 351 (1978).
17) *Vrij, A., E. A. Nieuwenhuis, H. M. Fijnaut,* and *W. G. M. Agterof,* Faraday Disc. **65,** 101 (1978).
18) *McMillan, W. G.* and *J. E. Mayer,* J. Chem. Phys. **13,** 276 (1945).
19) *Kirkwood, J. G.* and *F. P. Buff,* J. Chem. Phys. **19,** 774 (1954).
20) *Barker, J. A.* and *D. Henderson,* Rev. Mod. Phys. **48,** 587 (1976).
21) *Fitch, R. M.* and *C. H. Tsai,* Polymer Colloids, p. 73, 103, ed. *R. M. Fitch* (Plenum Press, New York 1971).
22) *Kotera, A., K. Furusuwa,* and *Y. Takeda,* Kolloid-Z. u. Z. Polymere **239,** 677 (1970).
23) *Ono, H.* and *H. Saeki,* Colloid & Polymer Sci. **253,** 744 (1975).
24) *Berne, B. J.* and *R. Pecora,* Dynamic light scattering (Wiley, New York 1976).
25) *Van den Hul, H. J.* and *J. W. Vanderhoff,* Polymer Colloids, p. 29, ed. *R. M. Fitch* (Plenum Press, New York 1971).
26) *Shashoua, V. E.* and *R. G. Beaman,* J. Polymer Sci. **33,** 101 (1958).
27) *Riley, D. P.* and *G. Oster,* Disc. Faraday Soc. **11,** 107 (1951).
28) *Debye, P. J. W.,* J. Phys. Chem. **51,** 18 (1947).
29) *Carnahan, N. F.* and *K. E. Starling,* J. Chem. Phys. **51,** 635 (1969).
30) *Rowe, A. J.,* Biopolymers **16,** 2595 (1977).
31) *Batchelor, G. K.,* J. Fluid Mechanics **52,** 245 (1972).
32) *Altenberger, A. R.,* J. Chem. Phys. **70,** 1994 (1977).
33) *Peterson, J. M.* and *M. Fixman,* J. Chem. Phys. **39,** 2516 (1963).
34) *Puyn, C. W.* and *M. Fixman,* J. Chem. Phys. **41,** 937 (1964).

Author's address:

Dr. *E. Nieuwenhuis* et al.
Van't Hoff Laboratory for Physical
and Colloid Chemistry
Padualaan 9
3584 CH Utrecht, The Netherlands

Progr. Colloid & Polymer Sci. **67,** 91 – 97 (1980)
© 1980 by Dr. Dietrich Steinkopff Verlag GmbH & Co. KG, Darmstadt
ISSN 0340-255 X

Vorgetragen auf der Hauptversammlung der Kolloid-Gesellschaft e.V. in Regensburg,
2. bis 5. Oktober 1979

Universität Dortmund, Abteilung Chemietechnik, Lehrstuhl Mechanische Verfahrenstechnik

Zur Kennzeichnung der Elektrolytstabilität von Polystyrollatices *)

M. Bongards, G. Langer und *U. Werner*

Mit 6 Abbildungen und 3 Tabellen

1. Einführung

Die Stabilität eines Latex ist ein wichtiges Kriterium für seine Verarbeitungseigenschaften. Daher besteht bei Herstellern und Anwendern der Wunsch nach einem geeigneten Darstellungsverfahren.

Mit Untersuchungen an mehreren Modell-Polystyrollatices werden in diesem Beitrag einerseits eine Auswahl der für diesen Zweck vorgeschlagenen Laboranalysenmethoden angewendet, andererseits die Wirkung einer Reihe physikalischer bzw. chemischer Einflußfaktoren auf das Koagulations- und damit Stabilitätsverhalten erforscht.

Die theoretische Betrachtung der physikalischen Zusammenhänge erfolgt auf der Grundlage der DLVO-Theorie, deren Aussagen durch die Experimente geprüft werden.

Die hier benutzten Meßverfahren zur Charakterisierung der Stabilitäts- und Ladungseigenschaften sind

- Mikroelektrophoretische Bestimmung des Oberflächenpotentials;

- Trübungsmessungen in ruhenden und gescherten Systemen zur Messung der Koagulationskinetik.

Im folgenden sollen zunächst die Meßverfahren beschrieben und anschließend die Ergebnisse vorgestellt und diskutiert werden.

*) Auszugsweise vorgetragen auf der 29. Hauptversammlung der Kolloid-Gesellschaft.

2. Experimente

2.1. Herstellung, Reinigung und Charakterisierung des Latex

Es wurden emulgatorfreie Polystyrollatices mit relativ monodispersen Teilchenverteilungen nach dem in (1) beschriebenen Emulsions-Polymerisationsverfahren hergestellt.

Die Reinigung erfolgte durch Ionenaustausch oder Dialyse. Zum Ionenaustausch wurde der zu reinigende Latex ca. drei- bis viermal nacheinander mit einer jeweils frisch gereinigten und regenerierten Mischung aus Anionen- und Kationenaustauschern eine Stunde lang geschüttelt und danach der Latex abfiltriert. Im allgemeinen hatte der Latex vor und nach der letzten Reinigungsstufe eine konstante Leitfähigkeit von etwa 5 µS.

Als Ionenaustauscher fanden die Typen

DOWEX 1 – x4/20 – 50 mesh und
DOWEX 50W – x4/20 – 50 mesh

der Firma DOW Verwendung.

Die Dialyse wurde ca. 2 bis 3 Wochen lang mit doppelt destilliertem, täglich gewechseltem Wasser durchgeführt, wobei man nach Abschluß der Reinigung ebenfalls eine Leitfähigkeit von 5 µS erreichte.

Die Bestimmung der Teilchengröße und Verteilung erfolgte mit Hilfe einer Scheibenzentrifuge. Hierbei sedimentieren die Kolloidpartikel im Zentrifugalfeld eines Acrylglasrotors.

Mit einem Photometer werden die Verteilung der Sedimentationsgeschwindigkeit und daraus Mittelwert und Verteilung der Teilchengröße ermittelt. Eine Beschreibung dieses Meßverfahrens findet sich in (2).

Tab. 1 zeigt die mittleren Durchmesser der bei den folgenden Messungen benutzten Latices. Als Maß der

Tabelle 1. Mittlere Teilchendurchmesser

Latex	P 1	P 2	P 3
Durchmesser [nm]	240	164	200

Monodispersität wurde die Standardabweichung der durch die Häufigkeitskurve der Teilchendurchmesser gelegten Normalverteilung berechnet. Sie betrug für die drei Latices 5 bis 10% des mittleren Teilchendurchmessers.

Alle verwendeten Chemikalien besaßen den Reinheitsgrad p. a.; das zur Verdünnung benutzte Wasser war doppelt destilliert.

2.2. Mikroelektrophorese

Die Messung der elektrophoretischen Beweglichkeit erfolgte mit einem etwas modifizierten Zytopherometer der Fa. ZEISS. Im Winkel von 90° zur Beobachtungsrichtung ist ein He-Ne-Laser angeordnet, so daß durch ein Mikroskop das Streulicht der Kolloidpartikel beobachtet wird. Mit Hilfe einer sehr lichtempfindlichen Kamera des Typs GRUNDIG SN 70 B am Ausgang des Mikroskops wird das Bild auf einen Monitor gegeben, an dem eine relativ ermüdungsfreie Messung möglich ist. Durch das Streulichtverfahren können noch relativ kleine Partikel von 150 nm Durchmesser gemessen werden.

Die gemessenen Beweglichkeiten sind Mittelwerte aus ca. 30 bis 40 Einzelmessungen. Die Feldstärke wurde aus der jeweils konstant gehaltenen Spannung ermittelt, und die Zetapotentiale berechneten sich aus den Beweglichkeiten nach den von *Wiersema* (3) angegebenen Verfahren.

Bei diesen wie bei allen folgenden Meßverfahren ist ein pH-Wert 4 durch Verwendung eines 0,002 mol/l Essigsäure/Natriumacetatpuffers eingestellt worden.

2.3. Trübungsmessungen

Die Messungen der Koagulationskinetik ohne Scherbeeinflussung sind mit einem DURRUM D 110-Stopped Flow-Gerät und einem SHIMADZU-Zweistrahl-Photometer (UV-200 S) mit Durchflußküvette ausgeführt worden. Latex und Elektrolyt werden schnell miteinander vermischt, und durch die daraufhin einsetzende Koagulation verstärkt sich die Eintrübung der Lösung. Aus der in den ersten Sekunden linearen Absorptionsänderung berechnet man die Geschwindigkeitskonstante der Koagulationsreaktion mit Hilfe der Rayleigh/Gans/Debye-Theorie (4).

Hierbei erfolgt die Versuchsauswertung on line mit Hilfe eines COMMODORE 2001-Mikrocomputers, was besonders bei der zeitlichen Differenzierung der Absorptionskurve sehr schnelle und genaue Messungen ermöglichte.

Die Geschwindigkeitskonstante k der Koagulationsreaktion steigt mit Zunahme der Elektrolytkonzentration an, bis sie bei Überschreiten der kritischen Elektrolytkonzentration C_c einen Maximalwert k_s, die Geschwindigkeitskonstante der raschen Koagulation erreicht. Die dimensionslose Stabilitätsrate W ist definert als

$$W = \frac{k_s}{k}. \qquad [1]$$

Der Feststoffgehalt des Latex betrug bei diesen Messungen ca. 0,01 Gew.%, was je nach Partikeldurchmes-

ser einer Anfangsteilchenzahl von 0,7 bis $2 \cdot 10^{10}$ cm^{-3} entspricht. Der pH-Wert von 4 blieb sowohl vor als auch nach Abschluß der Koagulationsreaktion konstant.

Die Koagulation mit Scherbeeinflussung ist in einem modifizierten Couette-Viskosimeter untersucht worden. Es besteht aus zwei konzentrischen Glaszylindern, die zusammengesteckt einen Ringspalt von 0,4 mm Dicke und 5 cm Durchmesser erzeugen. Drehen des Innenzylinders bei feststehendem Außenzylinder setzt die Flüssigkeit im Spalt einer einfach berechenbaren Scherbeanspruchung aus.

Von außen fällt ein Lichtstrahl senkrecht auf den Flüssigkeitsspalt, dessen Intensität mit Hilfe einer im Innern des Systems angebrachten Fotozelle gemessen wird. Von unten wird Latex und Elektrolyt in den Spalt bei rotierendem Innenzylinder eingespritzt. Aus der zeitlichen Änderung der Absorption läßt sich die Geschwindigkeit der Koagulationsreaktion abschätzen.

Die Latexkonzentration ist hier mit ca. 0,02 Gew.% größer als bei Messung im ruhenden System. Dies ist notwendig, um bei dem sehr schmalen Spalt noch eindeutige Meßergebnisse zu erhalten.

Die Scherströmung ist im unteren Meßbereich laminar, Instabilitäten (Taylor-Wirbel) treten erst bei Schergradienten ab 2000 ^{1}/sec auf.

Sämtliche Absorptionsmessungen sind mit monochromatischem Licht mit einer Wellenlänge von 546 nm durchgeführt worden.

3. Ergebnisse und Diskussion

3.1. Mikroelektrophorese

In Tabelle 2 sind die aus elektrophoretischen Beweglichkeitsmessungen berechneten Zetapotentiale der dialysierten Latices angegeben.

Tabelle 2. Zetapotentiale bei unterschiedlichen Elektrolyt-Arten und Konzentrationen.

Elektrolyt	Konzentration [mol/l]	Zetapotential [mV]	
		P 1	P 2
Ba (NO$_3$)$_2$	0,005	25	28
Ba (NO$_3$)$_2$	0,01	23	24
Mg (NO$_3$)$_2$	0,01	21	21
Mg (NO$_3$)$_2$	0,02	6	6

Die Standardabweichungen der Meßwerte betragen ca. ± 5% v. M., so daß kleine Unterschiede, wie sie zwischen P 1 und P 2 bei Verwendung von Ba (NO$_3$)$_2$ und zwischen Ba (NO$_3$)$_2$ und Mg (NO$_3$)$_2$ bei einer Konzentration von 0,01 mol/l auftraten, möglicherweise nicht signifikant sind.

Mikroelektrophoretische Messungen am Latex P3 müssen noch durchgeführt werden.

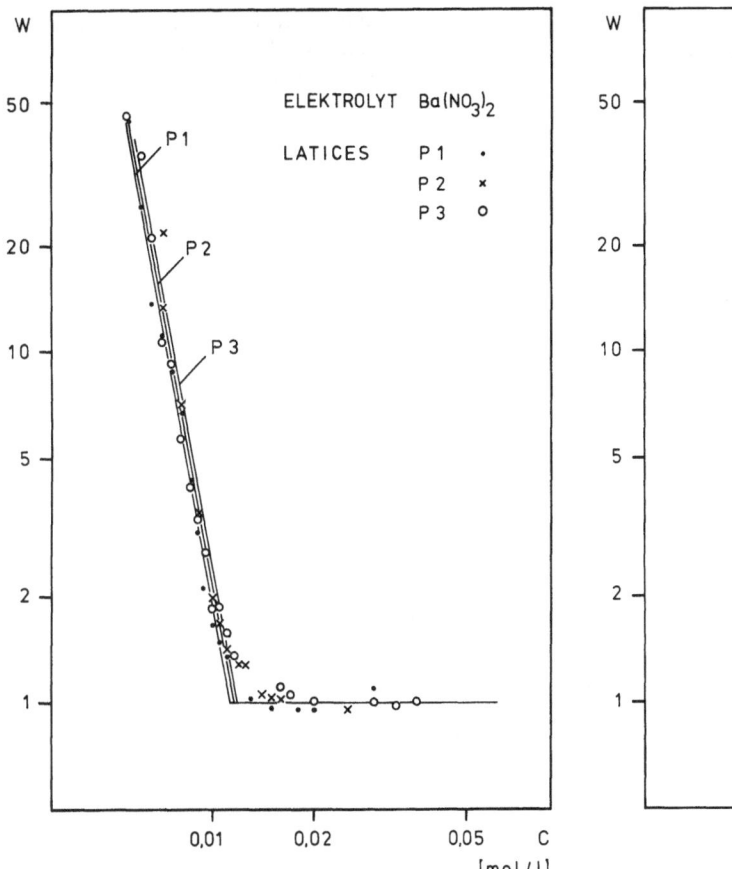

Abb. 1. Stabilitätsrate, Elektrolyt $Ba(NO_3)_2$.

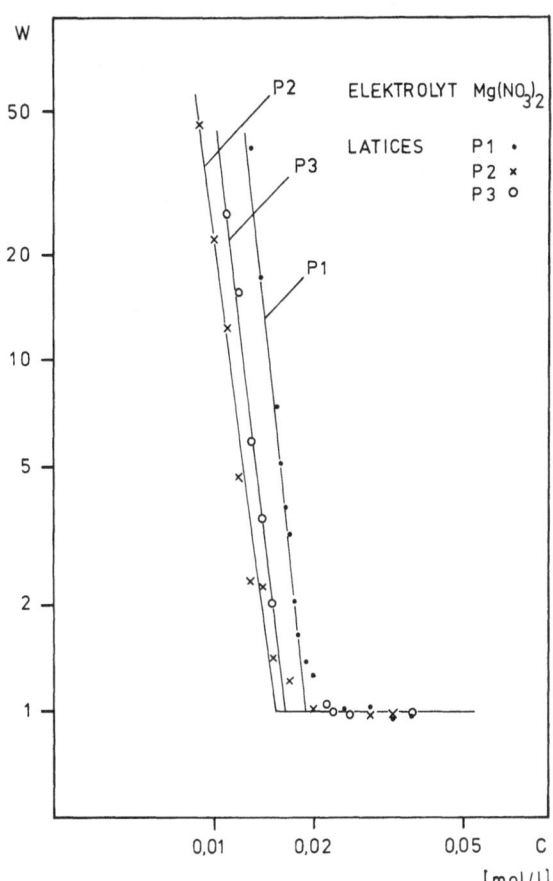

Abb. 2. Stabilitätsrate, Elektrolyt $Mg(NO_3)_2$.

3.2. Trübungsmessungen

Abb. 1 und 2 zeigen die gemessenen Stabilitätskurven der dialysierten Latices bei Verwendung der Elektrolyte $Ba(NO_3)_2$ und $Mg(NO_3)_2$. Die Geschwindigkeitskonstanten der raschen Koagulation lagen in allen Fällen zwischen 4 und $8 \cdot 10^{-12}$ cm³/sec.

Für die in Abb. 2 gemessene Zunahme der Stabilität mit dem Teilchendurchmesser ist möglicherweise eine von *Vanderhoff* et al. (5) gegebene Erklärung zutreffend: Die Anzahl der an der Oberfläche des Latex befindlichen Ladungsträger ist proportional der Anzahl der vorhandenen Moleküle und damit proportional dem Volumen, d. h. der dritten Potenz des Durchmessers.

Der Quotient

Anzahl Ladungen/Oberfläche

ist so dem Durchmesser proportional, so daß mit zunehmendem Durchmesser die Oberflächenladungsdichte bzw. das Potential ansteigt.

Als gegenläufige Tendenz wirkt sich eine leichte Zunahme des Molekulargewichts mit dem Durchmesser aus, es steigt von $2,8 \cdot 10^4$ (P 2) auf $3,0 \cdot 10^4$ (P 1). Weiterhin kann mit zunehmendem Durchmesser die Anzahl der die Oberfläche erreichenden Kettenenden und damit die Ladungsdichte abnehmen. Leitfähigkeitstitrationen, die in der nächsten Zeit durchgeführt werden, sollen diesen Zusammenhang klären.

Eine Zunahme des Oberflächen-Potentials von P 1 gegenüber P 2 ist wegen der kleinen Stabilitätsunterschiede durch Mikroelektrophorese nicht meßbar, da nach (6) zwischen der kritischen Elektrolytkonzentration C_c und dem Oberflächenpotential ψ für kleine Potentiale der Zusammenhang gilt:

$$\psi = f(C_c^{1/4}).\qquad [2]$$

Ein Ergebnis dieser Messungen ist die Feststellung, daß Unterschiede in der destabilisierenden Wirkung zwischen Elektrolyten gleicher Wertigkeit auftreten, was Anlaß zu weiteren vergleichenden Untersuchungen war.

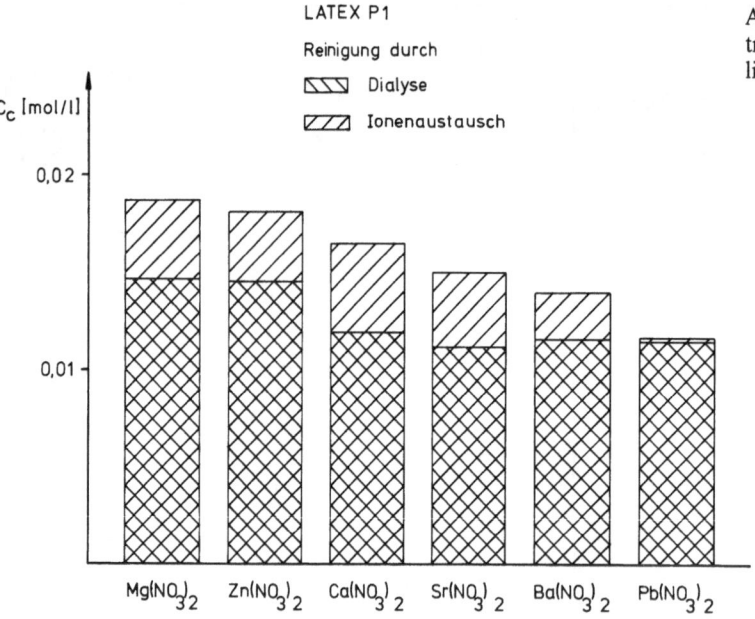

LATEX P1

Reinigung durch

◇◇◇ Dialyse

▨▨▨ Ionenaustausch

C_c [mol/l]

0,02

0,01

Mg(NO$_3$)$_2$ Zn(NO$_3$)$_2$ Ca(NO$_3$)$_2$ Sr(NO$_3$)$_2$ Ba(NO$_3$)$_2$ Pb(NO$_3$)$_2$

Abb. 3. Kritische Elektrolytkonzentration bei Verwendung unterschiedlicher Elektrolyte.

In Abb. 3 und 4 sind die Ergebnisse aus Stabilitätsmessungen mit verschiedenen Elektrolyten zusammengefaßt. Es wurden für diese Messungen nur Nitrate verwendet, um den Einfluß unterschiedlicher negativer Ionen auszuschalten.

Mit zunehmendem Molekulargewicht steigt auch die destabilisierende Wirkung der Elektrolyte an, was sich durch Abnahme von kritischer Elektrolytkonzentration und Geradensteigung äußert. Als Erklärung dieses Effektes werden die zwei folgenden Hypothesen aufgestellt:

— Die Stabilität der Latexteilchen wird zu einem sehr großen Teil durch die an der Oberfläche befindlichen SO_4^--Endgruppen erzeugt, deren Bindungsaffinität an das Metallion zumindest größenordnungsmäßig durch die in Tabelle 3 aufgeführten Lösungsgleichgewichte der Sulfatverbindungen ausgedrückt werden kann.

Der Elektrolyt ist im gemessenen Konzentrationsbereich, verglichen mit der Anzahl der an der Latexoberfläche vorhandenen Ladungen, in mehr als tausendfachem Überschuß vorhanden. Möglicherweise können sich an die Oberflächenladungen besser die Metallionen mit der stärkeren Sulfatbindung anlagern und so den Latex mehr destabilisieren.

— Weiterhin können sterische Effekte für diesen Unterschied bedeutend sein. Zwar nehmen mit zunehmender Ordnungszahl die Ionenradien der Metallionen zu, aber sie liegen in Lösung in hydratisierter Form vor, und die Dicke der Hydrathülle nimmt wiederum mit zunehmendem Ionenradius ab.

Messungen der Oberflächenladungsdichte ergaben für den Latex P1 einen Wert von ca. $7 \cdot 10^{-2}$ C/m², was bei der natürlich sehr vereinfachten Modellvorstellung „Ladungsneutralisation durch eine Lage dicht gepackter zweiwertiger kugelförmiger Teilchen" für die Kugeln einen Radius von etwa 10 Å zuläßt. Diese Modellvorstellung stimmt natürlich nicht mit der physikalischen Realität der dielektrischen Doppelschicht überein, kann aber auf Grund der berechneten zahlenmäßigen Größenordnungen Anhaltspunkte zum Auftreten von sterischen Effekten geben.

Diese Erläuterungen sollen und können keine endgültigen Erklärungen sein, sondern sollen als Anhaltspunkte für weitere Diskussionen dienen.

Die Reinigung des Latex hat einen deutlichen Einfluß auf das Stabilitätsverhalten. Es ergibt

Tabelle 3. Lösungsgleichgewichte und Ionenradien der untersuchten Salze nach (7)

Verbindung	Lösungsgleichgewicht bei 20 °C [Mol/l]	Ionenradius des Me^{++} [Å]
MgSO$_4$	2,1	0,66
ZnSO$_4$	2,2	0,74
CaSO$_4$	$1,5 \cdot 10^{-2}$	0,99
SrSO$_4$	$7,1 \cdot 10^{-4}$	1,12
BaSO$_4$	$1,1 \cdot 10^{-5}$	1,34
PbSO$_4$	$1,4 \cdot 10^{-4}$	1,20

Abb. 4. Geradensteigung bei Verwendung unterschiedlicher Elektrolyte.

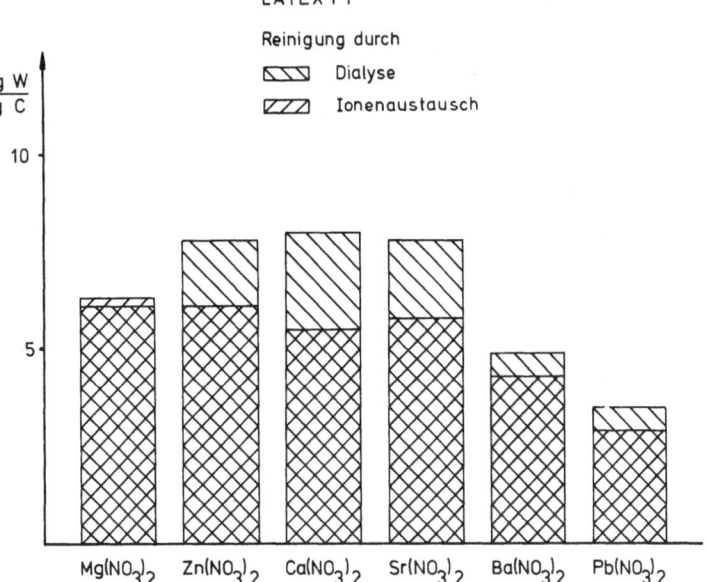

LATEX P1

Reinigung durch

▨ Dialyse

▨ Ionenaustausch

sich, bis auf Ergebnisse mit $Mg(NO_3)_2$, eine größere Stabilität des durch Dialyse gereinigten Latex, verglichen mit ionenausgetauschtem Kolloid, was durch einen steileren Anstieg der Stabilitätskurve zum Ausdruck kommt. Bestätigt wurden diese Zusammenhänge auch bei Verwendung eines anderen Polystyrollatex sowie für unterschiedliche pH-Werte.

Die Reinigungsverfahren erzeugen unterschiedliche Latexoberflächen, da nach Ionenaustausch in der dielektrischen Doppelschicht nur H^+-Ionen zur Ladungsneutralisation vorhanden sind, die Dialyse beläßt zum Beispiel dort die auf Grund des Herstellungsverfahrens vorhandenen K^+-Ionen. Da der Dissoziationsgrad von H^+-Ionen an der Carboxyl-Endgruppe der Polymermoleküle kleiner ist als bei Metallionen, welche im allgemeinen vollständig dissoziiert sind, wird durch den Ionenaustausch die Anzahl der stabilisierenden Ladungen kleiner.

Weiterhin tritt innerhalb der ersten Tage nach Ionenaustausch eine Destabilisierung durch Hydrolyse der Sulfatbindung auf, dargestellt in Abb. 5. Dieser Vorgang wurde, soweit es möglich war, auch experimentell am Latex P1 nachgewiesen. Die Oberflächenladungsdichte sank innerhalb der ersten 10 Tage nach dem erstmaligen Ionenaustausch von $7 \cdot 10^2$ C/m² auf $5 \cdot 10^{-2}$ C/m².

Ein erstmalig ionenausgetauschter Latex wurde daraufhin nach 10 Tagen Standzeit abzentrifugiert und die leicht trübe überstehende Flüssigkeit einer Leitfähigkeitstitration unterzogen.

Die hierbei neutralisierten H^+-Ionen entsprachen einer Oberflächenladungsdichte von $1,5 \cdot 10^{-2}$ C/m². Die Abweichungen zwischen diesem Wert und der Differenz in den Titrationsergebnissen des Latex entstehen höchstwahrscheinlich durch experimentelle Ungenauigkeiten; so betrug der Unterschied zwischen zwei Leitfähigkeitstitrationen des Überstandes 20%, bezogen auf ihren Mittelwert.

Weitere Messungen sind hierzu nicht durchgeführt worden, da das Ziel „Qualitativer Nachweis eines Dissoziationsvorgangs" hiermit genügend genau erreicht wurde.

Stabilitätsmessungen sind deshalb auch erst 1 bis 2 Wochen nach Ionenaustausch durchgeführt worden, da sonst keine reproduzierbaren Ergebnisse zu erhalten waren.

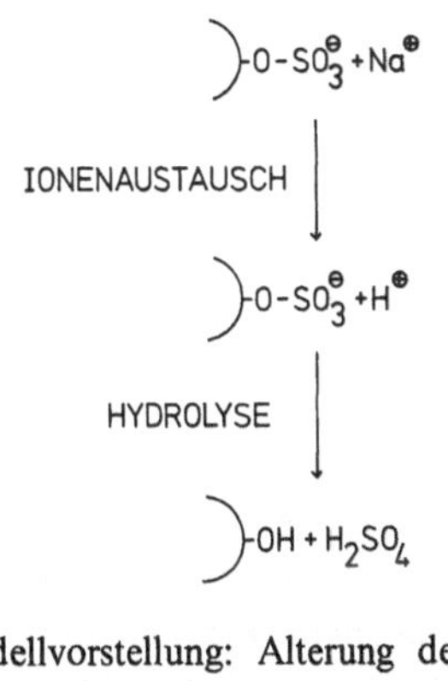

$$\rangle\!-O-SO_3^{\ominus} + Na^{\oplus}$$

IONENAUSTAUSCH ↓

$$\rangle\!-O-SO_3^{\ominus} + H^{\oplus}$$

HYDROLYSE ↓

$$\rangle\!-OH + H_2SO_4$$

Abb. 5. Modellvorstellung: Alterung der Latex-Oberfläche.

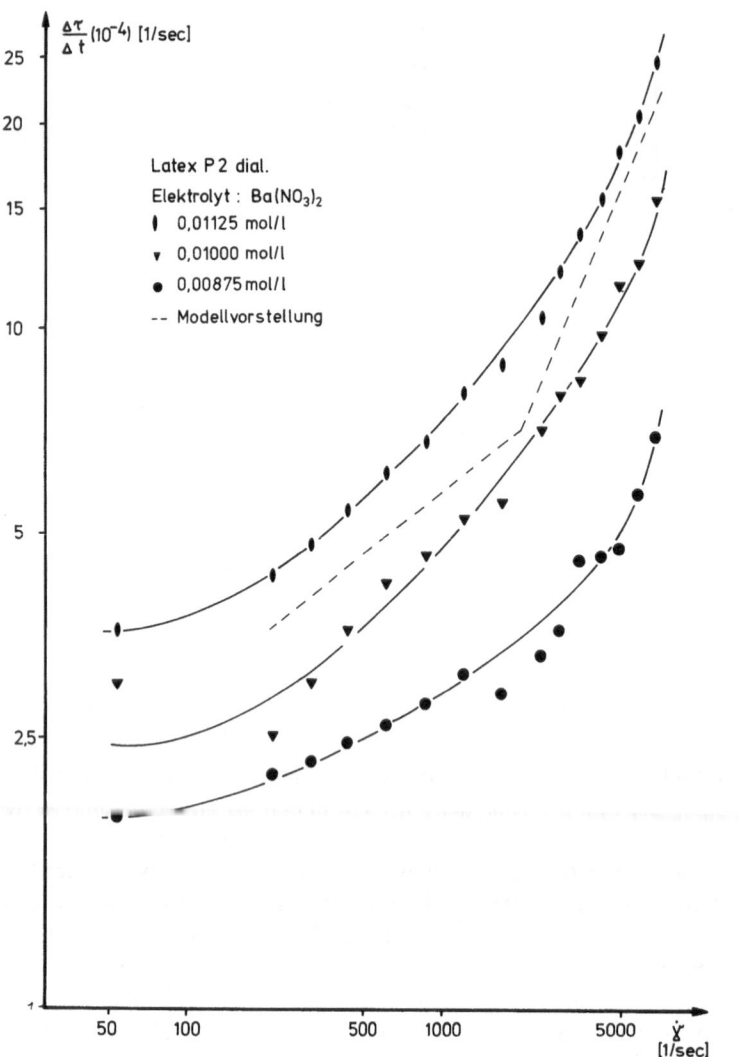

Abb. 6. Scherkoagulation.

3.3. Trübungsmessungen unter Scherbeanspruchung

In Abb. 6 ist für den dialysierten Latex P2 die zeitliche Änderung der Anfangsabsorption gegen den Schergradienten aufgetragen. Die Absorptionsänderung ist proportional dem Stoffstrom der zu Doppelteilchen koagulierenden Latexpartikel. Eine Geschwindigkeitskonstante oder Stabilitätsfaktor kann nicht angegeben werden, da nach (8) die Koagulationsreaktion im Scherfeld von 1. Ordnung ist, während bei Dominanz der Brownschen Bewegung die Reaktion von 2. Ordnung ist. Bei diesen Versuchen liegt in einem großen Teil des Meßbereichs eine Überlagerung beider Reaktionsordnungen vor.

Im Bereich niedriger Schergradienten tritt der Vorgang der perkinetischen Koagulation auf, d. h. gegenüber dem Einfluß der Brownschen Molekularbewegung sind die Effekte der Scher-

beanspruchung relativ klein. Für diesen Bereich ist als Zusammenhang zwischen Schergradient $\dot{\gamma}$ und koagulierendem Stoffstrom y abgeleitet worden (9)

$$y \sim \dot{\gamma}^{1/2}. \qquad [3]$$

Die hier vorgestellten Messungen ergaben bis zu einem Schergradienten von 2000/sec einen Potenzfaktor von etwa 0,4 bis 0,6 unabhängig von der Elektrolytkonzentration, was als gute Übereinstimmung mit dem theoretisch abgeleiteten Wert zu interpretieren ist.

Ab einem Schergradienten von 2000/sec bilden sich Taylor-Wirbel aus (10), die den von außen durch Rotation aufgeprägten Schergradienten innerhalb der Flüssigkeit verstärken. Allerdings ist es zweifelhaft, ob der gemessene stärkere Anstieg der Koagulation bei Überschreitung dieser Scherbeanspruchung nur durch diese Wirbelbildung erzeugt wird.

Nach *Smoluchowski* (11) ist eine Abschätzung des koagulierenden Stoffstroms I_S, verursacht durch Scherung und des Stromes I_B durch Brownsche Bewegung möglich

$$\frac{I_S}{I_B} = \frac{4 \eta \dot\gamma a^3}{k T}.$$ [4]

Hierbei ist η die dynamische Viskosität, a der Teilchenradius, k die Boltzmann-Konstante und T die Temperatur. Bei dem oben betrachteten Schergradienten ergibt sich $I_S/I_B = 1,1$. Bei Überschreiten dieses Wertes überwiegt die Wirkung der Scherbeanspruchung, d. h. es liegt orthokinetische Koagulation vor. Für diesen Fall gilt der Zusammenhang (12)

$$y \sim \dot\gamma^{0,82}.$$ [5]

Der experimentell gefundene Steigungswert von 0,8 stimmt sehr gut hiermit überein.

Ein noch stärkeres Ansteigen der Meßwerte bei Schergradienten über 5000/sec ist wahrscheinlich dem Einfluß von zusätzlicher Scherung durch Wirbelbildung zuzuschreiben.

Weitere Messungen mit Latices anderen Durchmessers werden nach Gl. [4] den Übergang von perikinetischer zu orthokinetischer Koagulation deutlich verschieben, was bessere Aussagen über den Einfluß der Taylor-Wirbel ermöglicht.

Zusammenfassung

In dieser Arbeit werden Meßapparaturen zur Bestimmung der Elektrolytstabilität von Latices durch mikroelektrophoretische Beweglichkeitsmessungen und Trübungsmessungen an koagulierenden Systemen mit und ohne Einfluß von Scherung vorgestellt.

Meßergebnisse mit Polystyrollatices zeigen die Abhängigkeit der Stabilität vom Teilchendurchmesser, der Art des verwendeten Elektrolyten und dem Reinigungsverfahren (Dialyse oder Ionenaustausch).

Koagulationskinetische Messungen unter Scherbeanspruchung liefern Ergebnisse, die gut mit theoretischen Werten übereinstimmen und einen deutlichen Übergang von perikinetischer zu orthokinetischer Koagulation feststellen lassen.

Summary

In this paper apparatuses are presented to determine the electrolyte stability of latices by means of measuring the electrophoretic mobility and turbidity of coagulating systems with and without the influence of shear.

Results of measurements with polystyrene latices show that stability depends on particle diameter, the sort of electrolyte used, and the cleaning procedure (dialysis or ion exchange).

Measuring the kinetics of coagulation under influence of shear confirms the theoretical calculations, and you can find a remarkable transition from perikinetic to orthokinetic coagulation.

Literatur

1) *Piotrowski, B.*, Untersuchungen zur Emulsionspolymerisation von Styrol ohne Verwendung eines Emulgators. Dissertation, Universität Dortmund (1979).
2) *Langer, G.*, Colloid and Polymer Science **257**, 522 to 532 (1979).
3) *Wiersema, P. H., A. L. Loeb, J. Th. G. Overbeek*, Journal of Colloid and Interface Science **22**, 79 – 99 (1966).
4) *Lichtenbelt, J. W. Th., H. J. M. L. Res*, und *P. H. Wiersema*, Journal of Colloid and Interface Science **46**, 522 – 527 (1974).
5) *Vanderhoff, J. W.* et al., *G. Goldfinger* "Clean Surfaces" (New York 1970).
6) Ottewill, R. H., Progress in Colloid and Polymer Science **59**, 14 – 26 (1976).
7) *d'Ans/Lax*, Taschenbuch für Chemiker und Physiker (1967).
8) *Swift, D. L.*, und *S. K. Friedlander*, Journal of Colloid Science **19**, 621 – 647 (1964).
9) *Van de Ven, T. G. M.*, und *S. G. Mason*, Colloid and Polymer Science **255**, 794 – 804 (1977).
10) *Friebe, H. W.*, Rheologica Acta **15**, 329 – 355 (1976).
11) *Smoluchowski, M. V.*, Z. Physik. Chemie **92**, 129 to 168 (1917).
12) *Van de Ven, T. G. M.*, und *S. G. Mason*, Colloid and Polymer Science **255**, 468 – 479 (1977).

Anschrift der Verfasser:

Dipl.-Ing. *Michael Bongards*, Dr. Ing. *Gert Langer* und Prof. Dr.-Ing. *Udo Werner*
Lehrstuhl für Mechanische Verfahrenstechnik
Universität Dortmund
Postfach 500 500
D-4600 Dortmund 50

Progr. Colloid & Polymer Sci. **67,** 99 – 106 (1980)
© 1980 by Dr. Dietrich Steinkopff Verlag GmbH & Co. KG, Darmstadt
ISSN 0340-255 X

Vorgetragen auf der Hauptversammlung der Kolloid-Gesellschaft e.V. in Regensburg,
2. bis 5. Oktober 1979

Institut für Kolloidchemie und Kolloidtechnologie der Loránd-Eötvös-Universität, Budapest, Ungarn

Kapillare Adhäsion durch Flüssigkeitsbrücken

E. Wolfram, J. Pintér und *E. Ötvös-Papp*

Mit 14 Abbildungen und 1 Tabelle

Einleitung

Bekanntlich kann die Adhäsion (im Sinne des Zusammenhaftens) zwischen zwei festen Oberflächen außer durch unmittelbare Berührung auch über sog. *Flüssigkeitsbrücken* (Abb. 1) zustande kommen. Die dabei wirksamen Kapillarkräfte sind einerseits durch die zwischenmolekularen Wechselwirkungen an den beiden Berührungsflächen fest/flüssig, d. h. durch die Benetzungseigenschaften bedingt, andererseits aber natürlich auch durch die Grenzflächenspannung Brücke/Umgebung beeinflußt, wobei unter Umgebung entweder die gesättigte Dampfphase oder eine zweite, mit der Brückenflüssigkeit unmischbare Flüssigkeit zu verstehen ist.

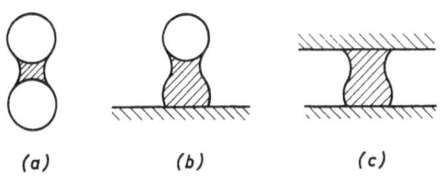

Abb. 1. Flüssigkeitsbrücken verschiedener Geometrie. (a) Sphere-Sphere; (b) Sphere-Platte; (c) Platte-Platte

Die auch für die vielseitige technische Anwendung (Druckfarbenübertragung, Trocknen feuchter Pulver, tertiäre Erdölförderung, usw.) wichtigsten Eigenschaften von Flüssigkeitsbrücken sind ihre (mechanische und thermodynamische) Stabilität, die Art der Verteilung der Brückenflüssigkeit auf den festen Oberflächen nach dem Zerreißen der Brücke sowie der Mechanismus und die Kinetik sowohl der Entstehung als auch der Zerstörung.

Aus einem theoretischen Gesichtspunkt ist es natürlich gleichgültig, ob die Kapillarfläche flüssig/gasförmig („Einflüssigkeitsbrücken") oder flüssig/flüssig („Zweiflüssigkeitsbrücken") ist. Doch bietet die Untersuchung der Zweiflüssigkeitsbrücken wesentliche Vorteile. Zum Beispiel läßt sich der „schwerelose" Zustand durch Anwendung von zwei Flüssigkeiten gleicher Dichte verwirklichen, wodurch sich der rechnerische Aufwand bei der quantitativen Behandlung vereinfacht. Wegen der geringeren Mobilität der Kapillarfläche flüssig/flüssig gegenüber der der freien Kapillarfläche ist die Geschwindigkeit der kapillaren Elementarprozesse (Anhaften, Spreitung, Verdrängung, Einschnürung, Bildung von Satellittröpfchen, usw.) verhältnismäßig gering. Dadurch fällt die Notwendigkeit weg, hochleistungsfähige Zeitlupenkinematographie (Bildfrequenz über 1000 s^{-1}) einzusetzen, da in den meisten Fällen gewöhnliche Fotoapparate ausreichen.

Flüssigkeitsbrücken, die der unmittelbaren experimentellen Untersuchung ihrer Bildung und Zerstörung sowie der Messung der wichtigsten makroskopischen Parameter (Randwinkel, Größe und Gestalt der Kapillarfläche sowie die der Kontaktflächen mit den festen Oberflächen, Kapillarkraft) zugänglich sind, entstehen vor allem durch Umhaftung (1). In früheren Veröffentlichungen hatten wir über die Typen der Verteilungsisothermen (2), über die Teilprozesse der Entstehung und des Zerreißens (3) sowie über eine näherungsweise grenzflächenergetische Interpretation der Stabilität (4) ausführlich berichtet. Auch wurden Ergebnisse von direkten Kraftmessungen in Flüssigkeitsbrücken von der Platte-Platte Geometrie mitgeteilt (5 – 7). Über die Frage, wie die Brückenkräfte theoretisch berechnet werden können, sind seit der bahnbrechenden Arbeit von *Fisher* (8) viele Veröffentlichungen erschienen (9 – 13), und je eine ausführliche Behandlung von Kapillarflächen unter Berücksichtigung auch der Flüssigkeitsbrücken ist in den Übersichtsarbeiten von *Padday* (14), *Princen* (15) und *Scriven* (16) zu finden.

In einer kürzlich erschienenen Arbeit (17) hatten wir über die mechanische Stabilität von Zweiflüssigkeitsbrücken vom Typ wäßrige Tensidlösung/n-Alkan berichtet und auch Meßergebnisse bezüglich der Kapillarkraft in Abhängigkeit von der Tensidkonzentration unter Anwendung der Platte-Platte-Geometrie mitgeteilt. In der vorliegenden Arbeit werden weitere Einzelheiten über ähnliche Systeme behandelt werden, und zwar die Analyse der Verteilung und der Benetzungshysterese sowie der Bildung von Satellittröpfchen nach dem Zerstören der Brücke, diesmal von der Sphere-Platte Geometrie.

Experimentelles

Materialien

Polytetrafluoräthylen, PTFE (Teflon, DuPont) wurde als die (untere) Trägerfläche und Pyrexglaskugel (Radius = 11 mm) als die (obere) Anhaftfläche angewandt. Das Polymere wurde durch mehrmaliges Spülen in Aceton bei Siedetemperatur, dann in heißem dest. Wasser gereinigt, und die Reinheit durch Messen vom vorrückenden Randwinkel von Wasser geprüft. Die Glaskugel wurde ähnlicherweise gereinigt. Als Tensid wurde Natriumdodecylsulfat, NaDS (Merck) eingesetzt, nachdem es durch mehrmaliges Umkristallisieren aus Benzol-Äthylalcohol-Mischungen gereinigt und die Reinheit nach dem früher mitgeteilten Kontrollverfahren (18) geprüft wurde. Die c. m. c. ergab sich aus der Konzentrationsabhängigkeit sowohl von der Oberflächen-

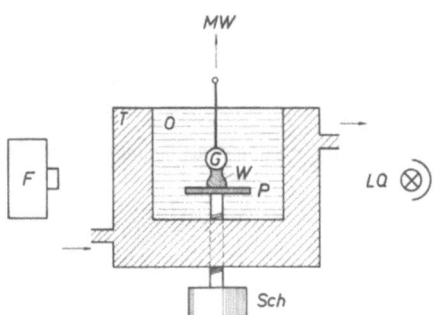

Abb. 2. Meßzelle. *W* Brücke, *O* Octan, *P* Teflonplatte, *G* Glaskugel, *MW* Mikrowaage, *Sch* Schraube zum Heben u. Senken der Platte, *T* Thermostat, *F* Fotoapparat, *LQ* Lichtquelle

spannung wie auch der spezifischen elektrischen Leitfähigkeit zu 8,1 mmol · dm⁻³. Als organische Phase wurde n-Octan verwendet, nachdem die Flüssigkeit analytischer Reinheit (Merck) in Vakuum destilliert wurde (Dichte: 0,8055 · 10³ kg · m⁻³, Brechungsindex: 1,3988, Grenzflächenspannung gegenüber Wasser: 21,5 mN · m⁻¹). Zur Messung kamen mit der anderen Flüssigkeit gesättigte Proben zum Einsatz. Die wäßrigen Tensidlösungen wurden aus mit Octan gesättigtem Wasser hergestellt. Sie wurden in einem breiten Konzentrationsbereich (c/c_M zwischen 0,05 und 5,0; *c:* aktuelle Konzentration, c_M: c. m. c.) verwendet. Die Grenzflächenspannung der Lösungen gegenüber n-Octan sowie der vorrückende Randwinkel der Lösungstropfen an PTFE in n-Octan sind in Tab. 1 enthalten.

Meßverfahren

Die Brücke wurde aus Tropfen (Volumen 10 – 500 mm³) von wäßrigen NaDS-Lösungen zwischen einer horizontalen PTFE-Platte und der Glaskugel so gebildet, daß die Meßzelle (Abb. 2) zuerst mit n-Octan gefüllt war, und somit beide Oberflächen mit der organischen Flüssigkeit in Berührung waren. Der Tropfen wurde mittels einer *Hamilton*schen Mikropipette auf die Teflonplatte vorsichtig aufgesetzt, und nach Einstellung des Spreitungsgleichgewichtes der Halter mittels einer Feinschraube so weit gehoben, bis der Kontakt zwischen dem Tropfen und der Glaskugel, der auf dem Arm einer elektronischen Mikrowaage (Microbalance Beckman, Typ LM-800) verfestigt war (Abb. 3), zustande kam und auch auf der Glasoberfläche Spreitung erfolgte. Die Gestalt der Brücke wurde bei verschiedenen Abständen der beiden Oberflächen in Zeitabständen von 0,2 s fotografiert und die Kraft nach Einstellung jeder Gleichgewichtslage gemessen. Aus den Fotos wurden Randwinkel, Radien der beiden Kontaktflächen und die Koordinaten des Meridianprofils gemessen. Jede Konfiguration, die einem bestimmten Abstand zugeordnet war, wurde sowohl bei abnehmenden, wie auch bei zunehmenden Abständen bestimmt, um damit Auskunft über die Richtungsabhängigkeit der Teilprozesse und (durch Variierung der Geschwindigkeit, mit der die beiden Oberflächen einander genähert oder voneinander entfernt wurden) über die Dynamik des „Lebens" der Brücke zu erhalten.

Tabelle 1. Grenzflächenspannung gegenüber n-Octan (γ_{WO}) und vorrückender Randwinkel an Teflon in n-Octan (Θ_a) von wäßrigen NaDS-Lösungen verschiedener relativer Konzentration (c/c_M; c_M: c.m.c.).

c/c_M	γ_{WO}/mN · m⁻¹	Θ_a/Grad
0	47,6	139,6 ± 1,5
0,05	33,7	136,8 ± 1,3
0,10	23,3	137,1 ± 2,2
0,20	16,7	134,7 ± 2,3
0,40	11,1	–
1,0	7,8	135,7 ± 2,9
2,5	7,6	126,3 ± 6,0
5,0	7,7	–

Abb. 3. Bild der Meßapparatur

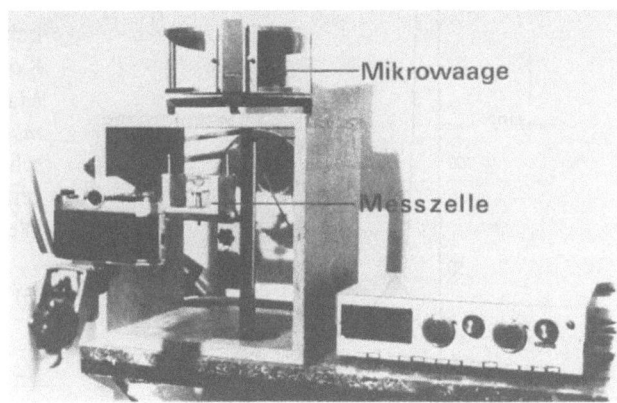

Ergebnisse

(a) Verteilungsisothermen

Zur Charakterisierung der Stabilität der Brükke ist es zweckmäßig, die sog. Verteilungsisothermen zu verwenden. Diese werden erhalten, wenn man die Masse der Flüssigkeit (m_2) bestimmt, die nach Aufhebung der Brückenkonfiguration an der Anhaftfläche festgehalten wird in Abhängigkeit von der Gesamtmasse der Brückenflüssigkeit (m). Nach unseren früheren Ergebnissen (2) lassen sich sämtliche Systeme je nach Art der Verteilungskurven in zwei Haupttypen einordnen. Bei der einen Gruppe kommt es bei jeder Menge der Brückenflüssigkeit zu einer Verteilung zwischen den beiden Festkörperflächen; das ist die sog. massenunabhängige Verteilung (Abb. 4 a), die offenbar einer systemeigenen Instabilität entspricht. Für solche Systeme trifft jeweils $m_2 < m$ zu, d. h. es kommt nie zu einer vollkommenen

Umhaftung, sondern die Brücke wird auch bei den geringsten Flüssigkeitsmengen zerrissen, falls natürlich der Abstand zwischen Anhaftfläche und Trägerfläche einen kritischen (von m abhängigen) minimalen Wert übertrifft.

Bei der anderen Gruppe findet bis zu einem kritischen Wert von m (m_{krit}) eine vollkommene Umhaftung statt, d. h. im Bereich $0 < m < m_{krit}$ ist m_2 gleich m, die Verteilungsisotherme ist eine

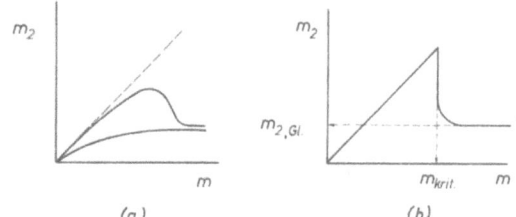

Abb. 4. Typen von Verteilungsisothermen. (a) Massenunabhängige Verteilung (teilweise Umhaftung); (b) massenabhängige Verteilung (vollständige Umhaftung)

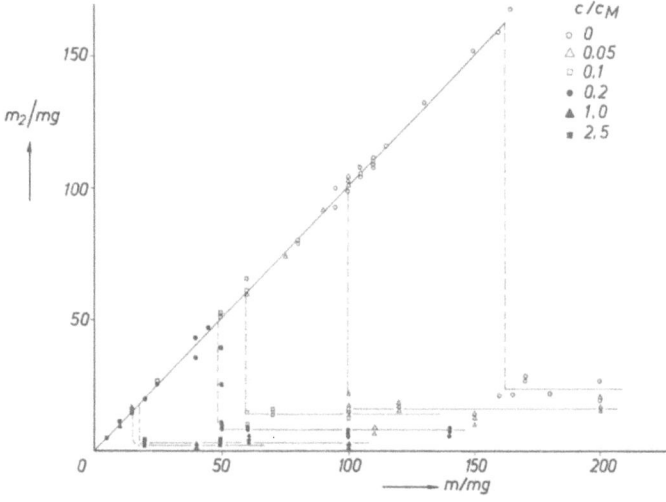

Abb. 5. Verteilungsisothermen bei verschiedenen NaDS-Konzentrationen. c: aktuelle Konzentration; c_M: c. m. c.

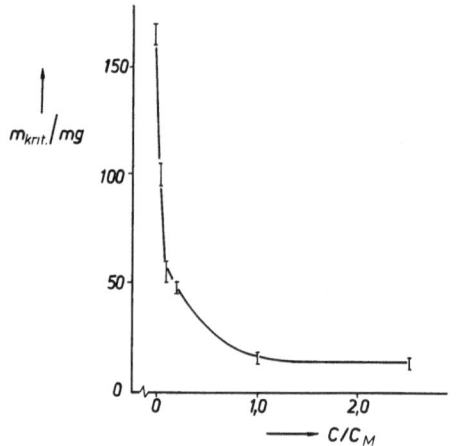

Abb. 6. Abhängigkeit der m_{krit}-Werte von der relativen NaDS-Konzentration

Gerade von der Neigung gleich eins. Oberhalb von m_{krit} fällt m_2 plötzlich ab und erreicht dann einen konstanten, von m nicht mehr abhängigen Wert ($m_{2, Gl.}$), der für ein bestimmtes System charakteristisch ist (massenabhängige Verteilung, siehe Abb. 4 b).

Wie Abb. 5 zeigt, sind die Verteilungsisothermen der untersuchten Systeme bei jeder Tensidkonzentration massenabhängig, und die charakteristischen Werte ($m_{krit} = m_{2, max}$ und $m_{2, Gl.}$) sind stark von der Tensidkonzentration abhängig (Abb. 6 u. 7). Es wurden auch jene kritischen Abstände (d_{krit}), bezogen auf die ursprüngliche Höhe des liegenden Tropfens (h_0) bestimmt, bei denen die kritische Instabilität eintritt, d. h. die Brücke sich auf zwei Teiltropfen spaltet. Die (di-

mensionslosen) Werte von d_{krit}/h_0 in Abhängigkeit von der auf die c. m. c. bezogene relative Konzentration (c/c_M) sind in Abb. 8 dargestellt. Man sieht aus Abbn. 6 – 8, daß die c. m. c. für m_{krit} und $m_{2, Gl.}$, wie auch für viele andere Eigenschaften der Tensidlösungen, eine kritische Konzentration darstellt, nicht aber für d_{krit}/h_0, dessen Wert auch oberhalb von $c/c_M = 1$ abnimmt.

(b) Richtungsabhängigkeit (Hystereseeffekte)

Bekanntlich spielen Hystereseeffekte bei allen Erscheinungen, die mit der Bewegung von festen/flüssigen Kontakten entlang einer Dreiphasenlinie verbunden sind, eine große Rolle. Obwohl die Randwinkelhysterese die theoretische Interpretation von Benetzungserscheinungen ziemlich erschwert, liefert andererseits eine, wenn auch nur phänomenologische Analyse dieser Erscheinung wertvolle Auskünfte über den möglichen Mechanismus des mikroskopischen Geschehens an den in der Brücke vorhandenen drei Grenzflächen und der Dreiphasenlinie. Solche Effekte treten sehr ausgeprägt auf, wenn strukturierte Adsorptionsschichten entstehen können, in denen für die Orientierung von langkettigen Molekeln bzw. Ionen verhältnismäßig lange Relaxationszeiten charakteristisch sind. So war es zu erwarten, daß die Hysterese, d. h. die Richtungsabhängigkeit aller Prozesse während des „Lebens" der Brücke eine deutliche Rolle spielen wird.

Aus der sehr großen Zahl von Meßergebnissen möchten wir hier nur die Resultate von Messungsserien herausgreifen, die dann erhalten wur-

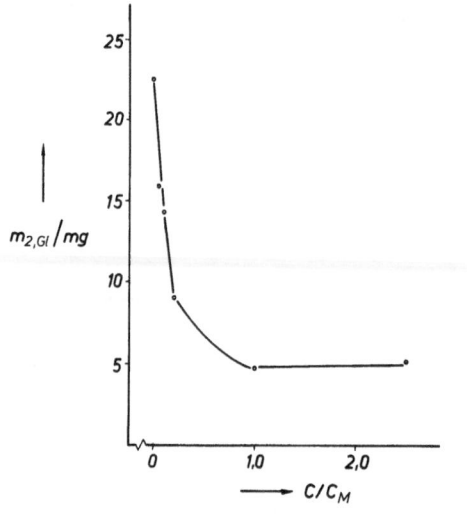

Abb. 7. Abhängigkeit der $m_{2, Gl.}$-Werte von der relativen NaDS-Konzentration

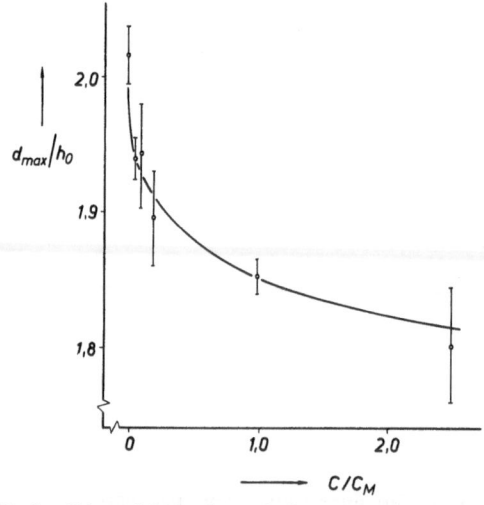

Abb. 8. Abhängigkeit der relativen Zerreißhöhe von der relativen NaDS-Konzentration

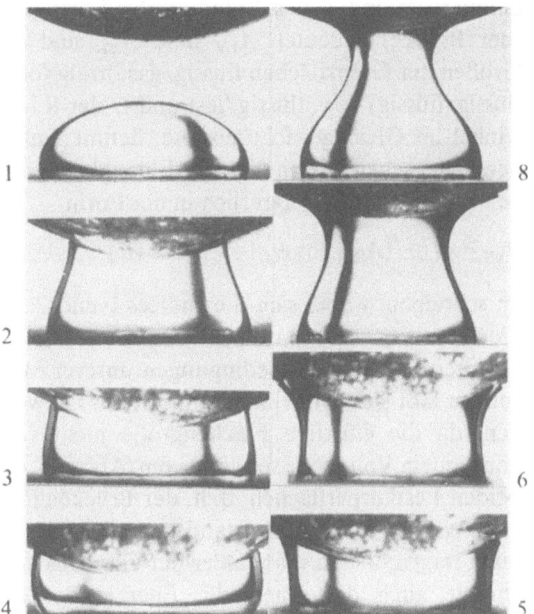

Abb. 9. Hysterese bei einem Zyklus Kompression-Expansion. $V = 100 \text{ mm}^3$; $c = 0,2\ c_M$

den, wenn eine stabile Brücke durch stufenweise Verringerung bzw. Vergrößerung des Abstandes zwischen Trägerfläche und Anhaftfläche „komprimiert" bzw. „expandiert" wurde.

Die Bildserie in Abb. 9 zeigt die Gestaltsänderung der Kapillarfläche während eines Zyklus,

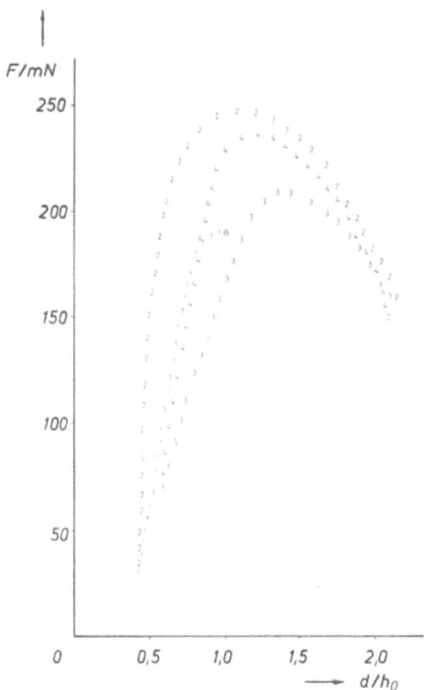

Abb. 11. Kraft-Abstand-Kurven. $V = 100 \text{ mm}^3$; $c = c_M$. *1* erste Kompression; *2* erste Expansion; *3* zweite Kompression; *4* zweite Expansion; *B* Bildung; *Z* Zerstörung

und die Unterschiede beim gleichen Abstand sind deutlich zu erkennen. In den Abbn. 10 und 11 ist die Kapillarkraft in Abhängigkeit von der auf die ursprüngliche Tropfenhöhe normierten Brückenhöhe bei wiederholter Kompression und Expansion aufgetragen. Es ist ersichtlich, daß die Richtungsabhängigkeit viel ausgeprägter ist bei niedrigeren als bei höheren Konzentrationen, daß aber die Differenzen der Kraftwerte nach mehrmaligem Wiederholen der Annäherung und Entfernung immer kleiner werden.

(c) Satellittröpfchenbildung

Erreicht man bei der Expansion eine kritische Brückenhöhe, so kommt es zu einer Einschnürung („Halsbildung") und zugleich zum Einsetzen der Instabilität, worauf sich die Brücke aufspaltet. Die Aufspaltung ist fast jeweils mit der Bildung eines sehr kleinen Satellittröpfchens verbunden (Abb. 12), wie dies auch z. B. beim Abreißen eines Tropfens aus der Öffnung eines Kapillarrohrs (etwa bei der Stalagmometrie) der Fall ist.

In der bereits erwähnten früheren Arbeit (4) hatten wir diesen Teilprozeß bei Einflüssigkeitsbrücken eingehend analysiert und festgestellt,

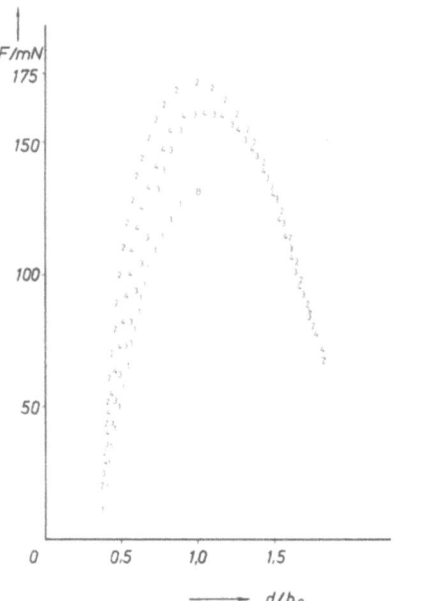

Abb. 10. Kraft-Abstand-Kurven. $V = 100 \text{ mm}^3$; $c = 0,1\ c_M$; *1* erste Kompression; *2* erste Expansion; *3* zweite Kompression; *4* zweite Expansion; *B* Bildung; *Z* Zerstörung

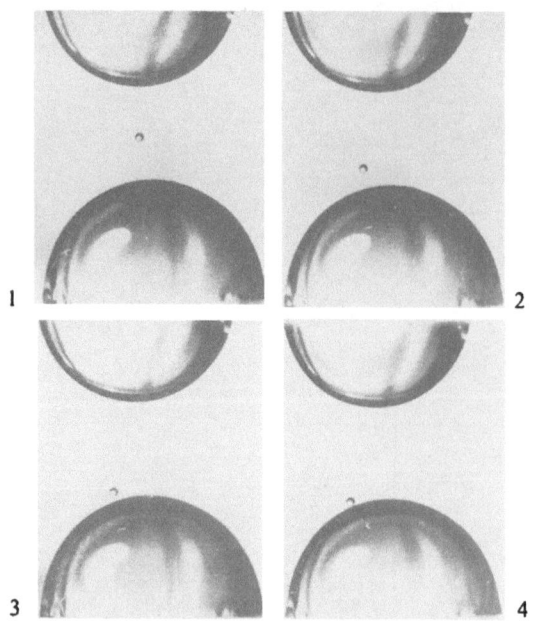

Abb. 12. Satellittröpfchen in einer schwerelosen Brücke Nitrobenzol-Salzwasser zwischen Glasoberflächen

daß sowohl die Lebensdauer des Mikrotröpfchens, als auch die Wahrscheinlichkeit, mit der es den (interessanterweise jeweils an der unteren Trägerfläche befindlichen) Tropfenrest eine Koaleszenz eingeht, von der Oberflächenspannung abhängig ist. Für Einflüssigkeitsbrücken lag die Lebensdauer des Satellittropfens im Mikrosekundenbereich, während sie im jetzt untersuchten Falle in der Größenordnung von Sekunden war.

Diskussion

Es ist naheliegend, die Ergebnisse unter (a) und (c) gemeinsam zu interpretieren, da beide mit der mechanischen Stabilität der Brücke eng verbunden sind.

Mechanische Stabilität

Eine allgemeine Bedingung der mechanischen (oder *Laplace*schen) Stabilität für fluide Grenzflächen, die eine Festkörperfläche angrenzen, ist nach *Everett* und *Haynes* (19) durch die Beziehung

$$dA_{\text{eff}}/dV = \text{konst.} \qquad [1]$$

gegeben, worin A_{eff}, die sog. effektive Flächengröße, als

$$A_{\text{eff}} = A_{\text{LV}} - A_{\text{SL}} \cos \Theta \qquad [2]$$

definiert ist und V das Volumen der Flüssigkeit (der Brücke) bedeutet. A_{LV} bzw. A_{SL} sind die Größen der Grenzflächen flüssig/gasförmig (oder flüssig/flüssig) bzw. flüssig/fest und Θ der Randwinkel im Gleichgewichtszustand, definiert nach der *Young*schen Gleichung. Für Flüssigkeitsbrücken ist Gleichung [2] natürlich in der Form

$$A_{\text{eff}} = A_{\text{LV}} - (A_{\text{SL}_1} \cos \Theta_1 + A_{\text{SL}_2} \cos \Theta_2) \qquad [3]$$

zu schreiben, wobei sich die Indices 1 und 2 auf die Träger- bzw. Umhaftfläche beziehen.

Unter den Versuchsbedingungen unserer Messungen läßt sich Gl. [1] nicht unmittelbar anwenden, da die effektive Flächengröße nicht vom konstanten Volumen, sondern vom Abstand der beiden Festkörperflächen, d. h. der Brückenhöhe abhängig ist. Diesem Umstand kann man Rechnung tragen, indem man außer der Grenzflächenenergie auch die potentielle Energie des Systems, bzw. deren Änderung mit der Brückenhöhe berücksichtigt. Dies läßt sich nur durch numerische Approximation der fluiden Grenzflächengröße machen, etwa durch Aufteilen der Brücke in sehr dünne parallele Schichten, die als Kegelstumpfe betrachtet werden können und ihre Mantelflächengröße damit berechnet werden kann (20). Die potentielle Energie ergibt sich aufgrund dieser Annäherung, indem man den Massenschwerpunkt der Brücke aus denen der einzelnen Kegelstümpfe durch Summieren der Glieder von der Form $m_i g z_i$ bildet; hier ist m_i die Masse einer als Kegelstumpf angenommenen Schicht und z_i die vertikale Koordinate seines Massenschwerpunktes oder in guter Annäherung des geometrischen Mittelpunktes. Solche Berechnungen ergaben, daß die Gesamtenergie einer Brücke plötzlich zunimmt, wenn die Gestalt der fluiden Grenzfläche mit Zunahme der Brückenhöhe den Zustand der kritischen Deformation erreicht, d. h. bei der Einschnürung.

Es gibt aber einen anderen Weg, die Stabilitätsbedingungen zu analysieren. Man kann dabei von der Annahme ausgehen, daß die Halsbildung in extrem deformierten Brücken auf das Auftreten von Kapillarwellen zurückgeführt werden kann, ähnlich zur sinusoidalen Verformung einer dünnen Flüssigkeitssäule unter dynamischen Verhältnissen, etwa beim Austreten eines Flüssigkeitsstrahls aus der nicht-kreisförmigen Öffnung eines Kapillarrohres. Diese Erscheinung liegt bekanntlich der Bestimmung der dynamischen Oberflächenspannung von Flüssigkeiten zugrunde. Neuere diesbezügliche experimentelle

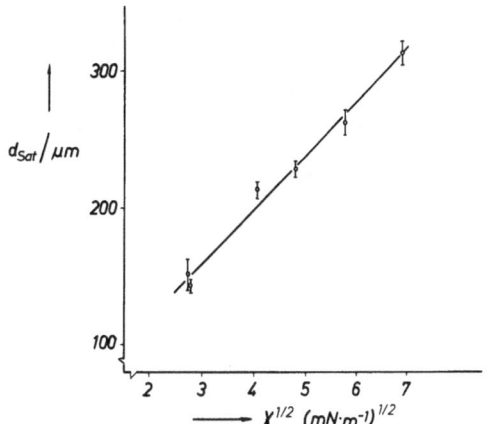

Abb. 13. Durchmesser des Mikrotröpfchens in Abhängigkeit von der Quadratwurzel der Grenzflächenspannung zwischen wäßriger NaDS-Lösung und n-Octan

Untersuchungen (21–23) hatten gezeigt, daß eine Flüssigkeitssäule mit periodisch variierendem Meridianprofil nicht nur in Primärtropfen dispergiert wird, sondern daß aus den zwischen diesen auftretenden Einschnürungen auch sehr kleine Sekundärtröpfchen entstehen. Nimmt man für die Periodizität einen sinusoidalen Ablauf an, so ergab sich aus theoretischen Berechnungen (24), daß die kritische Wellenlänge in erster Näherung der Quadratwurzel der Grenzflächenspannung der fluiden Grenzfläche proportional ist. Wie Abb. 13 zeigt, trifft diese Proportionalität in unserem Falle für den Durchmesser des Satellittröpfchens recht gut zu, was dafür spricht, daß es wahrscheinlich nicht unrichtig ist, die Stabilität mit der Kapillarwellenbildung in Beziehung zu bringen. Das ist natürlich eine prinzipiell unterschiedliche Annäherung zum Problem gegenüber der statischen Betrachtung aufgrund von Gl. [1]. Es ist aber sehr wahrscheinlich, daß diese dynamische Betrachtung dem wirklichen Geschehen besser Rechnung trägt.

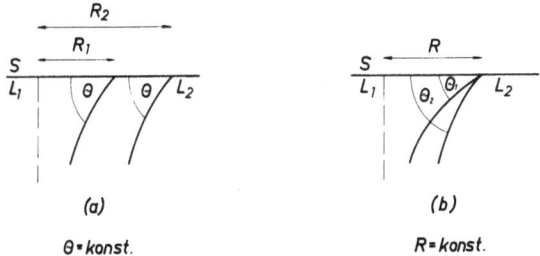

Abb. 14. Änderung der Profilkurve der Brücke in der Nähe einer festen Oberfläche (a) für konstanten Randwinkel, (b) für konstante Berührungsfläche

Hysterese

Die experimentelle Tatsache, daß die Kapillarkraft nicht allein von der Brückenhöhe abhängt, sondern auch davon, ob diese Höhe von oben oder von unten erreicht wird, ergibt sich rein formell daraus, daß jede theoretische Beziehung für die in Flüssigkeitsbrücken wirkende Kapillarkraft den Randwinkel mit enthält, s. z. B. (8), (15) und (17).

Man sollte jedoch bedenken, daß die aus den lokalen Krümmungen resultierende Durchschnittskrümmung der fluiden Grenzfläche, die letzten Endes die Kapillarkraft bedingt, nicht allein vom Randwinkel abhängt, sondern, wie es Abb. 14 zeigt, auch von der Lage der Dreiphasenlinie, die die Größe der Anhaftfläche A_{SL} bestimmt. Im allgemeinen Fall hat man daher mit der Variation sowohl des Randwinkels, als auch des Radius der (in sehr guter Näherung kreisförmigen) Dreiphasenlinie zu rechnen. Zu einer energetischen Betrachtung kann man zwei Fälle behandeln:

Bleibt der Randwinkel konstant, so ergibt sich die Energie für die Änderung des Radius von R_1 zu R_2 zu

$$E(R)_\Theta = \Pi (R_2^2 - R_1^2)(\gamma_{SL_2} - \gamma_{SL_1})$$
$$= \Pi (R_2^2 - R_1^2)\gamma_{L_1L_2} \cos \Theta \qquad [4]$$

Wird dagegen der Radius als konstant angenommen, so ist die Energie, die damit verbunden ist, daß der Randwinkel bei „angeklebter" Haftlinie von Θ_1 zu Θ_2 geändert wird, gleich der Differenz der Benetzungsarbeiten w_2 und w_1:

$$E(\Theta)_R = w_2 - w_1 = \Pi R^2 \gamma_{L_1L_2} (\cos \Theta_2 - \cos \Theta_1) \quad [5]$$

Die Gesamtenergie ist die Summe der Werte gegeben in Gln. [4] und [5]. Trifft $E(R)_\Theta \gg E(\Theta)_R$ zu, so ist die Randwinkeländerung wahrscheinlicher, wohingegen für den Fall $E(\Theta)_R \gg E(R)_\Theta$ die Versetzung der Kontaktlinie vorgezogen wird.

Die Auswertung der fotografierten Meridianprofilkurven für Systeme mit variierender Tensidkonzentration zeigte, daß das Gesamtbild im großen und ganzen jenem Trend entspricht, den man anhand der obigen Modellvorstellung erwarten kann. Es hat sich aber auch ergeben, daß die tatsächlichen Teilvorgänge in großem Maße von der Tensidkonzentration abhängig sind. Darüber wird in einer anderen Veröffentlichung berichtet.

Zusammenfassung

Es wurden Flüssigkeitsbrücken aus wäßrigen Natriumdodecylsulfatlösungen verschiedener Konzentration zwischen Polytetrafluoräthylen und Glasoberflächen in n-Octan untersucht. Die Verteilungsisothermen sind vom gleichen Typ unabhängig von der Tensidkonzentration, die charakteristischen Werte der Umhaftungskurven, wie die kritische Tropfenmasse, bei der noch vollständige Umhaftung erfolgt und die dem stationären Zustand entsprechende konstante Umhaftmasse, aber stark von der Tensidkonzentration abhängig. Die Stabilität der Brücke sowie die Bildung von Satellitröpfchen nach Aufspalten wird anhand von Kapillarwellen interpretiert. Zur Erklärung von Hystereseeffekten wird eine einfache energetische Modellbetrachtung angewandt.

Summary

Liquid bridges of aqueous sodium dodecyl sulfate solutions with different concentration between polytetrafluoro ethylene and pyrex glass surfaces have been experimentally investigated. The drop distribution isotherms are of the same type, their general shape being independent of the surfactant concentration but the characteristic points as the critical drop mass for complete adherence and the constant drop mass corresponding to the steady state strongly depend on the surfactant concentration. The stability of the bridges as well as the formation of satellite droplets after breakdown of the bridge have been interpreted in terms of capillary waves. A simple energetic model consideration is proposed to explain effects caused by hysteresis.

Literatur

1) *Wolfram, E.*, Kolloid-Z. **173**, 73 (1960); **182**, 75 (1962).
2) *Wolfram, E.*, Annales Univ. Budapestin. Sect. Chim. **6**, 77 (1964).
3) *Wolfram, E.*, ibid. **6**, 83 (1964).
4) *Wolfram, E.*, ibid. **6**, 95 (1964).
5) *Wolfram, E., S. Bán*, und *L. Laczkovich*, Proc. 6th Intern. Cong. Surf. Act. Subst. (Zürich, 1972) Vol. B, p. 761 (1973).
6) *Wolfram, E.*, Croatica Chem. Acta **45**, 125 (1973).
7) *Wolfram, E., J. Pintér*, und *S. Bán*, Proc. 7th Intern. Cong. Surf. Act. Subst. (Moscow, 1976) Vol B, part II/2, p. 682 (1978).
8) *Fisher, R. A.*, J. Agricult. Sci. **16**, 492 (1926).
9) *Gillespie, T.*, und *W. J. Settineri*, J. Colloid Interface Sci. **24**, 199 (1967).
10) *Cross, N. L.*, und *R. G. Picknett, ibid.* **26**, 247 (1968).
11) *Gillespie, T.*, und *R. G. Rose, ibid.* **26**, 246 (1968).
12) *Princen, H. M.*, **26**, 249, 253 (1968).
13) *Derjaguin, B. V., ibid.* **26**, 253 (1968).
14) *Padday, J. F.*, Pure and Appl. Chem. **48**, 484 (1978).
15) *Princen, H. M.*, in: Surface and Colloid Sci. (*E. Matijević* and *F. R. Eirich*, Eds.) Vol. 2, p. 1 (New York, 1969).
16) *Orr, F. M., L. E. Scriven*, und *A. P. Rivas*, J. Fluid Mech. **67**, 723 (1975).
17) *Wolfram, E.*, und *J. Pintér*, Acta Chim. Acad. Sci. Hung. **100**, 433 (1979).
18) *Gilányi, T., Chr. Stergiopoulos*, und *E. Wolfram*, Colloid Polymer Sci. **254**, 1018 (1976).
19) *Everett, D. H.*, und *J. M. Haynes*, Z. phys. Chem. [N. F.] **82**, 36 (1972); **97**, 301 (1975).
20) *Bán, S.*, Dissertation (Dr. rer. nat.) (Budapest, 1976).
21) *Vedaigan, S., T. S. Degaleesan*, und *G. S. Laddha*, Indian J. Technol. **12**, 135 (1974).
22) *Pimbly, W. T.*, und *H. C. Lee*, IBM J. Res. Dev. **21**, 21 (1977).
23) *Levanoni, M., ibid.* **21**, 56 (1977).
24) *Chuoke, R. L., P. van Meurs*, und *C. van der Poel*, Petrol. Trans. AIME **216**, 188 (1959).

Anschrift der Verfasser:
Prof. Dr. *E. Wolfram* und Dipl.-Chem. *J. Pintér*
Institut für Kolloidchemie u. Kolloidtechnologie,
Loránd-Eötvös-Universität,
H-1445 Budapest 8,
Postschließfach 328
Ungarn

Progr. Colloid & Polymer Sci. **67**, 107 – 115 (1980)
© 1980 by Dr. Dietrich Steinkopff Verlag GmbH & Co. KG, Darmstadt
ISSN 0340-255 X

Vorgetragen auf der Hauptversammlung der Kolloid-Gesellschaft e.V. in Regensburg,
2. bis 5. Oktober 1979

*Aus der Entwicklungsgruppe Dispersionen des Geschäftsbereichs 5 und der Abteilung Analytik des Zentralbereichs
Forschung und Entwicklung der Chemische Werke Hüls AG, Marl/Westfalen*

Seifen/Hydrokolloid-Wechselwirkung und Stabilität von Synthesekautschuklatices

H. Schlüter und *G. Schreier*

Mit 7 Abbildungen und 3 Tabellen

1. Einleitung

Bildung und Nachweis von Polymer/Seifen-Komplexen in *wäßrigen Lösungen* sind bereits Gegenstand einer großen Anzahl von Veröffentlichungen gewesen. Es sind besonders die Wechselwirkungen zwischen Polymeren und Seifen auf Basis von Alkylsulfaten (1 – 5) untersucht worden und weniger solche auf Basis von Carboxylaten (6, 7). Die verwendeten Polymere werden wegen ihrer Wasserlöslichkeit als Hydrokolloide bezeichnet. Diese Arbeit bezieht sich ausschließlich auf Wechselwirkungen mit anionischen Seifen.

Über Bildung und Nachweis von Hydrokolloid/Seifen-Komplexen *in kolloiden Systemen* findet man in der Literatur relativ wenig. Es interessiert vor allem die Adsorption dieser Komplexe an der Oberfläche kolloider Teilchen und die dadurch bedingte Auswirkung auf die Stabilität von Dispersionen und Emulsionen. Diesbezüglich ist eine systematische Untersuchung von *Tadros* (8) mit dem System Polyvinylalkohol(PVA)-Natriumdodecylbenzolsulfonat(NaDBS)/wäßrige Paraffinölemulsion durchgeführt worden. Aus Ergebnissen von Grenzflächenspannungs- und Zetapotentialmessungen wird die Schlußfolgerung gezogen, daß aus PVA- und DBS-Ionen „polyelektrolytähnliche" Komplexe und/oder Mischmizellen gebildet werden. An der Teilchenoberfläche sollen diese Assoziate adsorbiert werden und die Stabilität der Emulsion verbessern. In Untersuchungen von *Frantz* et al (9), die mit dem System Protein-anionische Seife/Polyvinyltoluol-Latex durchgeführt worden sind, bleibt die Frage offen, ob das Protein allein direkt an der Teilchenoberfläche oder über eine Bindung mit der anionischen Seife adsorbiert wird. Durch diese Adsorption wird jedoch hier eine Destabilisierung bewirkt, die sich durch eine Sensibilisierung der Latexteilchen gegenüber Elektrolyt nachweisen läßt. Bei höheren Konzentrationen an anionischer Seife sollen sich im Serum wasserlösliche Protein/Seifen-Komplexe bilden, wodurch die Adsorption des Proteins reduziert und die Stabilität des Latex erhöht werden.

Saunders und *Sanders* (10) haben an Polystyrol-Dispersionen Sensibilisierungs- und Schutzkolloideigenschaften von Methylcellulose in Gegenwart unterschiedlicher Konzentrationen an Alkylarylsulfonaten studiert. Es ist festgestellt worden, daß bei Zugabe von Seife die Menge an Methylcellulose herabgesetzt werden kann bei gleichem Schutzeffekt. Wenn die Teilchenoberfläche 100%ig mit Seife belegt ist, wird keine Methylcellulose mehr adsorbiert.

In einer weiteren Arbeit von *Saunders* (11) wird die Adsorption von Methylcellulose in Abhängigkeit von Natriumlaurylsulfat an Polystyrol-Latexteilchen detailliert untersucht. Der Autor nimmt an, daß bei der Adsorption von Methylcellulose die Seifenkonzentration im Serum konstant bleibt.

Eine besonders starke Sensibilisierung gegenüber Alkalimetallsalzen ist von *Schlüter* (12) festgestellt worden und zwar durch reaktionskinetische Messungen bei der Teilchenagglomeration mit oxidierten Polyethylenoxiden (PEO$_{ox}$) in Synthesekautschuklatices. Dieser Sensibilisierungseffekt wird zur technischen Herstellung von niedrigviskosen Synthesekautschuklatices mit Feststoffgehalten bis 70% genutzt (13).

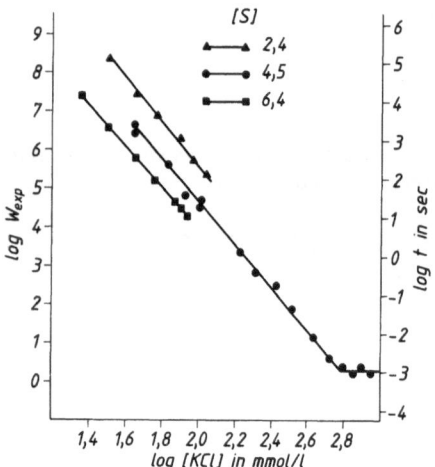

Abb. 1. Stabilitätsfaktor (W) und Agglomerationszeit (t) eines SBR-Latex in Abhängigkeit von der KCl-Konzentration bei drei unterschiedlichen K-Oleat-Konzentrationen [S]. [S] in g/g · 10^2 Latexfaserstoff (FS). PEO_{ox}-Konzentration = 0,1 g/g · 10^2 FS.

Um das Verständnis der weiteren Ausführungen zu erleichtern, sollen einige, in früheren Arbeiten (12, 14) bei der PEO_{ox}-Agglomeration gefundene Gesetzmäßigkeiten durch zwei Abbildungen veranschaulicht werden. In Abb. 1 wird durch ein log W/log c_{KCl}-Diagramm (W = Stabilitätsfaktor, c_{KCl} = Kaliumchloridkonzentration) gezeigt, daß W mit zunehmender Seifenkonzentration erniedrigt und somit die Agglomerationsgeschwindigkeit beträchtlich erhöht werden. Es ist auch ersichtlich, daß dem Neutralelektrolyt eine fundamentale Rolle zukommt. Aus Abb. 2 geht hervor, wie das Ausmaß der Teilchenvergrößerung über die Seifen- und Hydrokolloidkonzentration eingestellt werden kann (14). Die Teilchengröße ist hier durch den auf die Viskosität von 1200 mPas bezogenen Feststoffgehalt angegeben, der nach *Talalay* (15) einer bestimmten Durchschnittsteilchengröße entspricht. Dargestellt in Abhängigkeit von den gleichen Variablen ist auch die Latexoberflächenspannung. Es ist bemerkenswert, daß die Reaktion nach Erreichen einer Oberflächenspannung von ca. 45 mN/m von selbst zum Erliegen kommt und zwar im Bereich niedriger PEO_{ox}-Konzentrationen bereits vor einer vollständigen Teilchenoberflächensättigung mit K-Oleat und PEO_{ox}.

Die bei der PEO_{ox}-Agglomeration gefundenen Gesetzmäßigkeiten führen nicht notwendigerweise zu der Schlußfolgerung, daß eine Brückenbildung über Polymersegmente des Hydrokolloids der vorherrschende Vorgang ist. Da man das nichtionogene PEO_{ox} zu den Neutralhydrokolloiden rechnet, wäre ein Brückenbildungsmechanismus naheliegend. Wenn man jedoch die vielfältigen Wechselwirkungen in Betracht zieht, die PEO bzw. PEO-enthaltende oberflächenaktive Mittel mit anionischen Seifen (3, 4, 5, 7) und auch mit anorganischen Salzen (16 – 19) in Lösungen auch unter Bildung sogenannter Pseudo-Polyelektrolyte (20) eingehen können, erscheint ein Mechanismus auf elektrostatischer Basis durchaus diskutabel. Ein solcher bietet sich dann an, wenn man die Ansicht von *Wurzschmitt* (21) teilt. Danach liegen PEO- wie auch die PEO-Addukte *in elektrolythaltiger Lösung* als Hydroxoniumsalze vor und haben somit kationischen Charakter. Auch in *elektrolythaltigen Dispersionen* sollen nach *Kling* und *Lange* (22) durch den Einfluß negativer Ladungen auf der Teilchenoberfläche positive Ladungen im PEO-Addukt induziert werden. Berücksichtigt man dies, so kann cum grano salis für die PEO_{ox}-Agglomeration ein elektrostatischer Mechanismus beispielsweise auf Basis eines Ladungsmosaikmodells in Betracht gezogen werden. Ein solches Modell ist von *Kasper* (23) eingeführt und von *Treweek* und *Morgan* (24) bereits zur Erklärung der Colibakterien-Aggregation durch Polyethylenimin herangezogen worden. Diese Untersuchungen haben daher zum Ziel, durch Adsorptions- und Zetapotentialmessungen Anhaltspunkte dafür zu erhalten, ob der vorerwähnte oder ein ähnlicher elektrostatischer Mechanismus für die PEO_{ox}-Agglomeration zutreffend ist und ob Seifen/Hydrokolloid-Komplexe dabei eine wesentliche Rolle spielen. Als Hydrokolloide wurden ausgewählt: ein agglomera-

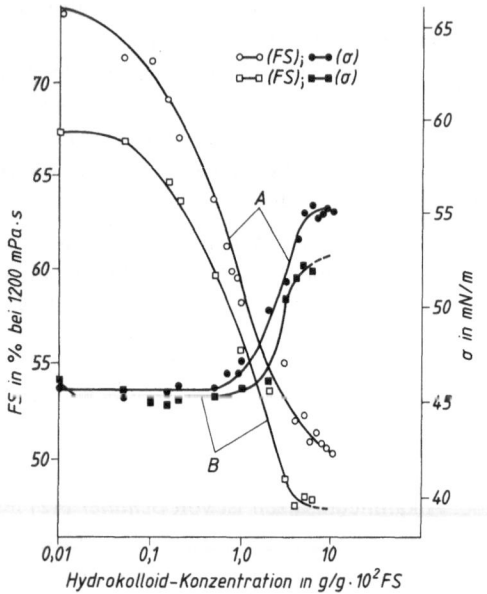

Abb. 2. Feststoffgehalt (FS bei 1200 mPas) und Oberflächenspannung (σ) eines SBR-Latex nach Agglomeration und Konzentrierung in Abhängigkeit von der Hydrokolloid-Konzentration (PEO_{ox}) bei zwei unterschiedlichen K-Oleat-Konzentrationen [S]. [S] = 3,8 g/g · 10^2 FS (Kurven A). [S] = 5,8 g/g · 10^2 FS (Kurven B).

tionsaktives verzweigtes PEO$_{ox}$ und ein agglomerationsinaktives lineares PEO mit weitgehend übereinstimmenden Molgewichten.

2. Experimentelles

2.1 Verwendete Substanzen

Polybutadien-Latices

Für die Untersuchungen wurden zwei Polybutadien-Latices A und B verwendet. Der monodisperse und feinteilige Latex A, (mittlerer Teilchendurchmesser 656 Å, spezifische Oberfläche 96,3 m^2 g^{-1}) wurde durch Redoxpolymerisation von Butadien bei 7 – 30 °C bis zu einem Umsatz von 60% mit Pinanhydroperoxid/Natriumformaldehydsulfoxylat/Fe^{2+} als Initiator und mit Kaliumoleat als Emulgator hergestellt. Nach Rückgewinnung des Butadiens hatte der Latex einen Feststoffgehalt (FS) von 32%. Der Kaliumoleatgehalt des Latex betrug 2,5 g/g × 10^2 FS, der Gehalt an Kaliumchlorid im Serum 20 mmol/l. Der pH-Wert des Latex war 11,0.

Der mehr polydisperse und grobteiligere Latex B (mittlerer Teilchendurchmesser 1028 Å, spezifische Oberfläche 61,5 m^2 g^{-1}) wurde aus Latex A durch Gefrieragglomeration bei – 10 °C/10 min hergestellt.

Hydrokolloide

Das verzweigte agglomerationsaktive PEO$_{ox}$ wurde durch Luftoxidation eines niedermolekularen Polyethylenglykols entsprechend DBP 1.213.984 (25) und nach einer Fällungsfraktionierung (26) der angefallenen Oxidationsmischung erhalten. Das lineare und agglomerationsinaktive PEO war ein handelsübliches Polywachs 50 000 der Chemische Werke Hüls AG. Die durch Gelchromatographie (GPC) und andere Methoden erhaltenen Molgewichte sowie die Trübungspunkte von PEO$_{ox}$ und PEO sind aus den Tabellen 1 u. 2 ersichtlich. Nach einer Infrarot-Analyse enthielt PEO$_{ox}$ noch geringe Anteile an C=O-Gruppen, die entsprechend *Grosborne* et al. (27) Esterbildungen im Polymermolekül zugeordnet werden können.

2.2 Meßmethoden

Adsorption

Wegen der besseren Zentrifugierbarkeit wurde für die Adsorptions-Messungen vornehmlich der grobteiligere Latex B verwendet. Durch Verdünnen mit einer mit KOH auf pH 11 eingestellten 20 mmolaren KCl-Lösung wurde eine Reihe 50 ml Latexproben mit 20% FS und unterschiedlichen Hydrokolloidgehalten von

0 – 5 g/g × 10^2 FS entsprechend einer Konzentration von 0 – 12 500 ppm hergestellt.

Um die Latexteilchen abzutrennen, wurde der Latex 2 h lang in einer präparativen Heraeus-Cryofuge 20/30 bei 20000 Upm und 20 °C zentrifugiert. Das erhaltene Serum, das noch geringfügige Latexreste enthielt, wurde abermals 2 h lang in einer präparativen Beckmann-Zentrifuge Spinco L 50 mit 30000 Upm bei 20 °C zentrifugiert.

Die im Serum enthaltenen PEO$_{ox}$- bzw. PEO-Anteile wurden mit einem modifizierten Dragendorff-Reagenz (K$_2$BiJ$_4$) gefällt (28). Die in Ammoniumtartrat-Lösung wiederaufgelöste Fällung wurde in Anlehnung an die Methode zur Bestimmung von nichtionischen Tensiden nach *Wickbold* (29) potentiographisch mit Pyrrolidon-Dithiocarbamat-Lösung titriert.

Schichtdicke

Für die Messung der Adsorptionsschichtdicke der Hydrokolloide wurde wegen der größeren Oberfläche der feinteiligere Latex A verwendet. Die Schichtdicke wurde aus einem Vergleich der Sedimentationskoeffizienten der bedeckten und unbedeckten Polybutadienlatexteilchen ermittelt. Dazu wurde Latex A mit einer auf pH 11 eingestellten 20 mmolaren KCl-Lösung, welche die zur Oberflächensättigung erforderlichen PEO$_{ox}$- bzw. PEO-Mengen von 4,5 g/10^2 FS enthielt, auf 1,5, 1,0, 0,5 und 0,25 g FS/10^2 g H$_2$O verdünnt, um den Sedimentationskoeffizienten S_c auf die Konzentration c=0 extrapolieren zu können.

Die Bestimmung der Sedimentationskoeffizienten erfolgte mit einer analytischen Ultrazentrifuge „Beckmann Spinco E" bei 18080 Upm. Die Trübung wurde an einem schmalen Spalt nach der Methode von *Scholtan* und *Lange* (30) gemessen. In die Berechnung der Sedimentationskoeffizienten wurde jener Zeitpunkt eingesetzt, bei dem 50% der Teilchen den Spalt passiert hatten. Dies entspricht etwa dem Maximum eines Schlieren-Peaks. Die Schichtdicke wurde entsprechend *Garvey* et al. (31) berechnet.

Oberflächenspannung

Die nach Zugabe von Kaliumoleat bzw. PEO$_{ox}$ oder PEO sich einstellenden Oberflächenspannungen wurden mit der Ringmethode nach DIN 53593 bestimmt.

Elektrophoretische Beweglichkeit

Zur Bestimmung des Zetapotentials wurde Latex A mit einer auf pH 11 eingestellten 20 mmolaren KCl-Lösung, welche die unterschiedlichen Hydrokolloid- und Kaliumoleatkonzentrationen enthielt, auf einen Feststoffgehalt von 1% verdünnt. Die elektrophoretische Beweglichkeit der Latexteilchen wurde mit einem modifizierten „Zytopherometer" der Firma Carl Zeiss gemes-

Tab. 1. Molgewichte von PEO$_{ox}$ und PEO.

Molgewicht	PEO$_{OX}$	PEO	Methode
Gewichtsmittel $\bar{M}_w$	33 100	30 700	GPC
Zahlenmittel $\bar{M}_n$	12 000	17 400	GPC
Viskositätsmittel $\bar{M}_v$	29 100	29 300	GPC
Viskositätsmittel $\bar{M}_v(J)$	18 700	27 000	aus Lösungsviskosität 1g/dl
Zahlenmittel $\bar{M}_n$	6 339	18 000	OH-Endgruppenbest.
Gewichtsmittel $\bar{M}_w(L)$	60 000	31 000	Lichtstreuung

Tab. 2. Trübungspunkte von PEO$_{ox}$ und PEO in 0,5 molarer K$_2$SO$_4$-Lösung.

Hydrokolloid-Konzentration in %	Trübungspunkt in °C	
	PEO$_{OX}$	PEO
1	44,0	46,1
5	36,0	35,9

sen und daraus nach der Smoluchowski-Gleichung das Zetapotential berechnet.

Das Zytopherometer bestand aus einem Horizontalmikroskop mit temperierbarer Durchflußküvette, Netzgerät und Zeitmeßeinrichtung. Es wurde gegenüber der Originalausführung wie folgt verändert: das Elektrophoresesystem hatte nur Glasverbindungen, wodurch die Geometrie der Zelle konstant blieb. Die Elektroden bestanden aus Pd-Draht von 1 mm Durchmesser. Die Spannungszuführung hielt 2000 Volt aus. Es wurde das Gleichspannungsspeisegerät NSHV 3,5 von Knott eingesetzt (max. 20 mA bei max. 3500 Volt). Die Wanderungszeit zwischen den Marken des eingeblendeten Rasters wurde mit einer elektrischen Einrichtung gemessen. Das Mikroskop war auf die stationäre Ebene der Meßzelle scharf eingestellt. Es wurden nur große Teilchen verfolgt, die mit gleicher Geschwindigkeit wie der Hintergrund wanderten, je Meßpunkt etwa 20 Teilchen auf dem Hin- und Rückweg. Die wirksame Feldstärke wurde mit Hilfe einer Elektrolytlösung ermittelt. Bei der Berechnung des Zetapotentials wurde die Viskosität des Latex-Serums berücksichtigt.

3. Ergebnisse

3.1 Adsorption

Die Adsorptionsisothermen von PEO_{ox} und PEO, ermittelt am Latex B, sind in Abb. 3 dargestellt. Es ist ersichtlich, daß in dem linearen Teil der Adsorptionsisotherme, d. h. im Untersättigungsbereich, beide Polymere 100%ig adsorbiert werden. Der Beginn des Sättigungsbereichs, dadurch gekennzeichnet, daß schon merkliche Anteile der Polymeren ins Serum übergehen, wird auch durch die Knickpunkte der beiden Oberflächenspannungskurven angezeigt. Im Sättigungsbereich erkennt man, daß PEO_{ox} geringfügig stärker adsorbiert wird als PEO.

Um den Einfluß der Seife auf die Hydrokolloid-Adsorption festzustellen, ist die Adsorption auch bei konstanter PEO_{ox}- bzw. PEO-Konzentration von 0,2 g/10^2 g Latexfeststoff untersucht worden, wobei durch Zugabe von Kaliumoleat

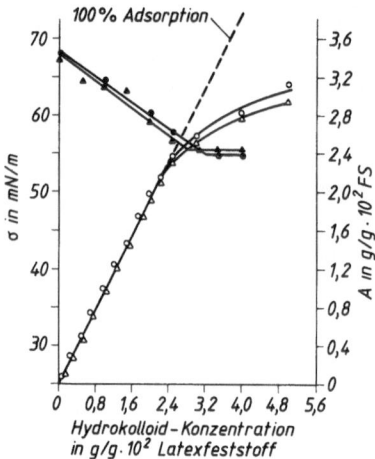

Abb. 3. Latex B. Adsorption (A) und Oberflächenspannung (σ) in Abhängigkeit von der Hydrokolloid-Konzentration. A: $\bigcirc$ PEO_{ox}, $\triangle$ PEO, σ: $\bullet$ PEO_{ox}, $\blacktriangle$ PEO.

die Oberflächenspannung auf Werte bis zu 33 mN/m erniedrigt worden ist. Deutlich zeigt Abb. 4, daß eine nahezu 100%ige Adsorption nur bei höheren Oberflächenspannungen vorliegt. Die Schnittpunkte der horizontalen und abfallenden Geraden liegen bei beiden Polymeren bei Oberflächenspannungen zwischen 41 und 42 mN/m. Es fällt weiter auf, daß bei niedriger Oberflächenspannung PEO_{ox} schwächer desorbiert wird als PEO.

Ermittelt man am feindispersen Latex A die Sättigungsadsorptionen (A_s) von PEO_{ox} und PEO auch in Abhängigkeit von der Seife, so erfolgt eine Adsorption der Hydrokolloide nur insoweit, als noch eine freie Oberfläche (O_F) nach Adsorption der Seife zur Verfügung steht. Bezieht man die A_s-Werte auf O_F, so erkennt man aus Tabelle 3, daß A_s/O_F unabhängig von Oberflächenspannung (σ) bzw. Seifenbedeckungsgrad (S_B) ist.

Es muß darauf hingewiesen werden, daß die vorliegenden Ergebnisse bei konstanter KCl-Konzentration von 20 mmol/l erhalten worden sind.

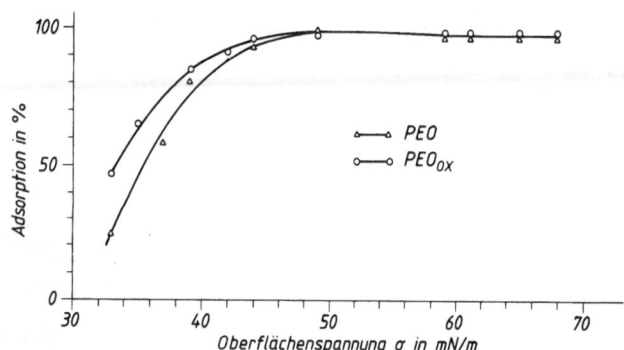

Abb. 4. Latex B. Adsorption der Hydrokolloide PEO_{ox} und PEO in Abhängigkeit von der Oberflächenspannung (σ). Hydrokolloid-Konzentration: 0,2 g/10^2 g FS.

Tab. 3. Sättigungsadsorption (A_s) und spezifische auf die freie noch verfügbare Oberfläche (O_F) bezogene Sättigungsadsorption (A_s/O_F) in Abhängigkeit von Oberflächenspannung (σ) und Seifenbedeckungsgrad (S_B)

σ in mN/m	S_B in %	O_F in m²/g	A_S in g/g·10^2FS		A_S/O_F in mg/m²O_F	
			PEO$_{OX}$	PEO	PEO$_{OX}$	PEO
70	16	81,0	4,25	4,2	0,53	0,52
61	37	60,7	3,25	3,0	0,54	0,49
50	61	37,6	2,12	2,0	0,56	0,53
40	84	15,4	0,85	0,77	0,55	0,50

3.2 Schichtdicke

Die aus den Sedimentationskoeffizienten der belegten und unbelegten Teilchen des Latex A ermittelten Schichtdicken sind mit 53 Å für PEO$_{ox}$ und 34 Å für PEO ermittelt worden. Wenn man die Molekulargewichte oder Hydrokolloide in Betracht zieht, sind die gefundenen Werte vergleichsweise zu denen mit Polyvinylalkohol an Polystyrol-Latexteilchen erhaltenen (31) relativ niedrig. Sie können sogar noch weiter erniedrigt werden, wenn man die Kaliumchloridkonzentration von 20 auf 40 mmol/l erhöht. Andererseits steigt die Schichtdicke an, wenn die KCl-Konzentration auf 1 mmol/l erniedrigt wird. Stets wird jedoch unabhängig von der KCl-Konzentration eine höhere Schichtdicke des PEO$_{ox}$ gefunden.

3.3 Elektrophoretische Beweglichkeit

Die Degression des Zetapotentials des Latex A in Abhängigkeit von der Hydrokolloid-Konzentration wird in Abb. 5 gezeigt. Man erhält für beide Polymere bei 20 mmol/l KCl gleich stark abfallende Kurven, die im Bereich der Sättigungsadsorption zwischen 4 und 5 g/g × 10² FS sich abzuflachen beginnen. Werden die gleichen Bestimmungen bei nur 1 mmol/l KCl durchgeführt, so wird, wie die gestrichelten Kurven der Abb. 5 zeigen, das Zetapotential von der Hydrokolloid-Konzentration wesentlich weniger abhängig. Dies ist besonders ausgeprägt bei PEO$_{ox}$ der Fall.

Werden die Zetapotential-Messungen bei einer konstanten Hydrokolloidkonzentration von 1000 ppm in Abhängigkeit von der Seifenkonzentration vorgenommen (Abb. 6), so steigen die Kurven im Seifenbereich von 10^{-7} bis 10^{-5} mol/l relativ stark an, flachen im Bereich von 10^{-5} bis 10^{-3} ab, um dann schließlich wieder zu dem ur-

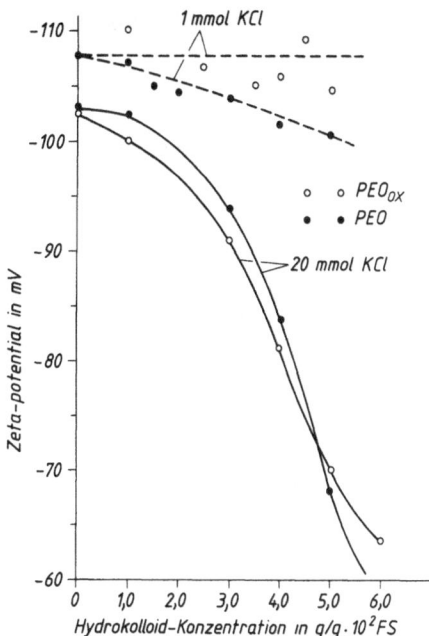

Abb. 5. Latex A. Zetapotential in Abhängigkeit von der Hydrokolloid-Konzentration bei einer KCl-Konzentration von 1 mmol/l und 20 mmol/l.

sprünglichen Anstieg zurückzufinden. Einen inversen Verlauf zeigen die entsprechenden Oberflächenspannungskurven. Die Zetapotential-Kurve des nicht Hydrokolloid enthaltenden Latex verläuft im Bereich von -100 bis -110 mV. Die entsprechende Oberflächenspannungskurve zeigt

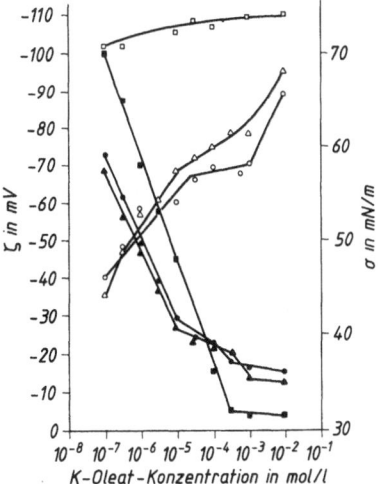

Abb. 6. Latex A. Zetapotential (ζ) und Oberflächenspannung (σ) in Abhängigkeit von der Seifenkonzentration. Hydrokolloid-Konzentration: 1000 ppm. ζ: ○ PEO$_{ox}$, △ PEO, □ ohne Hydrokolloid. σ: ● PEO$_{ox}$, ▲ PEO, ■ ohne Hydrokolloid. KCl-Konzentration: 20 mmol/l.

keinen Knickpunkt bei 10^{-5} mol/l bzw. bei ca. 41 mN/m.

4. Diskussion und Schlußfolgerungen

Die vorstehenden Untersuchungen sind, wie eingangs erwähnt, mit dem Ziel durchgeführt worden, einen tieferen Einblick in den möglichen elektrostatischen Mechanismus des PEO_{ox}-Agglomerationsprozesses zu erhalten. Die Ergebnisse werden darum unter diesem Gesichtspunkt diskutiert.

Es mag zunächst überraschend erscheinen, daß zwischen dem agglomerationsaktiven PEO_{ox} und dem agglomerationsinaktiven PEO in Adsorption (außer Schichtdicke) und Zetapotential nahezu übereinstimmende Ergebnisse erhalten werden, obwohl PEO_{ox} imstande ist, in einer Menge von $0,1$ g/g $\times 10^2$ g FS die Latexteilchen in wenigen Minuten zu agglomerieren, während PEO praktisch wirkungslos ist. Dies darf jedoch nicht zu der Schlußfolgerung führen, daß beispielsweise das Zetapotential für die Agglomeration belanglos ist. Wenn nämlich PEO_{ox}-Polymere mit unterschiedlichen Molgewichten zur Agglomeration eingesetzt werden, haben wir eine direkte Beziehung der Aktivität zum Molgewicht und zum Zetapotential gefunden.

Die Ergebnisse der Vergleichsversuche zwischen PEO_{ox} und PEO führen darum zwangsläufig dazu, den Agglomerationseffekt auf feinere strukturelle Adsorptionsunterschiede zurückzuführen, die sich wenig auf Adsorptionsisotherme und Zetapotential auswirken, wohl aber in der Adsorptionsschichtdicke bemerkbar machen. Zur Ermittlung der Schichtdicke aus den Sedimentationskoeffizienten mußte jedoch die Teilchen-Oberfläche mit den Hydrokolloiden gesättigt werden, um deutliche Unterschiede erkennen zu können. Um einen starken Agglomerationseffekt auszulösen, genügt es jedoch schon, nur $3-4\%$ der freien Oberfläche zu belegen. Es muß darum vor allem die Frage diskutiert werden, welche wesentlichen Unterschiede in der strukturellen Adsorption der beiden Hydrokolloide bei einer so niedrigen Flächenbelegung vorhanden sein können.

Betrachten wir zunächst die dreidimensionale Adsorptionsstruktur, für welche die Unterschiede in der Schichtdicke einen Hinweis geben, so ist es natürlich möglich und sogar wahrscheinlich, daß das stark verzweigte PEO-Molekül eine höhere Schichtdicke auch bei einer niedrigen Flächenbelegung beibehält. Dies ist jedoch für das lineare flexible PEO auszuschließen, da nach *Silberberg* (32, 33) im Untersättigungsbereich eine flache Adsorption stark bevorzugt ist. Das Ergebnis, daß beim PEO_{ox} auch die Schichtdicke mit zunehmendem Elektrolytgehalt sich erniedrigt, zeigt an, daß auch eine gewisse Flexibilität des PEO_{ox}-Moleküls, von einer drei- in eine zweidimensionale Adsorptionsstruktur überzugehen, vorhanden ist. Einen Hinweis auf eine mehr zweidimensionale Flächenstruktur erhält man auch, wenn man die bei unterschiedlichen Molgewichten erhaltenen Sättigungsadsorptionen (A_s) von PEO_{ox} und PEO nach dem *Perkel* und *Ullman*-Modell (34) auswertet, in dem A_s zum Zahlenmittel des Molekulargewichts $\bar{M}_n$ in Beziehung gebracht wird.

Wie die Skizzen der Abb. 7 zeigen, können auch in der zweidimensionalen Adsorptionsstruktur Unterschiede bestehen. So kann beispielsweise das verzweigte PEO_{ox}-Molekül mehr mosaikartig adsorbieren (I) im Gegensatz zu dem linearen und flexiblen PEO-Molekül, für das eine mehr rutenartige Adsorption angenommen werden kann (II). Wenngleich in der Dissertation von *Kasper* (23), welche das sogenannte Ladungsmosaikmodell zum Gegenstand hat, der Einfluß wesentlich verzweigter Polyelektrolyte auf die Kolloidstabilität nicht getestet worden ist, werden von *Treweek* und *Morgan* (24) bei den Untersuchungen zur Colibakterienaggregation *hochverzweigte* Polyethylenimine (PEI) verwendet. Die dabei erhaltenen Ergebnisse zeigen, daß für diese Aggregation nicht eine Brückenbildung, sondern das Ladungsmosaikmodell nach *Kasper* (23) zutreffend ist. Aus diesem Grunde erscheint zu-

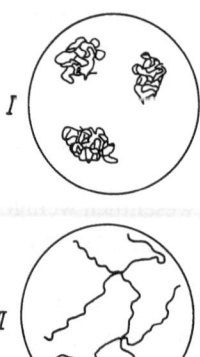

Abb. 7. Unterschiedliche Konfiguration adsorbierter Hydrokolloide. I = mosaikartig, II = rutenartig.

nächst ein Vergleich zwischen der PEI-Aggregation und PEO_{ox}-Agglomeration angezeigt. Mit den hochmolekularen verzweigten PEI-Spezies wird auch schon mit geringen Dosen, die denen der PEO_{ox}-Agglomeration entsprechen, eine schnelle Aggregation erzielt. Darüberhinaus bestehen weitere Parallelen in der 100%igen Adsorption der Hydrokolloide im Untersättigungsbereich, in der relativ niedrigen Schichtdicke, die bei dem hochmolekularen PEI mit weniger als 50 Å angegeben wird, und auch in der Degression des Zetapotentials, wobei allerdings bei PEO_{ox} keine Ladungsumkehr erfolgt.

Das gleichartige Verhalten von PEI und PEO_{ox} in den genannten Punkten wird verständlich, wenn man annimmt, daß in PEO_{ox} positive Ladungen induziert werden. Wir sind geneigt, uns hier der Auffassung von *Kling* und *Lange* (22) anzuschließen, daß dies unter dem Einfluß der negativen Ladungen auf den Kolloidteilchen in Gegenwart von Elektrolyten geschieht. Denn bei den Zetapotentialmessungen, die mit und nahezu ohne Elektrolyt durchgeführt wurden, sind entsprechende Unterschiede, die diese Auffassung nahelegen, erhalten worden (Abb. 5). Bei der PEO_{ox}-Agglomeration sollten demnach die adsorbierten K-Oleatmoleküle die Induktion positiver Ladungen im Hydrokolloidmolekül verursachen. Zwangsläufig erklärt sich dann auch, warum durch Seife die Agglomerationsgeschwindigkeit erhöht wird, insbesondere dann, wenn man Seifen mit hoher Oberflächenaktivität verwendet (12).

Die Induktion positiver Ladungen im adsorbierten Hydrokolloidmolekül durch die Seife, — sei es in Form von Hydroxoniumsalzen nach *Wurzschmitt* (21) oder sei es in Form sogenannter Pseudo-Polyelektrolyte entsprechend einer Ion-Dipol-Wechselwirkung nach *Erlander* (20) — ermöglicht es, die PEO_{ox}-Agglomeration auch auf Basis eines Ladungsmosaikmodells zu diskutieren. Dieses Modell ist bislang noch nicht für nichtionogene Hydrokolloide erörtert worden, in denen erst unter dem Einfluß von Elektrolyt und Seife positive Ladungen induziert werden. Dadurch bedingt, ergeben sich auch bestimmte Abweichungen zu kationischen Polyelektrolyten wie z. B. zum PEI.

Ob eine mosaik- oder rutenartige Adsorption erfolgt, ist bei starken Adsorptionskräften weitgehend davon abhängig, welche Konfiguration die Hydrokolloide in wäßriger Lösung haben. Die linearen PEO-Moleküle sollen nach *Maron* und *Fi-lisko* (35) in wäßriger Lösung in einer gestreckten Helixform vorliegen, wodurch eine mehr rutenartige Adsorption entsprechend II in Abb. 7 begünstigt ist. Durch eine solche relativ flache Adsorption könnte die Induzierung positiver Ladungen erschwert werden. Falls sich solche bilden, befinden sie sich möglicherweise zu nahe an der Oberfläche und können daher die Kolloidstabilität nicht beeinflussen. Entgegengesetzt liegen die Verhältnisse beim verzweigten PEO_{ox}-Molekül, für die aus gleichen Überlegungen eine mosaikartige Adsorptionsstruktur angenommen werden darf, wodurch die Kolloidstabilität wesentlich beeinflußt wird. Gegenüber kationischen Polyelektrolyten bedeutet die Induktion positiver Ladungen in einem nichtionogenen Hydrokolloid natürlich auch, daß dieser Zustand weitgehend vom Elektrolyt- und Seifengehalt im Serum abhängig ist und gegebenenfalls wieder eliminiert werden kann. Dies ist wichtig, wenn man nicht beabsichtigt, das kolloide System zu zerstören, sondern wenn man beispielsweise nur die Teilchen vergrößern will.

Stellt man die Frage, welche Rolle Seifen/Hydrokolloid-Komplexe bei der PEO_{ox}-Agglomeration spielen, so legen die Ergebnisse nahe, daß bei hohen Oberflächenspannungen ein Seifen/Hydrokolloid-Komplex bestimmter Zusammensetzung offenbar nicht gebildet wird und der entsprechend (8) an der Teilchenoberfläche adsorbiert werden sollte. Denn nach den Ergebnissen in der Tabelle 3 ist die Hydrokolloid-Adsorption auf der freien nach Adsorption der Seife noch verfügbaren Oberfläche unabhängig vom Seifenbedeckungsgrad. Dies ist überraschenderweise auch noch bei einer Oberflächenspannung von 40 mN/m der Fall, obwohl hier, wie aus Abb. 4 hervorgeht, die nahezu 100%ige Adsorption schon in eine nur 85%ige übergegangen ist. Für diesen Übergang ist die Erklärung naheliegend, daß sich ein Seifen/Hydrokolloid-Komplex *im Serum* gebildet hat. Die Tendenz zu dieser Komplexbildung ist demgemäß so stark, daß sogar ein Teil der adsorbierten Hydrokolloide ins Serum desorbiert wird. In dem gebildeten Komplex liegt nach einer überschlägigen Rechnung ein PEO_{ox}/Seifen-Molekülverhältnis von 1 : 7 vor, wenn man für PEO_{ox} das aus Lichtstreuung ermittelte Molgewicht von 60000 zugrundelegt. Nach dem von *Radu* et al. (6) mit Na-Oleat und Polyvinylpyrrolidon (PVP) mit einem Molgewicht von 50000 *in Lösung* durchgeführten Untersuchungen kommen auf ein Polymer 14 Seifenmoleküle.

Dies ist ein durchaus vergleichbares Ergebnis und läßt den Schluß zu, daß die Seifen/Hydrokolloidkomplexbildung im Serum der Syntheselatices offenbar auch in Gegenwart der Latexteilchen ungestört abläuft.

Die vorstehenden Ausführungen legen nahe, auch die Ergebnisse und Schlußfolgerungen der Seifen/Polymer-Wechselwirkungsuntersuchungen, die *in Lösung* (1 – 7) durchgeführt worden sind, in diese Diskussion einzubeziehen. Da nach diesen Arbeiten eine Seifen/Hydrokolloid-Komplexbildung in Abhängigkeit von der Seifenkonzentration erst beim Knickpunkt der Oberflächenspannung einsetzen soll (2, 4, 6), bedeutet das, wie Abb. 6 zeigt, daß der Beginn der Seifen/Hydrokolloidkomplexbildung praktisch mit dem Ende der Agglomerationsreaktion zusammenfällt. Demgemäß kann eine Komplexbildung nicht, wie früher angenommen (12), die Ursache der Agglomeration sein, wohl aber mit dem Abstoppen der Agglomeration in Zusammenhang stehen. Demnach müßten die an den adsorbierten Hydrokolloidmolekülen induzierten positiven Ladungen durch Komplexbildung eliminiert werden können, wenn das Ladungsmosaikmodell zutreffend sein soll. Diese Vorstellung wird durch die NMR-Untersuchungen, die von *Cabane* (5) an dem aus PEO und Natriumdodecylsulfat in *wäßriger Lösung* gebildeten Komplex durchgeführt worden sind, erhärtet. Danach kann dieser Komplex als eine Mischmizelle beschrieben werden, in der auch die polare $-OSO_3^-$-Gruppe mit dem Hydrokolloid verbunden ist. Nehmen wir an, daß im Latexserum aus PEO_{ox} und K-Oleat sich ähnliche Mischmizellen gebildet haben, so wird zumindest verständlich, daß durch die Carboxylatgruppen der Seife die positiven Ladungen im Hydrokolloidmolekül ausgeschaltet werden können. Dies gilt vor allem für die positiven Ladungen, die sich auf den in die Lösung hineinragenden Polymerschlaufen befinden und welche die Kolloidstabilität besonders beeinflussen sollen. Darüber hinaus zeigen die Untersuchungen von *Cabane* (5), daß die gebildeten Mischmizellen die Eigenschaft haben, Alkalimetallionen zu binden. Auf die PEO_{ox}/K-Oleat-Mischmizelle und die Agglomerationsreaktion übertragen bedeutet dies, daß durch diese „Gegenionenbindung" in gewissem Grade auch eine Entsensibilisierung der Latexteilchen gegenüber dem Neutralelektrolyt erfolgen sollte.

Die bereits früher erwähnte antagonistische Wirkungsweise der Seife (12), über ihre Konzentration die Agglomeration zu beschleunigen, aber auch abrupt abzustoppen, könnte somit der Fähigkeit der Seife, im Adsorptionszustand eine Induktion positiver Ladungen im Hydrokolloid zu bewirken und im Serum bei höherer Konzentration Mischmizellen mit dem Hydrokolloid zu bilden, zugeschrieben werden.

Es sei abschließend darauf hingewiesen, daß die Untersuchungen in dieser Arbeit vornehmlich bei einer konstanten Elektrolytkonzentration von 20 mmol/l durchgeführt worden sind. Diese Elektrolytkonzentration ermöglichte es, die Untersuchungen auch mit dem hochagglomerationsaktiven PEO_{ox} durchzuführen, da die zur Untersuchung benötigte Zeit kurz im Vergleich zur Agglomerationszeit ist. Um die in dieser Arbeit entwickelte Vorstellung über den elektrostatischen Mechanismus der PEO_{ox}-Agglomeration weiter zu erhärten, ist es erforderlich, Adsorption, Schichtdicke und Zetapotential auch in Abhängigkeit von der Elektrolytkonzentration zu quantifizieren. Dies soll der Gegenstand weiterer Untersuchungen sein.

Die Verfasser danken Dr. *R. Hammel* für die Ermittlung der Adsorptionsschichtdicken aus den Sedimentationskoeffizienten und *H.-O. Dopp* für die Herstellung der Polybutadien-Latices.

Molgewichtsbestimmungen wurden von *W. Holtrup*, Serumanalysen von *K. Espeter* und elektrophoretische Messungen von *F. Drees* durchgeführt, wofür ebenfalls gedankt wird.

Der Chemische Werke Hüls AG danken wir für die Erlaubnis, diese Arbeit zu veröffentlichen.

Zusammenfassung

Es ist versucht worden, durch Adsorptions- und Zetapotentialmessungen einen Einblick in den Mechanismus der Teilchenagglomeration in Synthesekautschuklatices mit oxidierten Polyethylenoxiden (PEO_{ox}) zu erhalten. Die Versuche ergaben, daß der dominierende Vorgang der Teilchenagglomeration nicht eine Brückenbildung über Segmente des PEO_{ox}-Moleküls, sondern eine elektrostatische Anziehung ist, die durch spezifische PEO_{ox}/K-Oleat-Wechselwirkungen gesteuert wird.

Adsorbierte K-Oleatmoleküle induzieren in Gegenwart von Elektrolyten positive Ladungen im PEO_{ox}-Molekül, während K-Oleat bei höherer Konzentration im Serum mit PEO_{ox} Mischmizellen bildet. Durch diese Wechselwirkungen kann die antagonistische Verhaltensweise der Seife, d. h. die Teilchenagglomeration zu induzieren, aber auch abrupt abzustoppen, erklärt werden.

Die Fähigkeit des verzweigten PEO_{ox}-Moleküls, im Gegensatz zum linearen PEO, eine Teilchenagglomeration zu ermöglichen, wird einer mosaikartigen Adsorption und damit einer entsprechenden Verteilung der induzierten positiven Ladungen auf der Teilchenoberfläche zugeschrieben (Ladungsmosaikmodell).

Die Adsorptionsversuche legen nahe, daß kein Seifen/Hydrokolloid Assoziat irgendwelcher Art in einer stöchiometrischen Zusammensetzung an der Oberfläche adsorbiert. Dagegen scheinen die im Serum gebildeten Mischmizellen eine bestimmte Stöchiometrie zu besitzen.

Summary

Adsorption and zeta-potential measurements were carried out in order to gain an insight into the mechanism of the particle agglomeration in synthetic rubber latices using oxidized polyethylene oxides (PEO$_{ox}$). The results show that bridging by polymer segments is not the primary mechanism, but electrostatic attraction which is controlled by specific interactions between PEO$_{ox}$ and K-oleate.

Adsorbed K-oleate molecules induce positive charges into the hydrocolloid molecule in the presence of neutral electrolytes whereas, in the serum, oleate at higher concentration forms mixed micelles with PEO$_{ox}$. By these interactions the antagonistic behavior of the soap, i.e. its ability to induce and even stop abruptly the particle agglomeration, can be explained.

The ability of the branched PEO$_{ox}$ molecule, unlike the linear PEO one, to enable particle agglomeration is attributed to patchlike adsorption and thus to a corresponding distribution of induced positive charges on the surface (charge-mosaic model).

The adsorption experiments suggest that there is no soap/hydrocolloid associate of any kind adsorbing on the surface in a stoichiometric composition. The mixed micelles in the serum, however, seem to have a certain stoichiometry.

Literatur

1) *Saito, S.*, Kolloid-Z. **158,** 120 (1958).
2) *Lange, H.*, Kolloid-Z. u. Z. Polymere **243,** 101 (1971).
3) *Jones, M. N.*, J. Colloid Interface Sci. **23,** 36 (1967).
4) *Schwuger, M., J.*, J. Colloid Interface Sci. **43,** 491 (1973).
5) *Cabane, B.*, J. Phys. Chem. **81,** 1639 (1977).
6) *Radu, M., G. Popescu* und *D. Anghel*, Kolloid-Z. u. Z. Polymere **251,** 1039 (1973).
7) *Gravsholt, S.*, Proc. Scand. Symp. Surface Activity, 2nd, Stockholm, p. 132 (1964).
8) *Tadros, T. F.*, Theory Pract. Emulsion Technol., Proc. Symp. 1974 (Pub. 1976), 281–291. Edited by Smith, Alec L. Academic (London).
9) *Frantz, G. C., J. W. Sanders* und *F. L. Saunders*, Ind. Eng. Chem. **49,** 1449 (1957).
10) *Saunders, F. L.* und *J. W. Sanders*, J. Colloid Sci. **11,** 260 (1956).
11) *Saunders, F. L.*, J. Colloid Interface Sci. **28,** 475 (1968).
12) *Schlüter, H.*, Adv. Chem. Ser. **142,** 99 (1975).
13) *Schlüter, H.*, Ind. Eng. Chem. Product R&D, **16,** 163 (1977).
14) *Schlüter, H.*, Kautsch. Gummi Kunstst. **10,** 608 (1966).
15) *Talalay, L.*, Proc. Rubber Technol. Conf. 4th London, p. 442 (1962).
16) *Bailey, F. E.* und *R. W. Callard*, J. Appl. Polym. Sci. **1,** 56 (1959).
17) *Lundberg, R. D., F. E. Bailey* und *R. W. Callard*, J. Polym. Sci. **4,** 1563 (1966).
18) *Boucher, E. A.* und *P. M. Hines*, J. Polym. Sci. **14,** 2241 (1976).
19) *Schott, H.*, J. Colloid Interface Sci. **43,** 150 (1973).
20) *Erlander, S.*, J. Colloid Interface Sci. **34,** 53 (1970).
21) *Wurzschmitt, B.*, Z. analyt. Chem. **130,** 105 (1950).
22) *Kling, W.* und *H. Lange*, Kolloid-Z. **127,** 19 (1952).
23) *Kasper, D. R.*, Dissertation, Cal. Inst. Technol. (Pasadena 1971).
24) *Treweek, G. P.* und *J. J. Morgan*, J. Colloid Interface Sci. **60,** 258 (1977).
25) *Schlüter, H.*, DBP 1.213.984 (Chem. Werke Hüls AG).
26) *Ring, W., H. J. Cantow* und *W. Holtrup*, Eur. Polym. J. **2,** 151 (1966).
27) *Grosborne, Ph., S. de Roch* und *L. Sajus*, Bull. de la Soc. Chim. de France **5,** 2020 (1968).
28) *Wickbold, R.*, Broschüre der Chem. Werke Hüls AG, Die Analytik der Tenside, S. 96 (1976).
29) *Wickbold, R.*, Tenside Detergents **10,** 179 (1973).
30) *Scholtan, W.* und *H. Lange*, Kolloid Z. u. Z. Polymere **250,** 782 (1972).
31) *Garvey, M. J., Th. F., Tadros* und *B. Vincent*, J. Colloid Interface Sci. **49,** 57 (1974).
32) *Silberberg, A.*, J. Chem. Phys. **46,** 1105 (1967).
33) *Silberberg, A.*, J. Chem. Phys. **48,** 2835 (1968).
34) *Perkel, R.* und *R. Ullman*, J. Polym. Sci. **54,** 127 (1961).
35) *Maron, S. H.* und *F. E. Filisko*, J. Macromol. Sci., **6,** 79 (1972).

Anschrift der Verfasser:

Dr. *H. Schlüter* und Dr. *G. Schreier*
Chemische Werke Hüls AG
Postfach 13 20
D-4370 Marl/Westfalen

Progr. Colloid & Polymer Sci. **67,** 117 – 130 (1980)
© 1980 by Dr. Dietrich Steinkopff Verlag GmbH & Co. KG, Darmstadt
ISSN 0340-255 X

Vorgetragen auf der Hauptversammlung der Kolloid-Gesellschaft e.V. in Regensburg,
2. bis 5. Oktober 1979

Drittes Physikalisches Insitut der Universität Göttingen

Dielektrische Relaxationsspektroskopie an wäßrigen Lösungen von Mizellen und Membranen

U. Kaatze

Mit 19 Abbildungen

1. Einleitung

Die molekularbiologische Deutung von Untersuchungsergebnissen an Biosystemen bereitet wegen der komplizierten Beschaffenheit jeglicher Arten von Proben lebender Materie außerordentliche Schwierigkeiten. Es ist daher unumgänglich, molekulare Vorgänge, die in biologischen Zellen bedeutsam sind, an einfachen Modellsystemen zu erforschen.

Viele Eigenschaften von Biozellmembranen werden an wäßrigen Lösungen wohldefinierter synthetischer amphiphiler Moleküle modellhaft untersucht. In dieser Übersicht werden Ergebnisse zusammengefaßt, die mit Hilfe der dielektrischen Relaxationsspektroskopie an Lösungen zwitterionischer Mizellen und Doppelschichten gewonnen wurden. Diese Experimentiertechnik erlaubt es, unter Ausnutzung natürlicherweise vorhandener elektrischer Dipolmomente, die molekulare Anordnung und Bewegung an der Oberfläche der Molekülaggregate zu studieren. Daher braucht das dort herrschende komplizierte Gleichgewicht verschiedener Kräfte nicht durch Zugabe von als Markierung dienenden Fremdstoffen gestört zu werden.

2. Dielektrische Relaxationsspektroskopie

2.1. Dielektrische Abklingfunktion

Bringt man eine Flüssigkeit in ein zeitlich konstantes elektrisches Feld einer geringen Feldstärke E_s, so stellt sich in der Probe die statische Polarisation P_s ein. Deren Wert hängt außer von der Stärke des elektrischen Feldes auch von der Teilchendichte der polaren Komponenten in der Flüssigkeit und der Größe von deren elektrischen Dipolmomenten ab. Er spiegelt somit die molekulare Struktur der Flüssigkeit wider. Betrachtet man die Flüssigkeit als dielektrisches Kontinuum, so werden ihre dielektrischen Eigenschaften bei stationärem elektrischem Feld durch die statische Dielektrizitätszahl (DZ)

$$\varepsilon (0) = 1 + 4 \pi P_s / E_s \qquad [1]$$

repräsentiert.

Wird das elektrische Feld zum Zeitpunkt $t = 0$ abgeschaltet, so nähert sich die Polarisation gemäß

$$P (t) = P_s \cdot \Phi (t) \qquad [2]$$

dem neuen Gleichgewichtswert null. Die das zeitliche Verhalten der Probe beschreibende Größe $\Phi (t)$ heißt dielektrische Abklingfunktion. Sie ist identisch mit der normierten Autokorrelationsfunktion des elektrischen Polarisations-Rauschens der Meßflüssigkeit.

In Abb. 1 ist die dielektrische Abklingfunktion für Wasser bei 5 °C und bei 20 °C dargestellt. In beiden Fällen fällt $\Phi (t)$ sehr rasch vom Wert $\Phi (0) = 1$ auf den Wert $\Phi_R (0) \approx 0{,}94$. Dieser Abfall beruht auf Polarisationsanteilen, die durch Verschiebung von Atomkernen gegeneinander und durch Deformation von Elektronenhüllen bedingt sind. Beide Mechanismen, die unter dem Begriff „Verschiebungspolarisation" zusammengefaßt werden, sind dadurch gekennzeichnet, daß sie sich in Zeiten kleiner als $0{,}1 \, p \, s = 10^{-13}$ s einstellen können. Der überwiegende Teil der Abklingfunktion, $\Phi_R (t)$, ist durch Polarisations-

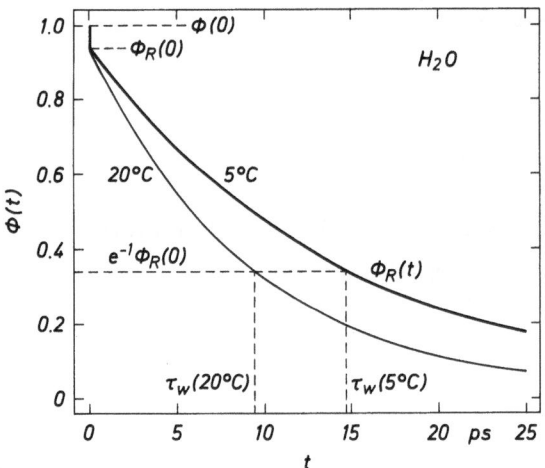

Abb. 1. Die dielektrische Abklingfunktion $\Phi(t)$ für Wasser bei 5 °C und 20 °C.

mechanismen bedingt, die von molekularen elektrischen Dipolmomenten herrühren. In dem hier skizzierten Fall des Wassers spiegelt $\Phi_R(t)$ die aufgrund von Wasserstoffbrückenbindungen behinderte Umorientierung der dipolaren Wassermoleküle wider (1).

Der langsamer abfallende, „relaxierende" Anteil der dielektrischen Abklingfunktion, $\Phi_R(t)$, ist der Gegenstand der dielektrischen Relaxationsspektroskopie. Er wird üblicherweise gemäß

$$\Phi_R(t) = \Phi_R(0) \int_0^\infty g(\tau) \exp(-t/\tau)\, d\tau \qquad [3]$$

als lineare Superposition von Exponentialtermen dargestellt. Dabei genügt die Verteilungsfunktion $g(\tau)$ für die charakteristischen Zeiten τ der Exponentialterme, die Relaxationszeiten genannt werden, der Normierungsbedingung

$$\int_0^\infty g(\tau)\, d\tau = 1. \qquad [4]$$

Bei reinem Wasser findet man im Temperaturbereich $0\ ^\circ\mathrm{C} \leq T \leq 75\ ^\circ\mathrm{C}$ eine sehr schmale Relaxationszeit-Verteilung (2). Die dielektrische Relaxation des Wassers ist folglich nahezu durch eine exponentielle Zeitabhängigkeit

$$\Phi_R(t) = \Phi_R(0) \exp(-t/\tau_w(T)) \qquad [5]$$

charakterisiert.

2.2. Dielektrisches Spektrum

Bei einer alternativen Darstellung der dielektrischen Eigenschaften einer Probe geht man davon aus, daß sie einer Störung mit harmonischer

Zeitabhängigkeit $E(t) = \hat{E} \exp(i\,2\,\pi\,v\,t)$ ausgesetzt ist. Die Polarisation $P(v)$ der Flüssigkeit hängt dann nicht nur von der Amplitude $\hat{E}$ des elektrischen Feldes ab, sondern auch von dessen Frequenz v. Denn die zwischenmolekularen Kräfte, wie die oben im Falle des Wassers erwähnten Wasserstoffbrückenbindungen, hindern die Polarisation, sich im schnell wechselnden Feld vollständig einzustellen. Es folgt Dispersion. Die zwischenmolekularen Kräfte führen außerdem zu einer Phasenverschiebung zwischen $P(v)$ und $E(v)$. Dem angelegten Feld wird elektrische Energie entzogen und in der Flüssigkeit in Wärme umgewandelt. Es kommt daher im Dispersionsgebiet auch zu Absorption. Beidem, der Dispersion und Absorption, trägt man formell durch Einführen einer von der Frequenz v abhängigen komplexen Dielektrizitätszahl

$$\varepsilon(v) = \varepsilon'(v) - i\,\varepsilon''(v) = 1 + 4\,\pi\,P(v)/E(v) \qquad [6]$$

Rechnung.

In Abb. 2 sind der Realteil $\varepsilon'(v)$ und der Imaginärteil $\varepsilon''(v)$ der komplexen DZ von Wasser bei 5 °C und 20 °C als Funktion der Frequenz v dargestellt. Die Dispersionskurve $\varepsilon'(v)$ zeigt einen für Relaxationsmechanismen charakteristischen monotonen Abfall vom statischen Wert $\varepsilon(0)$ auf den bei hohen Frequenzen gültigen Wert $\varepsilon(\infty)$. Letzterer beschreibt die „schnellen" Verschiebungspolarisationsanteile. Die Absorp-

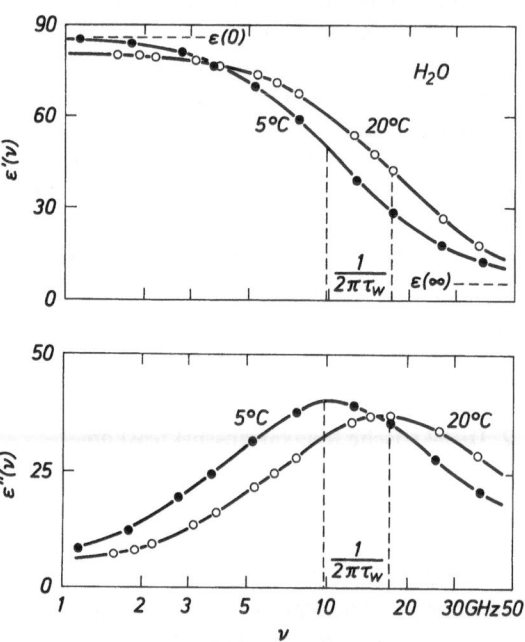

Abb. 2. Das dielektrische Spektrum $\varepsilon(v) = \varepsilon'(v) - i\,\varepsilon''(v)$ für Wasser bei 5 °C (3) und 20 °C (4).

tionskurve hat bei der Relaxationsfrequenz $(2 \pi \tau_w)^{-1}$ ein relatives Maximum.

Die Antwort eines zeitinvarianten linearen Systems auf eine harmonische Anregung und die Antwort des gleichen Systems auf eine stufenförmige Anregung sind gemäß der linearen Systemtheorie durch die Laplace-Transformation miteinander verknüpft. Zwischen dem dielektrischen Spektrum $\varepsilon(v)$ und der dielektrischen Abklingfunktion $\Phi(t)$ besteht daher der Zusammenhang

$$\varepsilon(v) = 1 + (\varepsilon(0) - 1) \int_0^\infty \left(-\frac{d\Phi(t)}{dt} \right) \exp(i 2\pi v t) \, dt. \qquad [7]$$

Der in Gleichung [3] für die Abklingfunktion $\Phi_R(t)$ dargestellten linearen Superposition von Exponentialtermen entspricht in der spektralen Darstellung eine Überlagerung von Termen des Typs $(1 + i 2 \pi v \tau)^{-1}$ gemäß

$$\varepsilon(v) = \varepsilon(\infty) + (\varepsilon(0) - \varepsilon(\infty)) \int_0^\infty \frac{g(\tau) \, d\tau}{1 + i 2 \pi v \tau}. \qquad [8]$$

Im Falle des Wassers mit nahezu exponentiellem zeitlichen Abfall der $\Phi_R(t)$-Funktion läßt sich das dielektrische Spektrum in guter Näherung durch die Beziehung

$$\varepsilon(v) = \varepsilon(\infty) + \frac{\varepsilon(0) - \varepsilon(\infty)}{1 + i 2 \pi v \tau_w} \qquad [9]$$

darstellen.

3. Experimentelle Methoden

3.1. Zeitbereichsreflektometrie

Den oben skizzierten Möglichkeiten, die dielektrische Relaxation entweder als zeitlichen Abklingvorgang oder als Spektralfunktion darzustellen, sind entsprechende Meßverfahren zugeordnet. Bei Anregung der Probe mit einem sich zeitlich stufenförmig ändernden Feld spricht man von Zeitbereichsspektroskopie, im Falle zeitlich harmonischer Feldänderung von Frequenzbereichsspektroskopie.

Bei der Zeitbereichsspektroskopie ist die direkte Registrierung der dielektrischen Abklingfunktion $\Phi(t)$ einer Probe allerdings auf die Echtzeit-Verfahren beschränkt, deren Auflösungsvermögen zur Zeit bei etwa $0,1 \, \mu s$ (5) liegt. Dem entspricht eine obere Frequenzgrenze von ungefähr 1 MHz, bis zu der das dielektrische Spektrum der Meßflüssigkeit bestimmt werden kann. Hochauflösende Verfahren, wie sie hier interessieren, erlauben Messungen im Zeitbereich von etwa $0,1 \, \mu s$ bis 10 ps. Dem entspricht der Frequenzbereich zwischen etwa 1 MHz und 10 GHz. Da bei der hochauflösenden Zeitbereichsspektroskopie eine starke Be-

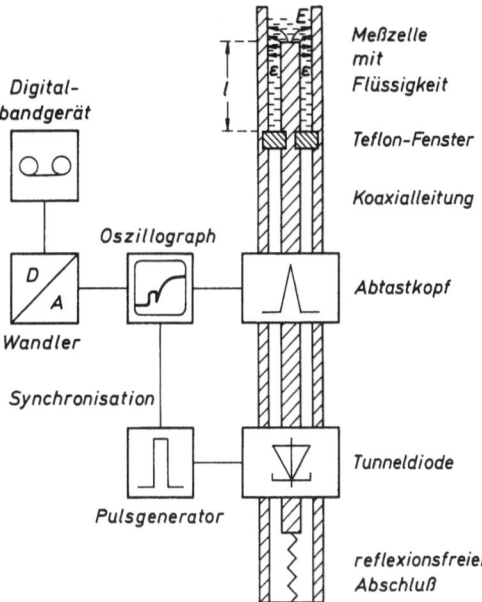

Abb. 3. Der prinzipielle Aufbau des Zeitbereichsreflektometers.

einflussung der Signale durch Ausbreitungserscheinungen in der Meßzelle im allgemeinen unumgänglich ist, ist ein hoher Aufwand an Datenverarbeitung erforderlich, um die dielektrischen Eigenschaften der Flüssigkeit aus der ursprünglichen Meßinformation zu ermitteln. Die dabei nötigen Rechnungen lassen sich leichter nach entsprechender Fourier-Transformation im Frequenzbereich als im Zeitbereich durchführen. Aus diesem Grund wird im folgenden, unabhängig davon, ob den Daten Zeit- oder Frequenzbereichsmessungen zugrunde liegen, immer das dielektrische Spektrum der Meßflüssigkeit diskutiert.

Der Aufbau der hier für hochauflösende Zeitbereichsmessungen benutzten Apparatur ist in Abb. 3 skizziert. Gesteuert von einem Oszillographen erzeugt ein Pulsgenerator an einer Tunneldiode Spannungsstufen mit einer Anstiegszeit von 35 ps, einer Pulsdauer von 36 μs und einer Folgefrequenz von 17,6 kHz. Die Signale gelangen über eine Koaxialleitung zur Meßzelle, werden dort reflektiert und mittels einer Abtasteinrichtung, die ebenfalls vom Oszillographen gesteuert wird, dessen Sichtteil zugeführt. Zur Speicherung dient nach Analog/Digital-Wandlung der Daten ein Digitalband.

Als Meßzelle wurde eine Koaxialleitung der geometrischen Länge l benutzt, die in einen Rundhohlleiter übergeht, der von den Fourier-Komponenten des Pulses unterhalb seiner Grenzfrequenz angeregt wird. Die Länge l dieser Zelle kann zur Erreichung optimaler Empfindlichkeit den dielektrischen Eigenschaften der Flüssigkeit angepaßt werden. Die Genauigkeit des Zeitbereichsverfahrens läßt sich pauschal durch eine Unsicherheit von $\pm 5\%$ in den einzelnen Werten von $\varepsilon'(v)$ und $\varepsilon''(v)$ charakterisieren.

Einzelheiten des apparativen Aufbaus, des Ablaufs der Messungen und der Datenverarbeitung werden in (6) beschrieben.

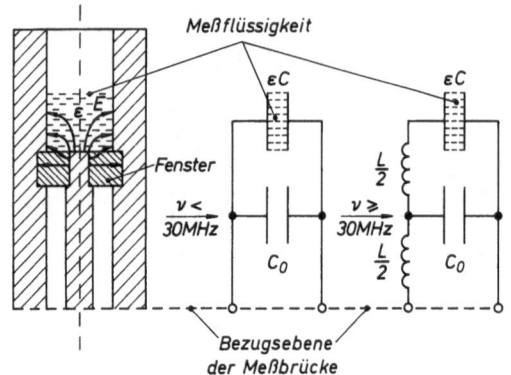

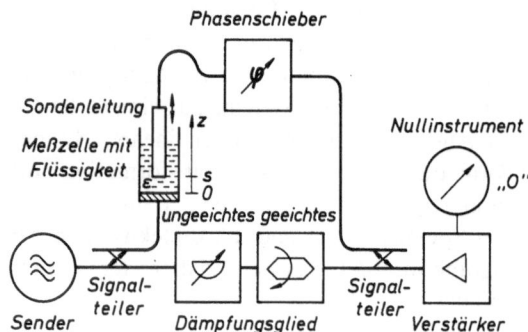

Abb. 4. Die bei Frequenzbereichsmessungen unter 1 GHz benutzte Meßzelle und die in den Meßfrequenzbereichen 1 MHz bis 30 MHz und 30 MHz bis 800 MHz verwendeten Ersatzschaltbilder.

Abb. 5. Schematische Darstellung der bei Frequenzen oberhalb von 1 GHz zur Abtastung in der Flüssigkeit fortschreitender Wellen benutzten Zweistrahlinterferometer.

3. 2. Messungen mit Admittanz- und Impedanzmeßbrücken

Eine Meßzelle, die der oben beschriebenen bei verschwindender Länge der Koaxialleitung ($l = 0$) entspricht, wurde für Frequenzbereichsmessungen im Bereich 1 MHz bis 800 MHz benutzt. Dazu standen eine kommerzielle Admittanzmeßbrücke (1 MHz bis 100 MHz) und Impedanzmeßbrücke (50 MHz bis 800 MHz) zur Verfügung, mit denen die komplexe Eingangsadmittanz bzw. -impedanz der Zelle gemessen wurden.

Auch bei dieser Verwendung wird der Rundhohlleiter der Zelle unterhalb seiner Grenzfrequenz angeregt. Zur Messung werden daher nur die Streufelder am Koaxialleitungs/Hohlleiter-Übergang ausgenutzt. Eine grundlegende Beschreibung der Eigenschaften dieses Übergangs, die auf einer Darstellung des Feldes als Überlagerung verschiedener elektromagnetischer Wellenformen beruht [7], zeigt, daß die in Abb. 4 skizzierten Ersatzschaltbilder in den dort angegebenen Frequenzbereichen die Zelle hinreichend gut repräsentieren. Die beiden Ersatzschaltbilder unterscheiden sich dadurch, daß bei Frequenzen oberhalb von etwa 30 MHz Streu- und Zuleitungsinduktivitäten der Zelle nicht mehr zu vernachlässigen sind. Die Kapazitäten C und C_0 und die Induktivität L wurden durch Eichmessungen bestimmt, bei denen die Meßzelle leer oder mit Flüssigkeiten bekannten dielektrischen Spektrums gefüllt war.

Die Unsicherheit der Meßwerte beträgt etwa $\pm 1\%$ für $\varepsilon'(v)$ und $\varepsilon''(v)$. Eine ausführliche Darstellung dieses Meßverfahrens und eine sorgfältige Diskussion von Fehlerquellen wird in (8) gegeben.

3. 3. Interferometrische Abtastung fortschreitender Wellen

Bei Frequenzbereichsmessungen oberhalb von 1 GHz wurden Ausbreitungserscheinungen elektromagnetischer Wellen für die Bestimmung der komplexen DZ ausgenutzt. Dazu war die Flüssigkeit in einem

Stück Koaxialleitung oder Hohlleiter enthalten, wobei sie den Querschnitt der Zelle ganz ausfüllte. In der mit der Meßprobe gefüllten Leitung wurde eine fortschreitende Welle der Frequenz v angeregt, deren elektromagnetisches Feld mit einer in die Flüssigkeit tauchenden Sondenleitung abgetastet wurde. Zur Erhöhung der Empfindlichkeit wurde diese Abtastung mit Hilfe der in Abb. 5 skizzierten Zweistrahlinterferometer-Anordnung durchgeführt. Das Interferometer wird bei geeigneter Sondenstellung s mittels des ungeichten Dämpfungsgliedes und des Phasenschiebers so abgeglichen, daß sich die Signale der beiden Zweige am Ausgang der Anordnung destruktiv überlagern. Wird die Sondenleitung in z-Richtung um eine Wellenlänge λ verschoben und gleichzeitig am geeichten Dämpfungsglied die Dämpfung um den Betrag $\alpha \cdot \lambda$ nachgeregelt, so ergibt sich erneut destruktive Interferenz. Aus der Wellenlänge in der Probe λ und der Dämpfungskonstanten α läßt sich zusammen mit der eingestellten Meßfrequenz v die komplexe DZ $\varepsilon(v)$ der Flüssigkeit berechnen. Der Zusammenhang zwischen den Meßdaten und der DZ der Probe, eine detailliertere Darstellung des apparativen Aufbaus und eine Diskussion möglicher Fehlerquellen wird in (9) gegeben.

Für die Messungen standen acht Zweistrahlinterferometer zur Verfügung. Eines davon war aus Koaxialleitungskomponenten aufgebaut, die anderen aus Hohlleiterbauteilen. Die höchste Meßfrequenz war 60 GHz. Die Meßgenauigkeit läßt sich pauschal durch eine Unsicherheit von $\pm 1\%$ in den Werten von $\varepsilon''(v)$ charakterisieren.

4. Theoretische Modelle der Lösungen

4.1. Lösungen zwitterionischer Mizellen

In Abb. 6 ist das dielektrische Spektrum für eine 0,3 molare wäßrige Lösung eines Mizellen bildenden zwitterionischen Sulfopropylbetains dargestellt. Zum Vergleich sind die Kurven für eine Lösung der zwitterionischen 4-Amino-buttersäure und für reines Wasser eingezeichnet. Zur Vereinfachung der Darstellung wurden Beiträge zu $\varepsilon''(v)$, die auf einer geringfügigen, durch Drift ionischer Verunreinigungen bedingten Leitfähigkeit σ beruhen, von den Meßwerten abgezogen.

Im Falle der beiden Lösungen dipolarer Moleküle erkennt man deutlich zwei Dispersions- $(\mathrm{d}\varepsilon'(v)/\mathrm{d}v < 0)$ und Absorptions- $(\varepsilon''(v) - 2\,\sigma/v > 0)$ Gebiete. Das bei höheren Frequenzen liegende mit der Relaxationszeit τ_1 und der Relaxationsstärke $\varepsilon_1 - \varepsilon(\infty)$ ist der Relaxation des Lösungswassers zuzuordnen, das bei tieferen Frequenzen liegende mit der Relaxationszeit τ_2 und der Relaxationsstärke $\varepsilon(0) - \varepsilon_1$ der Relaxation der gelösten Zwitterionen.

Einige qualitative Merkmale des Spektrums für die Sulfopropylbetain-Lösung treffen zugleich auf alle anderen hier untersuchten Lösungen zwitterionischer Tenside zu: Die Relaxation des Lösungswassers ist gegenüber der des reinen Wassers bei gleicher Temperatur immer zu tieferen Frequenzen verschoben $(\tau_1 > \tau_w)$. Verglichen mit etwa gleich langen „freien" Zwitterionen relaxieren die dipolaren Kopfgruppen an der Oberfläche der Mizellen deutlich langsamer $(\tau_2 = 900\ \mathrm{ps}$

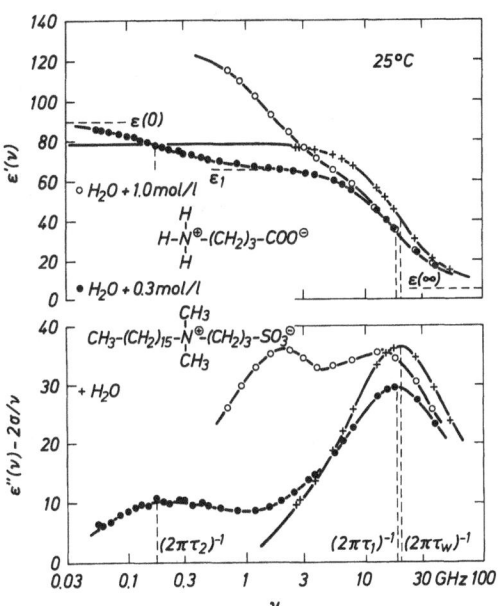

Abb. 6. Der Realteil $\varepsilon'(v)$ und der um einen Leitfähigkeitsanteil verminderte negative Imaginärteil $\varepsilon''(v) - 2\,\sigma/v$ der DZ über der Frequenz v für eine 0,3 molare mizellare wäßrige Lösung von n-Hexadecyl-n,n-dimethyl-3-ammonio-1-propansulfonat (Sulfopropylbetain) (10), für eine 1 molare wäßrige Lösung von zwitterionischer 4-Amino-buttersäure (11) und für Wasser (12) bei 25 °C.

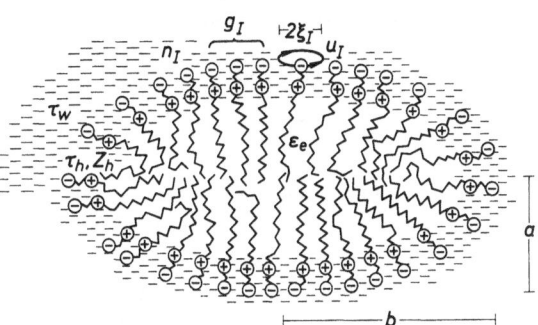

Abb. 7. Schematische Darstellung der Lösungen ellipsoidförmiger zwitterionischer Mizellen.

(10) beim Sulfopropylbetain, $\tau_2 = 116\ \mathrm{ps}$ (11) bei der 4-Amino-buttersäure, jeweils bei 25 °C).

In den Werten von ε_1 ist, weniger augenfällig und nur durch quantitativen Vergleich mit entsprechenden Mischungsformeln zu ermitteln, eine Information über die Form der Mizellen enthalten. Denn ε_1 beschreibt die Lösung bei einer Frequenz, bei der die Wasserdipole zur dielektrischen Polarisation beitragen, die zwitterionischen Kopfgruppen des Tensids aber nicht. Das Lösungsmittel läßt sich daher bei dieser Frequenz dielektrisch durch die statische DZ $\varepsilon_w(0)$ des reinen Wassers charakterisieren, das Gelöste durch die DZ $\varepsilon_e \approx 2$, die die schnellen Verschiebungspolarisationsmechanismen des Materials widerspiegelt. Die DZ ε_1 der Lösung hängt zum einen von $\varepsilon_w(0)$, ε_e und dem Volumenbruch v des Gelösten ab. Zum anderen ist aber auch dessen Form bedeutsam, da unterschiedlich geformte gelöste Teilchen unterschiedliche innere entelektrisierende Felder bedingen. Mathematische Modelle wurden für Lösungen entwickelt, in denen die Mizellen die Form von abgeflachten Ellipsoiden, Scheiben, langgestreckten Ellipsoiden oder Stäbchen haben (10). Der Sonderfall exakt kugelförmiger Mizellen ist in (13) ausführlich dargestellt.

Die im folgenden diskutierten Daten wurden unter der Annahme erhalten, daß die Mizellen – wie in Abb. 7 skizziert – die Form abgeflachter Rotationsellipsoide mit der großen Halbachse b und der kleinen Halbachse a haben. Der Grenzfall kugelförmiger Mizellen $(b/a = 1)$ war dabei nicht ausgeschlossen. Die Werte von ε_1 spiegeln sich im Rahmen dieser Modellvorstellung im Achsenverhältnis b/a wider.

Dem hydrophoben Kern der Mizellen wird die Dielektrizitätszahl $\varepsilon_e \approx 2$ zugeordnet, der mit den Zwitterionen belegten Mizelloberfläche eine

Polarisierbarkeitsflächendichte

$$\alpha_I(v) = \alpha_I(\infty) + \frac{n_I\, g_I\, e_0^2\, \xi_I^2}{2\,k\,T}\;\frac{1}{1+(i\,2\,\pi\,v\,\tau_I)^{(1-\delta)}}\;. \qquad [10]$$

Der hier nicht weiter interessierende bei hohen Frequenzen gültige Anteil $\alpha_I(\infty)$ berücksichtigt schnelle, auf Librationsbewegungen der Zwitterionen beruhende Polarisationsanteile. Der Relaxationsterm auf der rechten Seite von Gleichung [10] beschreibt die Umorientierungsbewegung der Kopfgruppen. Es wird, wie in Abb. 7 dargestellt, angenommen, daß sich das äußere Ion der Kopfgruppe auf einem Kreisbogen des Radius ξ_I um das innere Ion bewegt. Die Beweglichkeit u_I des äußeren Ions ist mit der Relaxationszeit τ_I gemäß

$$\tau_I = \xi_I^2/(u_I\,k\,T) \qquad [11]$$

verknüpft, wobei k die Boltzmann-Konstante und T die absolute Temperatur ist. In Gleichung [10] wird eine Relaxationszeitverteilung zugelassen, für deren Breite der Parameter δ ein Maß ist (14). n_I ist die Flächenanzahldichte der Zwitterionen. Für sie wird eine azimutale Winkelverteilung angenommen (10). Der Faktor g_I in Gleichung [10] berücksichtigt eine mögliche Richtungskorrelation der dipolaren Kopfgruppen. e_0 bezeichnet die elektrische Elementarladung.

Die in Abb. 6 sichtbare Veränderung der Relaxation des Lösungswassers gegenüber der des reinen Lösungsmittels wird durch die Annahme von „Hydrat"-Wasser der Relaxationszeit $\tau_h \neq \tau_w$ erklärt, dessen Eigenschaften durch die Mizelloberfläche beeinflußt sind. Die Zahl der Hydratwassermoleküle pro Tensidmolekül wird mit Z_h bezeichnet. Das verbleibende Wasser hat in diesem Modell die Eigenschaften des reinen Wassers.

Durch Anpassen der dieses Modell beschreibenden Relaxationsspektralfunktion an die gemessene Frequenzabhängigkeit der komplexen DZ lassen sich die Werte für die Größen $\alpha_I(\infty)$, a/b, $g_I \cdot \xi_I^2$, τ_I, Z_h und τ_h ermitteln. Setzt man für den Radius ξ_I der Kreisbahn der Ionenbewegung als maximal möglichen Wert die Bindungslänge $(\xi_I)_{max}$ zwischen anionischem und kationischem Teil der Kopfgruppe ein, so lassen sich aus $g_I \cdot \xi_I^2$ minimale Werte $(g_I)_{min}$ des Richtungskorrelationsfaktors ableiten und aus τ_I gemäß Gleichung [11] maximale Werte $(u_I)_{max}$ der Ionenbeweglichkeit.

4.2. Lösungen von Phospholipid-Doppelschichten

In Abb. 8 wird das dielektrische Spektrum einer wäßrigen Lösung von C_{14}-Lezithin, das in Wasser Doppelschichten bildet, verglichen mit dem einer Lösung eines Mizellen bildenden einkettigen Phospholipids. Die zwitterionische Kopfgruppe ist bei beiden Lipiden gleich. Die Kurven für reines Wasser sind in Abb. 8 ebenfalls dargestellt.

Auffällig ist die starke Verschiebung der Zwitterionenrelaxation zu tieferen Frequenzen, wenn man von Mizellen zu Doppelschichten übergeht. [$\tau_2 = 42$ ns bei der 0,137 molaren Lösung von C_{14}-Lezithin (15), $\tau_2 = 0,96$ ns im Falle der Lösung von n-Hexadecylphosphorylcholin (13). Beide Werte gelten für 25 °C]. Ebenfalls charakteristisch für die Lösungen von Doppelschichten ist das hohe molare dielektrische Inkrement $(\varepsilon(0) - \varepsilon_1)/c$. Das läßt vermuten, daß an der Oberfläche von Doppelschichten die Richtungskorrelation der Kopfgruppen ausgeprägter ist als an der Oberfläche von Mizellen.

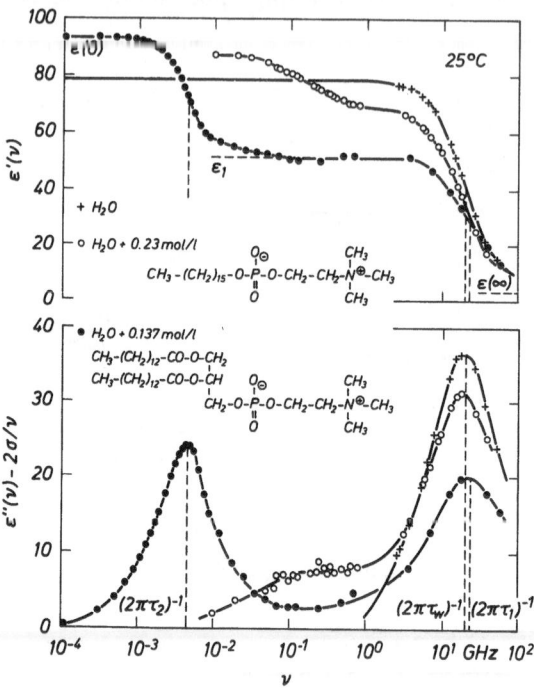

Abb. 8. Der Realteil $\varepsilon'(v)$ und der um einen Leitfähigkeitsanteil verminderte negative Imaginärteil $\varepsilon''(v) - 2\,\sigma/v$ der DZ über der Frequenz v für eine 0,137 molare wäßrige Lösung von Doppelschichten bildendem 1,2-Dimyristoyl-glyceryl-L-3-phosphorylcholin (C_{14}-Lezithin) (15), für eine 0,23 molare mizellare wäßrige Lösung von n-Hexadecylphosphorylcholin (13) und für Wasser (12) bei 25 °C.

Der ε_1-Wert der 0,137 molaren Lösung von C_{14}-Lezithin ist sehr klein. Dieser Befund legt die Vermutung nahe, daß sich ein großer Teil des Lösungswassers in einem Bereich hoher ent-elektrisierender innerer Felder befindet.

Soweit Messungen auch auf den Bereich hoher Frequenzen ($\nu > 1$ GHz) erstreckt wurden, wurde bei den Lösungen von Doppelschichten immer eine Verschiebung der Wasserrelaxation zu höheren Frequenzen ($\tau_1 < \tau_w$) beobachtet.

Die skizzierten Eigenschaften des dielektrischen Spektrums finden ihren Niederschlag in den Parameterwerten des in Abb. 9 veranschaulichten Modells der Lösungen, die Doppelschichten enthalten. Bei den hier verwendeten Präparationsverfahren bilden die Doppelschichten multilamellare Aggregate, in denen um einen etwa kugelförmigen wasserhaltigen Kern herum in nahezu konzentrischer Anordnung Phospholipid-Doppelschichten und Wasserschichten abwechselnd aufeinander folgen. Der Kohlenwasserstoffbereich der Doppelschichten wird wie jener von Mizellen durch die DZ $\varepsilon_e \approx 2$ charakterisiert. Die Zwitterionen werden gemäß Gleichung [10] durch eine Polarisierbarkeitsoberflächendichte $\alpha_I(\nu)$ beschrieben. Wenn allerdings, wie oben vermutet, die Richtungskorrelation der Kopfgruppen bei den Doppelschichtsystemen sehr hoch ist, braucht die dielektrische Relaxationszeit τ_I nicht mehr in der durch Gleichung [11] gegebenen Weise mit der Beweglichkeit des einzelnen Zwitterions verknüpft zu sein. Vielmehr kann sich dann in τ_I das Relaxationsverhalten eines dielektrischen Bereichs von g_I Kopfgruppen ausdrücken.

Um die Zahl der unbekannten Parameter nicht zu groß werden zu lassen, wurde vorausgesetzt, daß die interlamellaren Wasserbereiche der Dicke d_w nur beeinflußtes Wasser der Relaxationszeit $\tau_h \neq \tau_w$ enthalten. Außerdem wurde angenommen, daß sich an der Wasserkern-Seite der innersten Doppelschicht und außerhalb der äußersten Doppelschicht eines Aggregates eine Hydratwasserschale der Dicke $d_w/2$ befindet. Dem übrigen Wasser wurden die Eigenschaften des reinen Wassers zugeschrieben.

Bei der Anpassung der auf diesen Modellvorstellungen beruhenden Relaxationsspektralfunktion (15, 16) an die gemessenen dielektrischen Spektren, wurden die Lipidschichtdicke d_L, die Wasserschichtdicke d_w und die Anzahlflächendichte n_I mit Hilfe von Literaturdaten festgelegt. Die Anzahl der Doppelschichten pro Aggregat

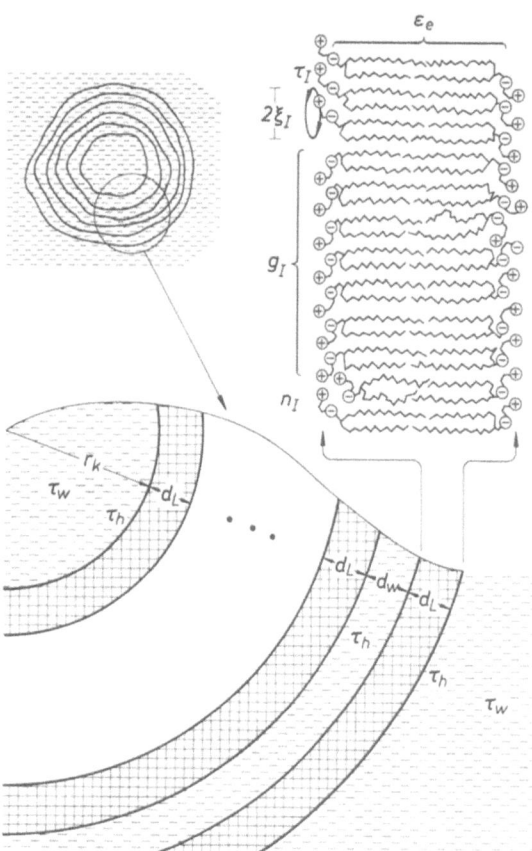

Abb. 9. Skizze der Lösungen von multilamellaren Doppelschicht-Aggregaten.

wurde zu 6 angenommen. Diese Zahl ergab sich als Mittelwert aus verschiedenen elektronenmikroskopischen Aufnahmen von wäßrigen Phospholipidlösungen. Die Polarisierbarkeitsoberflächendichte bei hohen Frequenzen, $\alpha_I(\infty)$, der Radius des als kugelförmig angenommenen Wasserkerns, r_K, die Größe $g_I \cdot \xi_I^2$, und die Relaxationszeiten τ_I und τ_h wurden durch Anpassungsrechnungen ermittelt. Wie für den Fall der Mizellen dargestellt, wurden aus dem Produkt $g_I \cdot \xi_I^2$ Minimalwerte $(g_I)_{min}$ für den Richtungskorrelationsfaktor berechnet.

5. Eigenschaften des Hydratwassers

5.1. Hydratwasser zwitterionischer Mizellen

In Abb. 10 ist eine Übersicht über die Wertebereiche dargestellt, die für das Relaxationszeitverhältnis τ_h/τ_w verschiedener Gruppen geladener oder zwitterionischer gelöster Teilchen ge-

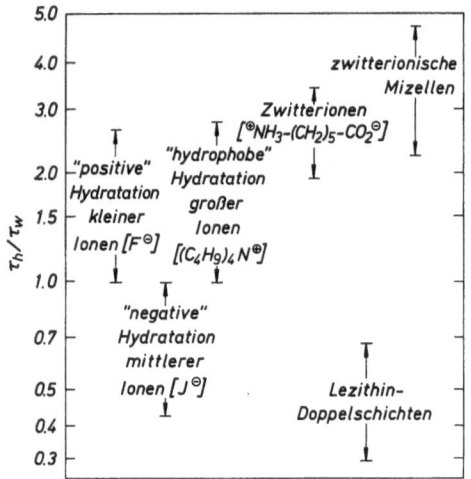

Abb. 10. Das Verhältnis τ_h/τ_w der Hydratwasserrelaxationszeit τ_h zur Relaxationszeit des reinen Wassers τ_w für verschiedene Gruppen gelöster Teilchen. Die Daten für die ionischen Lösungen wurden den Originalarbeiten (17 – 20) und den Übersichtsartikeln (1, 2) entnommen. Die Werte für die Lösungen von Zwitterionen entstammen Zitat (11). Der überwiegende Teil der Messungen wurde bei 25 °C durchgeführt.

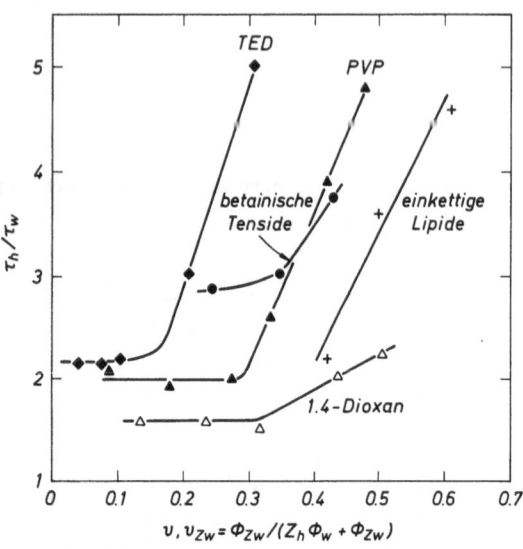

Abb. 11. Das Relaxationszeitverhältnis τ_h/τ_w als Funktion des Volumenbruchs v des Gelösten für wäßrige Lösungen von Triäthylendiamin (TED), 1,4-Dioxan und Polyvinylpyrrolidon (PVP) sowie τ_h/τ_w über dem nach Gleichung [12] berechneten Volumenbruch v_{Zw} für Lösungen von Tensiden mit betainischer Kopfgruppe (10) und von einkettigen Phospholipiden (13). Die TED-Daten wurden teils (21) entnommen, teils durch Anwendungen eines geeigneten Hydratationsmodells auf in (25) beschriebene Meßwerte erhalten. Die τ_h/τ_w-Werte für die Dioxan-Lösungen wurden durch entsprechende Auswertung von $\varepsilon(v)$-Daten (26) zusammen mit statischen DZ-Werten (27) gewonnen sowie durch Auswertung unveröffentlichter Messungen des Autors. Die Werte für die PVP-Lösungen entstammen (9). Mit einer Ausnahme gelten alle Werte für 25 °C.

funden werden, wenn die Konzentration des Gelösten nicht zu hoch ist ($c \lesssim 1$ mol/l). Für ungeladene und nicht-zwitterionische organische Moleküle, die mit dem Lösungsmittel Wasserstoffbrückenbindungen eingehen, liegen die τ_h/τ_w-Werte wie für die großen organischen Ionen zwischen 1 und etwa 3. Dieser Befund ist unabhängig davon, ob es sich um kleine Moleküle (21), um Oligomere (22) oder Polymere (9, 23, 24) handelt, sofern auch hier die Konzentration des Gelösten nicht zu hoch ist.

Die τ_h/τ_w-Daten für die Molekülaggregate fallen teilweise aus dem für nicht-aggregierte Teilchen gefundenen Wertebereich ($0,4 \lesssim \tau_h/\tau_w \lesssim 3.5$) heraus. Die auffällig hohen Hydratwasserrelaxationszeiten ($2,2 \lesssim \tau_h/\tau_w \lesssim 4.6$) der zwitterionischen Mizellen sind möglicherweise durch die besonderen Konzentrationsverhältnisse an Mizelloberflächen bedingt. In Abb. 11 sind τ_h/τ_w-Werte über dem Volumenbruch v des Gelösten für Lösungen von Triäthylendiamin (TED), 1,4-Dioxan und Polyvinylpyrrolidon (PVP) aufgetragen. Nur bei kleinen v-Werten sind die τ_h-Werte einer gelösten Teilchensorte unabhängig vom Volumenbruch. Oberhalb eines gewissen v-Wertes, nämlich dann, wenn das Gelöste zusammen mit dem Hydratwasser mehr als den Volumenbruch der dichtesten Kugelpackung beansprucht, steigt das Relaxationszeitverhältnis mit zunehmendem v stark an.

Dem Volumenbruch des Gelösten, v, mag in den mizellaren Lösungen ein Volumenbruch v_{Zw} für die hydrophile Zwitterionenschicht an der Oberfläche der Mizellen entsprechen, der durch die Beziehung

$$v_{Zw} = \Phi_{Zw}/(Z_h \, \Phi_w + \Phi_{Zw}) \qquad [12]$$

gegeben ist. Dabei ist Φ_{Zw} das scheinbare Molvolumen der zwitterionischen Kopfgruppe, $\Phi_w = 18$ ml/mol das des Wassers.

Trägt man die τ_h/τ_w-Werte für die Mizell-Lösungen wie in Abb. 11 über den Volumenbruch v_{Zw} auf, so fügen sich die Kurven, die man für Tenside ähnlicher zwitterionischer Kopfgruppen erhält, in das bei anderen Lösungen gefundene Bild ein.

Die Zahl Z_h der beeinflußten Wassermoleküle entspricht bei vielen Lösungen zwitterionischer Mizellen etwa der Zahl Z von Wassermolekülen, die nächste Nachbarn der polaren Kopfgruppe sind. Bei den Lösungen mit hohen τ_h/τ_w-Werten ist Z_h kleiner als Z. Auch diese Ergebnisse entsprechen den häufig bei wäßrigen Lösungen von Ionen, Zwitterionen oder wasserstoffbrückenbildenden organischen Molekülen gefundenen Verhältnissen.

5.2. Hydratwasser von Lezithin-Doppelschichten

Bei der Abschätzung der Wasserschichtdicke d_w der multilaminaren Lezithin-Aggregate wurde von $Z_h = 23$ pro Zwitterion beeinflußten Wassermolekülen ausgegangen. Dieser Wert ergab sich aus kernresonanzspektroskopischen Untersuchungen von Lezithin-Systemen (28). Die Zahl nächster Nachbarn der zwitterionischen Phosphatidylcholin-Gruppe ist deutlich kleiner ($Z \approx 12$).

Unter den aus Doppelschichten aufgebauten Systemen wurden nur die reinen Lezithin-Lösungen bei Frequenzen oberhalb von 1 GHz untersucht (15, 29). Deren τ_h-Werte sind ungewöhnlich klein ($0{,}3 \lesssim \tau_h/\tau_w \lesssim 0{,}65$). Möglicherweise sind die elektrischen Feldstärken an der Oberfläche von Lezithin-Doppelschichten ähnlich wie bei den einfach geladenen Ionen mittlerer Größen. Dann könnte die durch das elektrische Feld hervorgerufene Störung der Wasserstruktur negative Hydratation ($\tau_h/\tau_w < 1$) bedingen.

Aber auch andere Deutungen sind möglich. Ergebnisse der dielektrischen Relaxationsspektroskopie wäßriger Lösungen organischer Ionen, sowie monomerer, oligomerer und polymerer Moleküle zeigen, daß die Flexibilität des Gelösten die Hydratwasserrelaxationszeit erheblich beeinflussen kann (22 – 24). Flexible Teilchen können sich der Wasserstruktur leichter anpassen und dadurch hohe τ_h-Werte begünstigen. Im obigen Sinne stellt sich die Oberfläche von Lezithin-Doppelschichten mit den parallel zu ihr liegenden Phosphorylcholin-Gruppen (30) möglicherweise als ausgeprägt wenig flexibel dar und induziert dadurch eine stark gestörte, durch einen kleinen τ_h-Wert gekennzeichnete Wasserstruktur.

Effekte, die dadurch bedingt sind, daß das Hydratwasser der Doppelschichten möglicherweise in mehrere Bereiche unterschiedlicher physikalischer Eigenschaften unterteilt ist (28), müssen hier unberücksichtigt bleiben.

6. Zwitterionenrelaxation in Lösungen von Mizellen

6.1. Allgemeine Eigenschaften

Die hier untersuchten einkettigen zwitterionischen Tenside bilden keine ausgeprägt flächenhaften Gebilde. Nimmt man die Form abgeflachter Ellipsoide für die Mizellen an, so findet

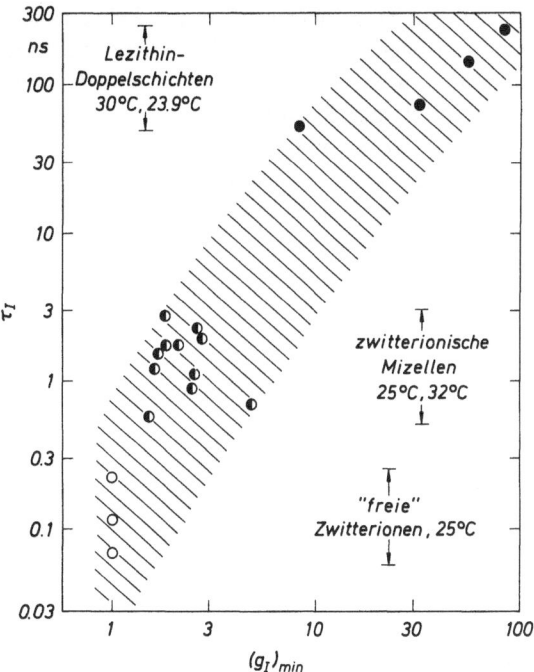

Abb. 12. Die Relaxationszeit der Zwitterionen τ_I über den Minimalwerten $(g_I)_{min}$ des Korrelationsfaktors für verschiedene wäßrige Lösungen von „freien" Zwitterionen, von einkettigen, zu Mizellen aggregierenden zwitterionischen Tensiden und von Lezithin-Doppelschichten. Daten für freie Zwitterionen aus (11), für Mizellen aus (10) und (13) und für Doppelschichten aus (15).

man Achsenverhältnisse $1 \lesssim b/a \lesssim 3$. Die Minimalwerte des Korrelationsfaktors, $(g_I)_{min}$, liegen im Bereich 1,5 bis 5. An den $(g_I)_{min}$-Werten gemessen, nehmen die Lösungen von Mizellen eine Zwischenstellung zwischen denen von „freien" Zwitterionen und denen von Lezithin-Doppelschichten ein. Für erstere gilt bei nicht zu hohen Konzentrationen $g_I = 1$, für letztere $(g_I)_{min} = 10^1$ bis 10^2. Wie aus Abb. 12 ersichtlich, wo τ_I für die drei Gruppen von Lösungen über $(g_I)_{min}$ aufgetragen ist, liegen auch die τ_I-Werte der mizellaren Lösungen zwischen denen „freier" Zwitterionen und denen von Doppelschichtsystemen.

Der Trend zu zunehmenden $(g_I)_{min}$- und τ_I-Werten beim Übergang von Lösungen freier Zwitterionen zu zwitterionischen Mizellen und zu Doppelschichten mit zwitterionischen Kopfgruppen spiegelt die in dieser Reihe zunehmende Ordnung und Dichte in der Packung der polaren Gruppen wider.

6.2. Spezifische Effekte

Neben den pauschalen Effekten machen sich spezielle Wechselwirkungen innerhalb der hydrophilen Mizelloberfläche in der Relaxation der Zwitterionen bemerkbar. Das wird besonders deutlich, wenn man die Werte verschiedener Lösungen für das Produkt $g_I \cdot u_I$ miteinander vergleicht. Die Größe $g_I \cdot u_I$ hängt nicht explizit vom Diffusionswegradius ξ_I der Kopfgruppe ab.

Für verschiedene Tenside, deren innere Gruppe des Zwitterions eine $-(N^{\oplus}(CH_3)_2)-$-Gruppe ist, wurden $g_I \cdot u_I$-Werte im Bereich von $7,8 \cdot 10^7$ sg^{-1} bis $10 \cdot 10^7$ sg^{-1} gefunden. Ist dagegen das innen liegende Kation eine $-(N^{\oplus}H_2)-$-Gruppe, so gilt für das Produkt $3,9 \cdot 10^7$ sg$^{-1} \leq g_I u_I \leq 4,9 \cdot 10^7$ sg^{-1} (10).

Das entsprechende Verhalten zeigen einkettige, Mizellen bildende Phospholipide (13). Wird die äußere, positiv geladene Cholin-Gruppe durch die weniger voluminöse Dimethyläthanolamin-Gruppe ersetzt, so verringert sich $g_I \cdot u_I$ von $6,3 \cdot 10^7$ sg^{-1} auf $3,8 \cdot 10^7$ sg^{-1}.

Bei abnehmendem Volumen der kationischen Gruppe kann diese stärker mit dem anionischen Teil eines benachbarten Dipols in Wechselwirkung treten. Das bedingt eine geringere Beweglichkeit der Kopfgruppe.

7. Oberflächenpolarisierbarkeit von Doppelschichten

7.1. Abhängigkeit vom Krümmungsradius

Werden die Phospholipid-Lösungen mit Ultraschall geeigneter Intensität beschallt, so bilden sich kleine Doppelschicht-Aggregate. Nach dem Beschallen wachsen diese in einem mehrere Stunden dauernden Vorgang. Dabei verändert sich, wie in Abb. 13 gezeigt, das dielektrische Spektrum der Lösung. Das Wachsen verläuft in der Nähe der kristallin-/flüssig-kristallinen Phasenumwandlungstemperatur T_t des Lipids besonders rasch (31). Für die in Abb. 13 bei 23,9 °C dargestellte C_{14}-Lezithin-Lösung beträgt die Umwandlungstemperatur $T_t = 23,7$ °C (32).

Beim Wachsen vergrößert sich, wie aus der Absenkung von ε_1 in Abb. 13 ersichtlich, der mittlere Kernradius r_k der Aggregate. Die deutliche Zunahme der Relaxationsstärke $\varepsilon(0) - \varepsilon_1$ deutet darauf hin, daß sich gleichzeitig der Korrelationsfaktor g_I vergrößert. Ein enger Zusammenhang zwischen der Richtungskorrelation der dipolaren Kopfgruppen und dem Krümmungsradius der multimolekularen Aggregate geht aus Abb. 14 hervor. Dort sind $(g_I)_{min}$-Werte für eine

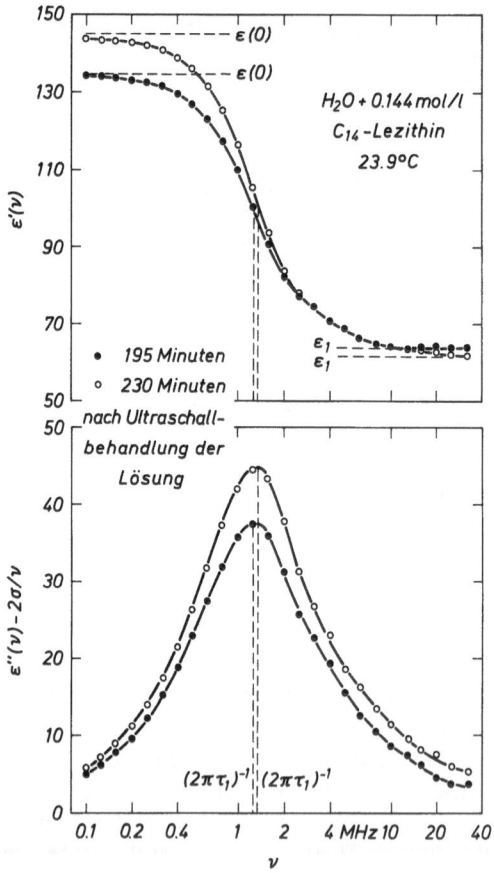

Abb. 13. Der tieffrequente Teil des dielektrischen Spektrums einer 0,144 molaren wäßrigen Lösung von C_{14}-Lezithin (1,2-Dimyristoylglyceryl-L-3-phosphorylcholin) zu zwei Zeitpunkten nach Behandlung der Meßprobe mit Ultraschall (31).

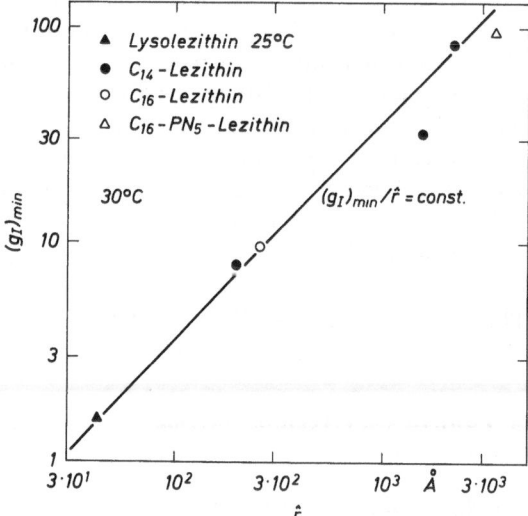

Abb. 14. Die Minimalwerte des Korrelationsfaktors, $(g_I)_{min}$, über dem mittleren Krümmungsradius $\hat{r}$ nach [13] und [14] für Lösungen von Lysolezithin (10), C_{14}-Lezithin (15), C_{16}-Lezithin (16) und ein Lezithin mit verlängertem P$-$N-Abstand, C_{16}-PN$_5$-Lezithin (16).

mizellare Lysolezithin-Lösung und für verschiedene Lösungen von Phospholipiden, die Doppelschichten bilden, über dem Aggregatradius $\hat{r}$ aufgetragen. Für die Mizellen, die die Form abgeflachter Rotationsellipsoide haben, ist

$$\hat{r} = (a + 2\,b)/3 \qquad [13]$$

während für die aus sechs Doppelschichten bestehenden multilamellen Aggregate

$$\hat{r} = r_K + 3\,d_L + 2,5\,d_w \qquad [14]$$

gesetzt wurde. Die in Abb. 14 dargestellten Ergebnisse wurden an Lösungen gewonnen, bei denen während der Messungen kein Wachsen zu beobachten war.

Ausgeprägte Bereiche, in denen die dipolaren Kopfgruppen einen hohen Grad an Richtungskorrelation zeigen, sind offenbar nur bei wenig gekrümmten Doppelschichten möglich. An stark gekrümmten Oberflächen dagegen ist die molekulare Struktur zu sehr gestört, um die Bildung ausgedehnter dielektrischer Bereiche zu ermöglichen.

Die in Abb. 14 wiedergegebenen Daten lassen sich gut durch die Relation

$$(g_I)_{min}/\hat{r} = const. \qquad [15]$$

beschreiben. Um im folgenden vom Einfluß des Krümmungsradius der Aggregate auf die Richtungskorrelation der dipolaren Kopfgruppen abzusehen, wird daher statt $(g_I)_{min}$ die Größe $(g_I)_{min}/\hat{r}$ diskutiert.

7.2. Temperatureinflüsse

In Abb. 15 ist der Quotient $(g_I)_{min}/\hat{r}$ und die Relaxationszeit τ_I einer C_{14}-Lezithin-Lösung in Abhängigkeit von der Temperatur T dargestellt. Beide Größen zeigen deutliche sprunghafte Änderungen an der kristallin-/flüssig-kristallinen Phasenumwandlungstemperatur T_t des Systems.

Die drastische Abnahme von $(g_I)_{min}/\hat{r}$ bei Unterschreiten der Umwandlungstemperatur auf das 0,43fache des oberhalb von T_t vorhandenen Wertes kann verschiedene Ursachen haben. Zum einen mag die laterale Kompression, die die Doppelschicht beim Unterschreiten von T_t durchmacht (33), zur Folge haben, daß die Dipole sich nur noch weniger bevorzugt ausrichten können. Andererseits wurden die $(g_I)_{min}$-Werte mit Hilfe temperaturunabhängiger Maximalwerte $(\xi_I)_{max}$ für den Diffusionswegradius ξ_I abgeleitet. Möglicherweise wird ξ_I aber beim Unterschreiten der

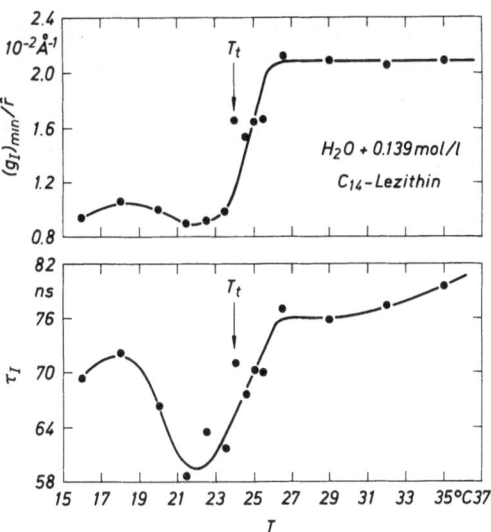

Abb. 15. Die Größe $(g_I)_{min}/\hat{r}$ und die Relaxationszeit τ_I über der Temperatur T für eine 0,139 molare Lösung von C_{14}-Lezithin (1.2-Dimyristoyl-glyceryl-L-3-phosphorylcholin) (15). T_t bezeichnet die kalorimetrisch bestimmte Phasenumwandlungstemperatur (32).

Umwandlungstemperatur kleiner und eine Verringerung des Korrelationsfaktors g_I daher durch die $(g_I)_{min}$-Werte nur vorgetäuscht.

Bei temperaturunabhängigen Messungen an Lezithin-Analoga, bei denen sich $n = 9$ oder 10 CH_2-Gruppen (statt $n = 2$ beim Lezithin) zwischen positiv und negativ geladener Gruppe des

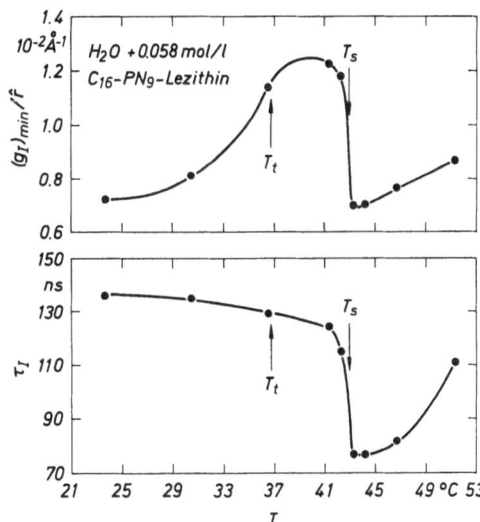

Abb. 16. Die Größe $(g_I)_{min}/\hat{r}$ und die Relaxationszeit τ_I über der Temperatur T für eine 0,058 molare Lösung des Lezithin-Analogons C_{16}-PN_9-Lezithin (1.2-Dipalmitoyl-glyceryl-L-3-phosphoryl-N,N,N-trimethyl-nonanolamin) (16). T_t bezeichnet die durch Lichtstreuungs- und Fluoreszenz-Experimente ermittelte Phasenumwandlungstemperatur (34).

Zwitterions befanden, zeigte sich ein sprunghaftes Verhalten der Größen $(g_I)_{min}/\hat{r}$ und τ_I besonders deutlich bei einer Temperatur T_s (16) etwa 6 °C oberhalb der durch Lichtstreuungs-Experimente und Fluoreszenz-Messungen bestimmten Umwandlungstemperatur T_t (34). Ein Beispiel ist in Abb. 16 gezeigt. Möglicherweise gibt es im Falle der langen dipolaren Kopfgruppen eine spezielle Phasenumwandlung in der hydrophilen Oberfläche der Doppelschichten.

Lezithin-Analoga mit kürzeren Zwitterionen ($n \le 7$) zeigen zwar sprunghafte Änderungen der Parameter bei T_t, haben aber keine T_s vergleichbare Umwandlungstemperatur.

7.3. Änderungen bei Verlängerung der Zwitterionen

In Abb. 17 ist die Frequenzabhängigkeit des Realteils, $\varepsilon'(\nu)$, und des um den Leitfähigkeitsanteil verminderten negativen Imaginärteils, $\varepsilon''(\nu) - 2\,\sigma/\nu$, der DZ für zwei Lösungen von Lezithin-Analoga dargestellt. Die beiden Phospholipide unterscheiden sich durch die Zahl n der CH_2-Gruppen zwischen der anionischen und der kationischen Gruppe des Zwitterions. Sie beträgt in einem Fall 6, und im anderen 7. Die Relaxationszeit τ_1 und die Relaxationsstärke $\varepsilon(0) - \varepsilon_1$ der beiden Lösungen unterscheiden sich erheblich. Das ist zum Teil durch eine unterschiedliche Aggregatgröße in den Lösungen bedingt.

In Abb. 18 sind die molekularen Größen $(g_I)_{min}/\hat{r}$ und τ_I über der Zahl n aufgetragen. $(g_I)_{min}/\hat{r}$ ändert sich nahezu sprunghaft bei $n = 6$. Die Relaxationszeit τ_I hat bei $n = 6$ einen auffallend kleinen Wert. Es wird vermutet, daß bei den Zwitterionen mit $n \ge 6$ Ringbildung vorliegt, oder aber eine Konformation, die zu einer teilweise antiparallelen Anordnung der Dipole führt.

7.4. Solubilisationseffekte von membranintegriertem Cholesterol

Der Einfluß von solubilisiertem Cholesterol auf die Oberflächenpolarisierbarkeit von C_{14}-Lezithin- und C_{16}-Lezithin-Doppelschichten wurde kürzlich von Henze untersucht (35). Ein Beispiel für die dabei erhaltenen Ergebnisse ist in Abb. 19 wiedergegeben, wo der Quotient $(g_I)_{min}/\hat{r}$ und die Relaxationszeit τ_I über dem Molenbruch $c_{Chol}/(c_{Chol} + c_{Lez})$ dargestellt sind. Dabei be-

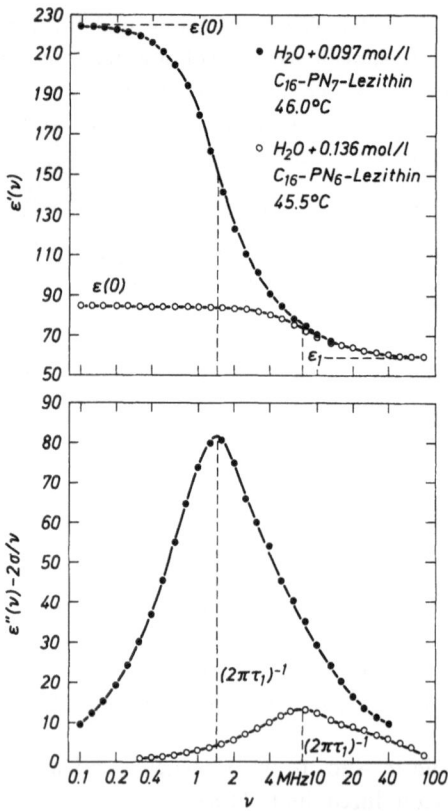

Abb. 17. Der tieffrequente Teil des dielektrischen Spektrums für Lösungen der Lezithin-Analoga C_{16}-PN_6-Lezithin (1.2-Dipalmitoyl-glyceryl-L-3-phosphoryl-N,N,N-trimethyl-hexanolamin) und C_{16}-PN_7-Lezithin (1.2-Dipalmitoyl-glyceryl-L-3-phosphoryl-N,N,N-trimethyl-heptanolamin) (16).

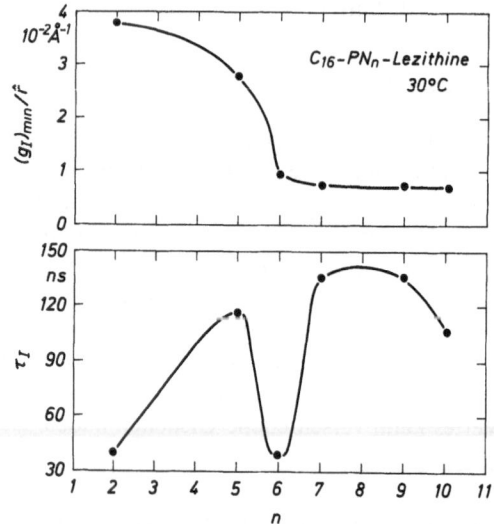

Abb. 18. Die Größe $(g_I)_{min}/\hat{r}$ und die Relaxationszeit τ_I für etwa 0,1 molare wäßrige Lösungen der C_{16}-PN_n-Lezithine (1.2-Dipalmitoyl-glyceryl-L-3-phosphoryl-N,N,N-trimethyl-alkanolamine) als Funktion der Zahl n von CH_2-Gruppen zwischen kationischem und anionischem Teil des Zwitterions.

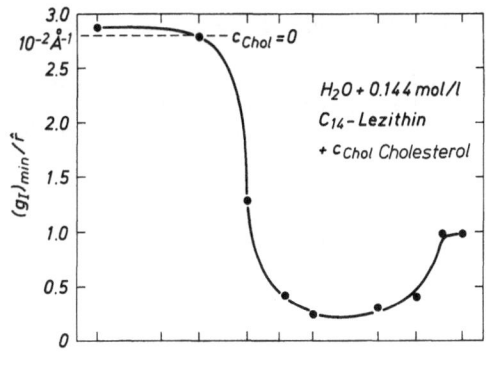

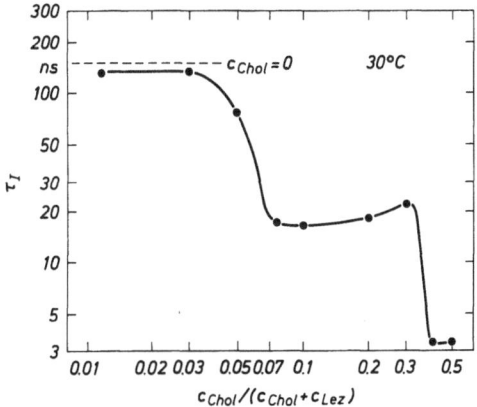

Abb. 19. Die Größe $(g_I)_{min}/f$ und die Relaxationszeit τ_I für wäßrige Lösungen von C_{14}-Lezithin/Cholesterol-Mischungen über dem Molenbruch $c_{Chol}/(c_{Chol}+c_{Lez})$ (35).

zeichnen c_{Chol} und c_{Lez} die Molarität des Cholesterols und des Lezithins.

Besonders auffällig ist der starke Abfall von $(g_I)_{min}/f$ und τ_I, wenn der Molenbruch den Wert 0,03 überschreitet. Bis zu einer Konzentration von etwa drei Cholesterol-Molekülen pro 100 Lezithin-Molekülen können offenbar ähnlich große dielektrische Bereiche ausgebildet werden wie bei den reinen Lezithin-Doppelschichten. Bei nur wenig höheren Konzentrationen stellt das Cholesterol jedoch eine starke Störung dar, die nur die Ausbildung von kleineren Bereichen mit korrelierter Zwitterionenorientierung zuläßt.

Zusammenfassung

Es wird die dielektrische Relaxationsspektroskopie in ihrer Anwendung auf die Untersuchung wäßriger Lösungen beschrieben. Eine Übersicht über Ergebnisse für Lösungen zwitterionischer amphiphiler Moleküle, die sich im Wasser entweder zu Mizellen oder zu Doppelschichten zusammenlagern, schließt sich an. Die gemessenen dielektrischen Spektren wurden auf der Basis theoretischer Modelle der Lösungen ausgewertet, um Daten für folgende molekularen Größen zu erhalten:

den Dipol-Korrelationsfaktor, die dielektrische Relaxationszeit und die Hydratationszahl der zwitterionischen Kopfgruppe des Gelösten sowie die Umorientierungszeit des Hydratwassers. Diese Parameter werden im Hinblick auf die molekulare Struktur und Dynamik verschiedener Lösungen diskutiert. Der Einfluß solubilisierten Cholesterols auf die Eigenschaften der Doppelschichten wird ebenfalls beschrieben.

Summary

Dielectric relaxation spectroscopy as applied to the study of aqueous solutions is described. Results are summarized for solutions of various zwitterionic amphiphiles forming either micelles or bilayers in water. The measured dielectric spectra have been treated in terms of theoretical models of the solutions, in order to yield the following molecular quantities: the dipole correlation factor, the dielectric relaxation time and the hydration number of the zwitterionic head group of the solute and the reorientation time of the solvent. These parameters are discussed with respect to the molecular structure and microdynamics of the different solutions. The influence of solubilized cholesterol on the properties of bilayers is also shown.

Danksagung

Den Herren Professor Dr. *R. Pottel* und Dr. *R. Henze* danke ich für wertvolle Diskussionen, Herrn *Henze* außerdem für die Überlassung bisher unveröffentlichter Meßdaten.

Literatur

1) *Pottel, R., K. Giese* und *U. Kaatze,* Dielectric Relaxation in Aqueous Solutions, in: Structure of Water and Aqueous Solutions, *W. A. P. Luck,* ed. (Weinheim 1974).
2) *Kaatze, U.,* und *R. Pottel,* Colloques internationaux du C.N.R.S. **246,** 111 (1976).
3) *Lossen, O.,* Diplomarbeit (Göttingen 1966).
4) *Müller, St.,* Diplomarbeit (Göttingen 1975).
5) *Hyde, P. J.,* Proc. Inst. Elect. Eng. **117,** 1891 (1970).
6) *Henze, R.,* Dissertation (Göttingen 1978).
7) *Göttmann, O.* (Veröffentlichung in Vorbereitung).
8) *Müller, St.,* Dissertation (Göttingen 1978).
9) *Kaatze, U.,* Adv. Molec. Relax. Processes **7,** 71 (1975).
10) *Pottel, R., U. Kaatze* und *St. Müller,* Ber. Bunsenges. Phys. Chem. **82,** 1086 (1978).
11) *Pottel, R., D. Adolph* und *U. Kaatze,* Ber. Bunsenges. Phys. Chem. **79,** 278 (1975).
12) *Kaatze, U.,* Diplomarbeit (Göttingen 1967) und weitere Werte.
13) *Kaatze, U., St. Müller* und *H. Eibl,* Chem. Phys. Lipids (im Druck).
14) *Cole, K. S.,* und *R. H. Cole,* J. Chem. Phys. **9,** 341 (1941).
15) *Kaatze, U., R. Henze* und *R. Pottel,* Chem. Phys. Lipids **25,** 149 (1979).
16) *Kaatze, U., R. Henze* und *H. Eibl,* Biophys. Chem. **10,** 351 (1979).

17) *Giese, K., U. Kaatze* und *R. Pottel,* J. Phys. Chem. **74,** 3718 (1970).

18) *Kaatze, U.,* Ber. Bunsenges. Phys. Chem. **77,** 447 (1973).

19) *Kaatze, U., C. H. Limberg* und *R. Pottel,* Ber. Bunsenges. Phys. Chem. **78,** 555 (1974).

20) *Wen, W.-Y.,* und *U. Kaatze,* J. Phys. Chem. **81,** 177 (1977).

21) *Pottel, R.,* und *U. Kaatze,* Ber. Bunsenges. Phys. Chem. **73,** 437 (1969).

22) *Kaatze, U.,* Ber. Bunsenges. Phys. Chem. **82,** 690 (1978).

23) *Kaatze, U., O. Göttmann, R. Podbielski, R. Pottel* und *U. Terveer,* J. Phys. Chem. **82,** 112 (1978).

24) *Kaatze, U.,* Progr. Colloid & Polymer Sci. **65,** 214 (1978).

25) *Kaatze, U.,* und *W.-Y. Wen,* J. Phys. Chem. **82,** 109 (1978).

26) *Hasted, J. B., G. H. Haggis* und *P. Hutton,* Trans. Faraday Soc. **42,** 577 (1951).

27) *Akerlöf, G.,* und *A. O. Short,* J. Am. Chem. Soc. **58,** 1241 (1936).

28) *Finer, E. G.,* und *A. Darke,* Chem. Phys. Lipids **12,** 1 (1974).

29) *Kaatze, U., R. Henze, A. Seegers* und *R. Pottel,* Ber. Bunsenges. Phys. Chem. **79,** 42 (1975).

30) *Seelig, J.,* Progr. Colloid & Polymer Sci. **65,** 172 (1978).

31) *Kaatze, U.,* und *R. Henze* (Veröffentlichung in Vorbereitung).

32) *Hinz, H.-J.,* und *J. M. Sturtevant,* J. Biol. Chem. 247, 6071 (1972).

33) *Phillips, M. C.,* und *D. Chapman,* Biochim. Biophys. Acta **163,** 301 (1968).

34) *Diembeck, W.,* Dissertation (Braunschweig 1976).

35) *Henze, R.,* Chem. Phys. Lipids (im Druck).

Anschrift des Autors:

Dr. *Udo Kaatze*
Drittes Physikalisches Institut
der Universität Göttingen
Bürgerstraße 42 – 44
D-3400 Göttingen

Progr. Colloid & Polymer Sci. **67,** 131 – 140 (1980)
© 1980 by Dr. Dietrich Steinkopff Verlag GmbH & Co. KG, Darmstadt
ISSN 0340-255 X

Lectures during the conference of the Kolloid-Gesellschaft e.V.,
October 2–5, 1979 in Regensburg

Physikalische Chemie II, Ruhr-Universität Bochum

Adsorption of carboxylic acids and other chain molecules from n-heptane onto graphite

M. Liphard, P. Glanz, G. Pilarski, and *G. H. Findenegg*

With 9 figures and 3 tables

1. Introduction

Graphitised carbon blacks are unique adsorbents in regard to the homogeneity and chemically inert nature of their surface. The external area of graphitised carbon particles is composed almost entirely of basal plane portions of graphite crystallites. Studies of the adsorption of long-chain n-alkanes from nonpolar solvents have shown that these molecules are strongly preferentially adsorbed onto graphitised carbon black (g. c. b.): the surface excess isotherms exhibit a well-defined plateau corresponding to a close-packed monolayer in which the chain molecules are oriented with their major axis parallel to the surface (1 – 4). The reason for this strong preferential adsorption was revealed by studying the submonolayer region of the isotherms (3). It was found that the standard Gibbs energy for the displacement of solvent by isolated chain molecules is rather small and that the strong preferential adsorption results from a cooperative lateral interaction between the chain molecules disposed side by side on the flat basal plane portions of g. c. b. particles.

The present work was carried out to study the influence of end groups such as halogen atoms, hydroxylic groups, and carboxylic groups on the configuration and interaction of adsorbed chain molecules. Surface excess isotherms of several (n-alkanol + n-heptane)/g. c. b. systems have been studied previously for a range of temperatures by *Everett* et al. (5). Surface excess isotherms for the adsorption of a series of monocarboxylic acids (C_8 to C_{18}) from nonpolar solvents onto g. c. b have been reported by *Kipling* and *Wright*

Table 1. Adsorption from solution studies at Bochum 1976 – 1979. Adsorption of solutes from n-heptane onto graphitised carbon black (Graphon, 87 m² g⁻¹; Vulcan 3G, 68 m² g⁻¹). a: surface excess amount; b: enthalpy of displacement.

Solute	15 °C	25 °C	35 °C	45 °C	Reference
Hydrocarbons:					
n-docosane	b	a, b	a, b	a, b	3, 4
n-octacosane		a, b			4
n-dotriacontane		a, b		a	4
squalane		a			4
Carboxylic acids:					
decanoic acid	a, b	a, b	a, b		this work
dodecanoic acid		a, b			this work
tetradecanoic acid		a, b			this work
octadecanoic acid		a, b			this work
Others:					
1-bromo-octadecane	a	a, b	a		this work
1-decanol	a, b	a, b	a, b		8

(6, 7) and for octadecanoic acid for a range of temperatures by *Everett* et al. (5). We have now used a combination of surface excess measurements and calorimetric measurements of the enthalpy of adsorption from solution. In this way the molar enthalpy of the displacement reaction can be derived as a function of the fraction of surface covered by the preferentially adsorbed component. Table 1 summarises the systems which have been studied in this way in our laboratory. In the present paper we discuss the influence of different end groups on the adsorption and enthalpy of displacement isotherms.

2. Experimental

2.1. Materials

Vulcan 3, a furnace black by the Cabot Corporation (code 5786) was heated to 2800 °C for four hours in an inert atmosphere by Sigri Elektrographit GmbH, Meitingen. The graphitised carbon black, Vulcan 3G, had a BET specific surface area $a_s = 68$ m² g⁻¹. Adsorbed material was removed from the surface by extraction with n-heptane in a Soxhlet apparatus for 16 hours and subsequent outgassing at 400 °C and 10⁻⁴ mbar for at least 8 hours.

The solutes, 1 bromo octadecane (≧ 99%), n dococane (≥ 98%), 1-decanol (≥ 99%), and decanoic acid (≥ 99%) from Fluka, dodecanoic acid (≥ 99.5%), and tetradecanoic acid (≥ 99.5%) from EGA Chemie (Aldrich Chemicals), and octadecanoic acid (99%) from Merck, were used without further purification. The solvent, n-heptane from *J. T. Baker* (≥ 99%), was distilled over a column before use.

2.2. Methods

Surface Excess Isotherms: About 7 cm³ of a solution of known concentration was added to a weighed sample of g. c. b. (ca. 1 g) and tumbled in a thermostat for about 12 hours. The specific surface excess amount of the preferentially adsorbed component 2, n_2^σ, was calculated from the change in concentration Δx_2^l caused by the adsorption process,

$$n_2^\sigma = n^0 \Delta x_2^l / m_s$$

where m_s is the mass of g. c. b. in equilibrium with n^0 moles of solution. After equilibration the concentration of the supernatant solution was determined by a vibrating tube densitometer (DMA 02 by A. Paar, Graz), as described previously (3).

Enthalpy of Displacement Isotherms: The enthalpies of displacement were measured using a flow microcalorimeter (LKB 2107 Sorption Microcalorimeter) as described previously (3, 4). The cumulative method (i. e., displacement by solutions of successively increasing concentrations) was applied in order to reduce errors caused by the enthalpy of mixing which is rather high for some of the systems studied.

3. Theoretical relations

Adsorption from solution constitutes a displacement reaction of solvent (component 1) by solute (component 2) at the solution/solid interface:

$$r\,(1)^a + (2)^l = r\,(1)^l + (2)^a. \tag{1}$$

The superscripts a and l refer to the adsorbed layer and bulk solution, respectively, and r represents the number of solvent molecules displaced by one molecule of solute. The differential molar enthalpy of the displacement reaction is

$$\Delta_{12}H_2 = (H_2^a - H_2^l) - r\,(H_1^a - H_1^l), \tag{2}$$

where H_i^a and H_i^l $(i = 1, 2)$ represent the partial molar enthalpies in the adsorbed layer and in the bulk solution, respectively. The dependence of H_1^a and H_2^a (and hence of $\Delta_{12}H_2$) on the composition of the adsorbed layer yields some information about molecular interactions at the interface.

Calorimetric measurements yield the integral enthalpy $\Delta_{12}H$ for the displacement of an amount n_1 of solvent by an amount $n_2 = n_1/r$ of solute:

$$\Delta_{12}H = n_2^a\,\Delta_{12}H_2 \tag{3}$$

Accordingly, the differential molar enthalpy of displacement $\Delta_{12}H_2$ can be obtained by plotting the integral enthalpy $\Delta_{12}H$ vs. the corresponding values of n_2^a (i. e., $\Delta_{12}H$ and n_2^a at the same bulk concentration).

The relation between the (absolute) amount of solute in the adsorbed layer, n_2^a, and the surface excess amount n_2^σ depends on the model adopted for the adsorbed layer. For the adsorption from dilute solutions of straight-chain molecules onto the graphite basal plane there is evidence that the adsorbed layer consists effectively of a single monolayer in which the chain molecules are adsorbed with their long axis parallel to the surface (1–8). In this case the amount per unit mass of adsorbent n_2^a is related to the corresponding amount at complete monolayer coverage $n_{2,0}$ and to the specific surface excess amount n_2^σ by

$$\varphi_2^a \equiv \frac{n_2^a}{n_{2,0}} = \frac{n_2^\sigma}{a_s} \frac{a_{2,0}}{(x_1^l + r\,x_2^l)} + \varphi_2^l, \tag{4}$$

where φ_2^a and φ_2^l are the volume fractions of the long chain component in the adsorbed monolayer and in the bulk solution, respectively; $a_{2,0}$ is the molar area of component 2 at complete monolayer coverage, $a_{2,0} = a_s/n_{2,0}$.

4. Results and discussion

4.1. Molar area of the solutes

The monolayer capacity of the solutes was derived from the experimental surface excess isotherms (figs. 1, 7) using the Everett-Schay relation (4, 9), i.e. by plotting the quantity $x_1^l x_2^l / n_2^\sigma$ vs. x_2^l. In such a plot most of the present systems exhibit significant deviations from linearity at low surface concentrations of the solute. Correspondingly, only the data points near the plateau of the isotherms were used for the determination of $n_{2,0}$. Table 2 compares the molar area $a_{2,0}$ obtained in this way with the corresponding values estimated by a geometrical model. According to *Groszek* (2) each CH_2 group of a linear hydrocarbon chain occupies the area of one carbon hexagon of the graphite basal plane (0.0524 nm²). The contribution of the end groups to the cross-sectional area of the molecules was estimated from their van der Waals radii and crystallographic bond lengths (10). On the basis of these estimates the area occupied by CH_3, Br, and OH was taken to be equal to two carbon hexagons, and the area ocupied by the COOH group as equal to three carbon hexagons of the graphite basal plane. For n-docosane, 1-bromo-octadecane, and octadecanoic acid the molar area $a_{2,0}$ obtained in this way is smaller (by about 8 per cent) than the value derived from the experimental monolayer capacity, whereas for 1-decanol, dodecanoic and tetradecanoic acid the two values are in good agreement. For comparison, the cross-sectional areas of the carboxylic acid molecules given by *Kipling* and *Wright* (7) are also included in table 2. Generally, the geometrical model by *Groszek* yields a low estimate of the molar area $a_{2,0}$. For internal consistency, how-

ever, we have used these values of $a_{2,0}$ to calculate n_2^a and φ_2^a from the surface excess n_2^σ by equation [4]. As a consequence, the resulting values of φ_2^a represent a low estimate of the fraction of surface covered by component 2. The mutual displacement coefficient r was estimated from the molar areas and also from the molar volumes of the two components; for this purpose the molar volume of the liquid at 298 K was used (extrapolated from higher temperatures for solid components (11)). The two estimates of r are in reasonably good agreement as expected for chain molecules (see table 2).

4.2. 1-Bromo-octadecane

Fig. 1 shows the surface excess isotherms of dilute solutions of 1-bromo-octadecane adsorbed from n-heptane onto g. c. b. at 15, 25, and 35 °C. The isotherms are similar to those of the higher n-paraffins (3, 4), i.e. they exhibit a positive initial curvature and a point of inflection before approaching the plateau corresponding to a complete monolayer. A direct comparison of the isotherms of 1-bromo-octadecane and n-docosane (3) is shown in fig. 2 where the fraction of surface covered by the adsorbed solute, φ_2^a, is plotted as a function of the bulk mole fraction. The difference in the adsorption behavior of these two solutes can be attributed mainly to the smaller chain length of the alkyl bromide. The van der Waals radii of Br and CH_3 are about equal (10) but the C−Br bond length is somewhat larger than the C−C bond length (0.193 nm against 0.154 nm). This small steric hindrance may reduce the lateral interaction between the hydrocarbon chains in the adsorbed monolayer (see the contour model shown as insert in fig. 2).

Table 2. Molar area of solutes $a_{2,0}$, and mutual displacement factor, r, for the adsorption of solutes from n-heptane onto graphitised carbon black.

Solute	$(a_{2,0}/N_A)$/nm²			r	
	exp.	model	ref. (7)	V_2^l/V_1^l	$a_{2,0}/a_{1,0}$
n-docosane	1.37	1.26	–	2.67	2.67
1-bromo-octadecane	1.19	1.10	–	2.31	2.33
1-decanol	0.68	0.68	–	1.30	1.44
decanoic acid	–	0.68	0.69	1.31	1.44
dodecanoic acid	0.79	0.79	0.80	1.54	1.66
tetradecanoic acid	0.90	0.89	0.91	1.77	1.89
octadecanoic acid	1.18	1.10	1.14	2.23	2.33

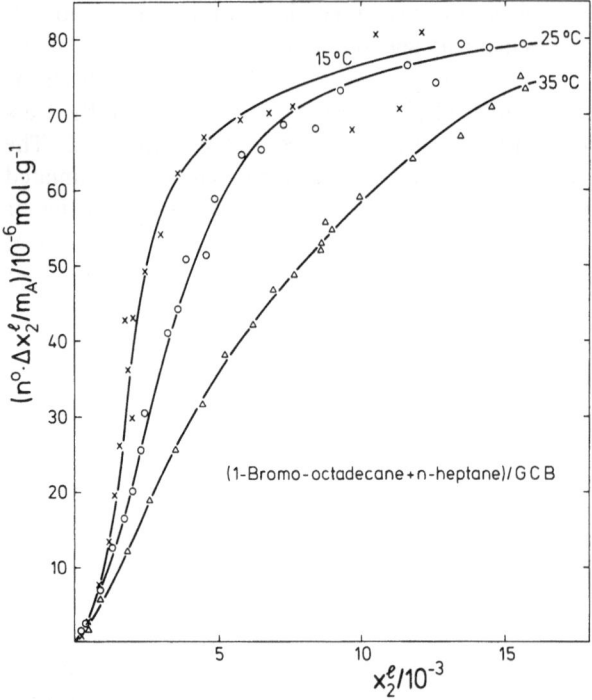

Fig. 1. Surface excess isotherms for the adsorption of 1-bromo-octadecane from n-heptane solutions onto Vulcan 3G graphitised carbon black at 15, 25, and 35 °C.

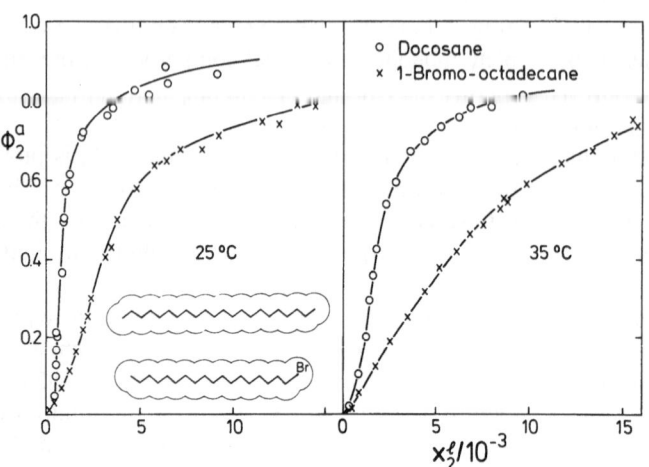

Fig. 2. Comparison of the fraction of surface φ_2^a covered by n-docosane and 1-bromo-octadecane, respectively, as a function of the mole fraction x_2^l in the bulk solution, at 25 and 35 °C. The molecular models illustrate the relative areas of the two molecules on the graphite basal plane.

Fig. 3 shows a plot of the integral enthalpy of displacement $\Delta_{12}H$ as a function of the fraction of surface covered by solute φ_2^a, for 1-bromo-octadecane and n-docosane at 25 °C. The experimental points in fig. 3 (as well as in figs. 6 and 9) represent the values of φ_2^a derived from the surface excess data; values of $\Delta_{12}H$ corresponding to the same bulk concentration x_2^l as the values of φ_2^a were read from the interpolated enthalpy of displacement isotherm. As $\Delta_{12}H$ is measured with higher precision than n_2^σ the scatter of the points in fig. 3 shows the limits of error of such a plot, which is largest near the point of inflection of the isotherms. Within experimental accuracy a

linear relation between $\Delta_{12}H$ and φ^a is obtained for both systems. From the relation

$$\Delta_{12}H_2 = \left(\frac{\partial \Delta_{12}H}{\partial n_2^a}\right)_{T,A_s} = \frac{1}{n_{2,0}}\left(\frac{\partial \Delta_{12}H}{\partial \varphi_2^a}\right)_{T,A_s} \qquad [5]$$

it follows that the differential molar enthalpy of displacement of the solute, $\Delta_{12}H_2$, is not a function of φ_2^a for these two systems at 25 °C. This behavior can be attributed to a phase separation in the adsorbed monolayer, as explained in the preceeding paper (3): In the two-phase region of the adsorbed layer any displacement of solvent by solute (at constant temperature) will change the relative amounts of the two phases

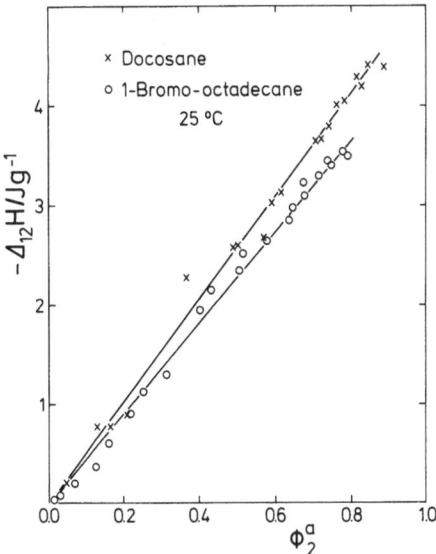

Fig. 3. Integral enthalpy of displacement, $\Delta_{12}H$, as a function of the fraction of surface covered by solute in the adsorbed monolayer, φ_2^a, for n-docosane and 1-bromo-octadecane at 25 °C.

but not their concentrations. As a consequence, $\Delta_{12}H_2$ will also remain constant in the two-phase region of the adsorbed layer. The integral molar enthalpy of displacement of solvent by unit amount (one mole) of a complete monolayer of solute is obtained from the extrapolated plateau value of the enthalpy of displacement isotherm, $\Delta_{12}H_0$, and the monolayer capacity $n_{2,0}$:

$$\Delta_{12}H_m = \Delta_{12}H_0/n_{2,0}. \qquad [6]$$

The resulting values of $\Delta_{12}H_m$ of the n-heptane + n-docosane and n-heptane + 1-bromo-octadecane system are given in table 3. From the large

negative value of $\Delta_{12}H_m$ of the former system it has been concluded (3) that one of the monolayer phases consists of close-packed arrays of solute molecules with strong lateral interactions between neighbouring hydrocarbon chains. The difference in the values of $\Delta_{12}H_m$ of the two systems (cf. Table 3) can be accounted for partly by the smaller area displaced by the alkyl bromide molecule: the molar enthalpy per unit area $a_{1,0}$, $\Delta_{12}H_m/r$, amounts to -21.3 kJ mol^{-1} for n-docosane and to -19.3 kJ mol^{-1} for 1-bromo-octadecane. The remaining difference between these two values may be due to a smaller contribution of lateral interactions in a close-packed monolayer of 1-bromo-octadecane, possibly caused by steric hindrance of the bromo groups.

4.3. 1-Decanol and Decanoic Acid

1-Decanol and decanoic acid represent molecules of similar size, each displacing about 1.4 molecules of n-heptane from the adsorbed monolayer. In nonpolar solvents like heptane the carboxylic acid exists as a cyclic dimer; alkylic alcohols form open dimers (and possibly higher associates) but the degree of association is small in dilute solution (12).

Fig. 4 shows a comparison of the adsorption isotherms (φ_2^a vs. x_2^l) for dilute solutions of 1-1-decanol and decanoic acid from n-heptane onto g. c. b. Obviously the two systems exhibit an entirely different behavior: (i) The initial slope of the isotherm of decanoic acid is distinctly higher than that of 1-decanol. The small initial

Table 3. Molar enthalpy of displacement $\Delta_{12}H_m$ at (or near) a complete monolayer of the solute, differential molar enthalpy of displacement $\Delta_{12}H_2$ at different surface concentrations φ_2^a of the solute, and contribution of excess solute-solute interactions in a close-packed adsorbed monolayer H_2^a (2-2), for the adsorption of the solutes from n-heptane onto graphitised carbon black at 25 °C. $\Delta_{sl}H_2$ is the molar enthalpy of melting of the solute.

Solute	$-\Delta_{12}H_m$	$-\Delta_{12}H_2$/kJ mol^{-1}		$-H_2^a$ (2-2)	$\Delta_{sl}H_2$
	kJ mol^{-1}	$\varphi_2^a = 0$	$\varphi_2^a > 0.6$	kJ mol^{-1}	kJ mol^{-1}
n-docosane	57	27 [a])	–	30	49
1-bromo-octadecane	45	–	–	–	–
1-decanol	33	8	51	25	32
decanoic acid	–	6	8	–	28
dodecanoic acid	25	9	35	16	37
tetradecanoic acid	33	11	50	22	45
octadecanoic acid	48	–	–	–	57

[a]) at 45 °C.

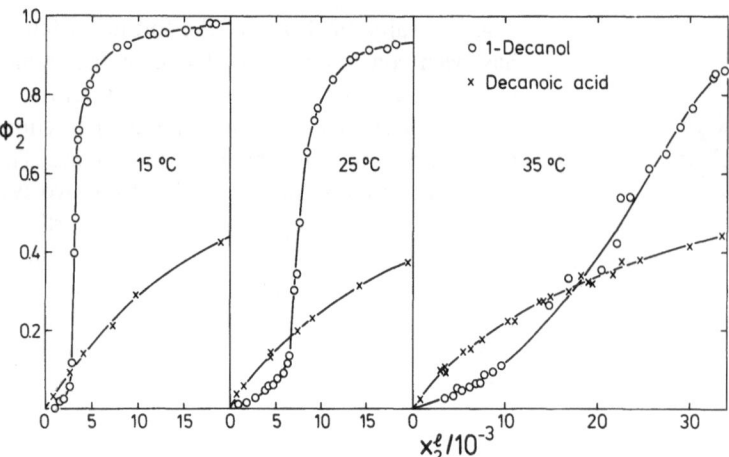

Fig. 4. Comparison of the fraction of surface φ_2^a covered by 1-decanol and decanoic acid, respectively, as a function of the mole fraction x_2^l of the solutes in n-heptane solutions, at 15, 25, and 35 °C.

slope of the latter reflects the weak preferential adsorption of single 1-decanol molecules from n-heptane. The larger initial slope of the isotherm of decanoic acid indicates that the displacement reaction in this system involves the transfer of larger entities (i.e., dimers) from the solution into the adsorbed layer. (ii) The isotherms of decanoic acid are of the Langmuir type whereas those of 1-decanol exhibit a positive initial curvature and an inflection point. The Everett-Schay equation (9), which represents an analogue of the Langmuir equation for the adsorption from solution of molecules of different sizes, implies that the adsorption equilibrium is not affected by lateral interactions in the adsorbed layer. Thus it may be concluded that decanoic acid dimers do not form close-packed arrays in the adsorbed monolayer at the surface concentrations shown in fig. 4 ($\varphi_2^a < 0.5$). This conclusion is in agreement with preliminary calorimetric results for this system. Fig. 6 shows the integral enthalpy of displacement plotted as a function of the fraction of surface covered by decanoic acid. The differential molar enthalpy of displacement $\Delta_{12}H_2$ which is related to the slope of this graph by equation [5] has a rather low value (-7 ± 1 kJ mol^{-1}) over a wide range of surface concentrations at 25 °C. However, at 15 °C the differential molar enthalpy of this system increases sharply from a low initial value to a much higher value for surface concentrations $\varphi_2^a > 0.5$ (see fig. 6). Such an increase in $\Delta_{12}H_2$ can be explained by a close packing of the decanoic acid dimers and a resulting excess lateral interaction at low temperatures and high surface concentrations. Fig. 5 illustrates a possible arrangement of

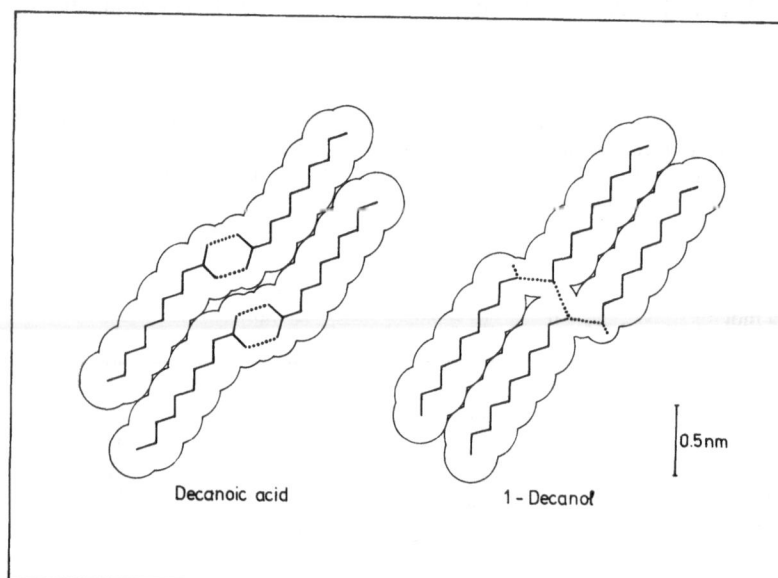

Fig. 5. Possible arrangement of decanoic acid and 1-decanol molecules in a close-packed monolayer parallel to the graphite basal plane. The molecular areas were derived from the bond lengths and van der Waals radii; hydrogen bonds between the extended molecules are shown by dotted lines.

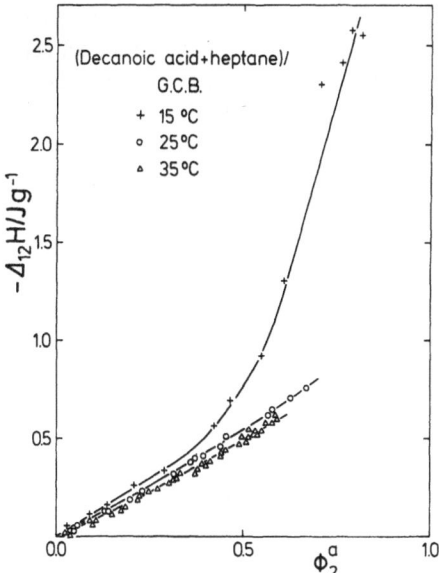

Fig. 6. Integral enthalpy of displacement, $\Delta_{12}H$, as a function of the fraction of surface φ_2^a covered by decanoic acid, at 15, 25, and 35 °C.

alkanoic acid dimers in a close-packed monolayer. A similar structure has been proposed by *Kipling* and *Wright* for the adsorption of stearic acid on g. c. b. (6).

The isotherms of 1-decanol exhibit a small initial slope (fig. 4). The corresponding differential molar enthalpy of displacement is also low ($\Delta_{12}H_2 = -8 \text{ kJ mol}^{-1}$) and of similar magnitude as for decanoic acid, as expected for molecules of similar size. The positive curvature of the isotherms of the 1-decanol system, however, indicates the existence of strong lateral interactions between adsorbed alkanol molecules, probably caused by intermolecular hydrogen bonding. The almost vertical step of the isotherm at 15 °C can be explained by the formation of a monolayer phase of (nearly) pure decanol. The high stability of such a phase must be attributed mainly to chain association of the alcohol and, to a lesser proportion, to the close packing of the hydrocarbon chains. A possible structure of a close-packed monolayer of 1-decanol, resembling that of a sheet of molecules in the solid state, is shown in fig. 6. The high and nearly constant value of the differential molar enthalpy of displacement of this system at higher surface concentrations (see table 3) gives support to the proposed reaction mechanism, i. e., a transfer of decanol monomers from the solution to the hydrogen bonded ordered monolayer phase. Full results and a detailed discussion of this system, as well as its relation to the two-dimensional order-disorder transition which has been observed at the liquid/solid interface of pure 1-alkanol/g. c. b. systems (13), will be published (8).

4.4. Higher carboxylic acids

The influence of the chain length on the adsorption of carboxylic acids from nonpolar solvents onto g. c. b. was studied in the series decanoic, dodecanoic, tetradecanoic, and octadecanoic (stearic) acid. The surface excess isotherms of these systems, which are shown in

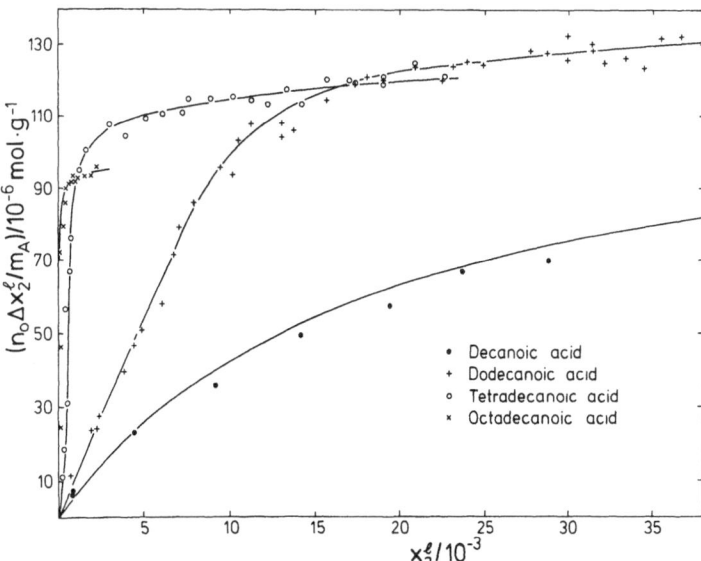

Fig. 7. Surface excess isotherms for the adsorption of decanoic, dodecanoic, tetradecanoic, and octadecanoic acid from n-heptane solutions onto Vulcan 3G at 25 °C.

fig. 7, exhibit deviations from the Everett-Schay isotherm which become more pronounced with increasing number of carbon atoms of the solute molecules. For decanoic acid the deviations from this isotherm equation are small, as can be seen in fig. 7: The full curve for this system represents an Everett-Schay isotherm with best-fit parameters for a wider experimental concentration range (up to $x_2^l = 0.1$). Much stronger deviations from this isotherm equation are found for the higher carboxylic acids: In all cases the experimental points at low bulk concentrations fall below the isotherm equation whereas the points near the plateau fall above the isotherm equation with best-fit parameters. For these systems the calculated isotherms are not shown in fig. 7. The systematic deviation from the Everett-Schay equation indicates an increasing importance of lateral interactions between the hydrocarbon tails of the higher carboxylic acids in the adsorbed layer.

Fig. 8 shows the enthalpy of displacement isotherms and fig. 9 a plot of $\Delta_{12}H$ as a function of the fraction of surface covered by the carboxylic acid. The enthalpy of displacement of the decanoic acid system is a nearly linear function of φ_n^a at 25 °C, as discussed in Section 4.3. For dodecanoic acid the enthalpy of displacement isotherm exhibits a discontinuity at a bulk concentration $x_2^l = 0.05$, corresponding to a sharp increase of the differential molar enthalpy of displacement $\Delta_{12}H_2$ at a surface concentration $\varphi_2^a = 0.3$. For tetradecanoic acid a similar dis-

continuity of the enthalpy of displacement isotherm occurs at a much lower bulk concentration ($x_2^l = 5 \times 10^{-4}$) which again corresponds to a surface concentration φ_2^a of about 0.3. For the octadecanoic system only the region of high surface concentrations ($\varphi_2^a > 0.7$) could be studied. At surface concentrations near a complete monolayer of solute ($\varphi_2^a > 0.9$) the slope of the graphs in fig. 9 becomes rather small for the higher carboxylic acids, corresponding to a low differential molar enthalpy of displacement $\Delta_{12}H_2$. This finding has some similarity with the decrease of the isosteric enthalpy of adsorption of vapors on g. c. b. near a complete monolayer. It may be due to adsorption of solute at the edges of homogeneous basal plane portions of the g. c. b. particles.

In the region of low surface concentrations ($\varphi_2^a < 0.3$) the differential molar enthalpy of displacement is small for all carboxylic acids (see table 3). These low values of $\Delta_{12}H_2$ correspond to the displacement of n-heptane by individual carboxylic dimers. The high values of $\Delta_{12}H_2$ for dodecanoic and tetradecanoic acid at higher surface concentrations ($\varphi_2^a > 0.3$) are attributed to the formation of a close-packed structure of carboxylic dimers in the adsorbed layer, as illustrated in fig. 5. In this case the differential molar enthalpy of displacement includes a contribution caused by the lateral interaction between the hydrocarbon tails of neighbouring pairs of carboxylic dimers. This conclusion is supported by the following facts: (i) The differential molar enthalpy $\Delta_{12}H_2$ of the region of higher surface con-

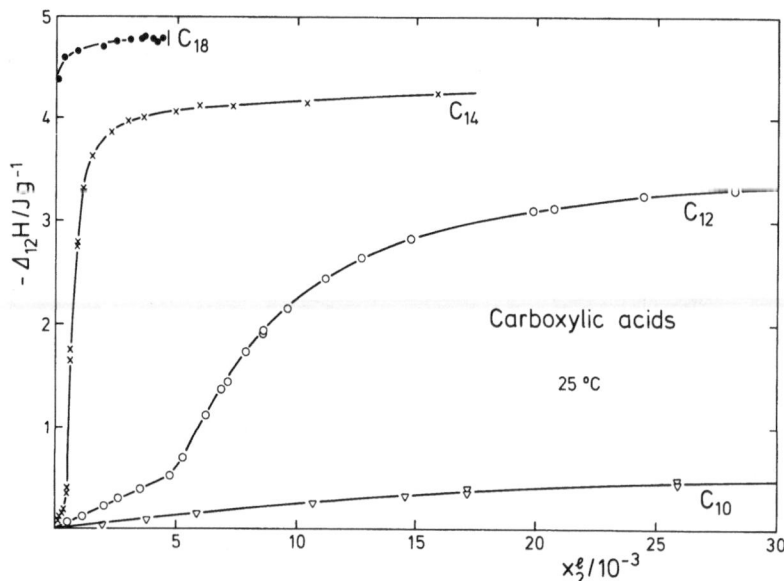

Fig. 8. Isotherms of the enthalpy of displacement, $\Delta_{12}H$, for the same systems as in fig. 7 at 25 °C.

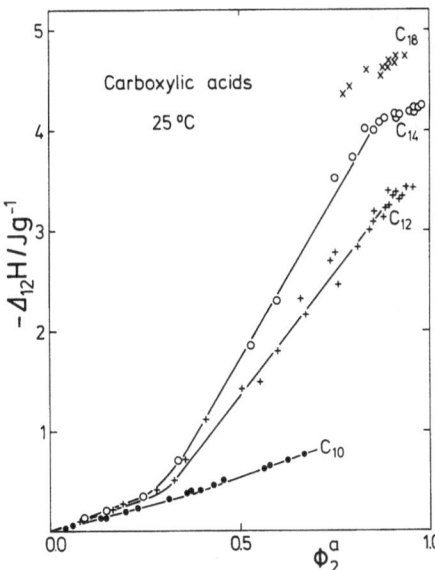

Fig. 9. Integral enthalpy of displacement, $\Delta_{12}H$, as a function of the fraction of surface φ_2^a covered by carboxylic acid at 25 °C, for the same systems as in figs. 7 and 8.

centrations increases strongly with increasing chain length of the carboxylic acids (see table 3). (ii) The integral molar enthalpy $\Delta_{12}H_m$ at $\varphi_2^a = 1$ also exhibits a marked increase from dodecanoic to octadecanoic acid (table 3).

The contribution of excess solute-solute interactions in the close-packed adsorbed monolayer (over and above the lateral interaction of isolated solute molecules or dimers with surrounding solvent), $H_2^a(2-2)$, to the molar enthalpy of displacement of solute can be estimated from the difference of the molar enthalpy of displacement at (or near) a complete monolayer of solute, $\Delta_{12}H_m$, and the differential molar enthalpy of displacement, $\Delta_{12}H_2$, at (or near) zero surface concentration of solute:

$$H_2^a(2-2) = \Delta_{12}H_m(\varphi_2^a = 1) - \Delta_{12}H_2(\varphi_2^a = 0). \quad [7]$$

For dodecanoic and tetradecanoic acid this contribution to the molar enthalpy of displacement amounts to roughly one half of the molar enthalpy of freezing of these substances (see table 3). This result and the similar result for n-docosane (3) seems not unreasonable for substances for which the lateral interaction in the adsorbed monolayer as well as the enthalpy of freezing results from nonspecific dispersion interactions between hydrocarbon chains. For 1-decanol, on the other hand, a major contribution to the lateral interaction in the adsorbed layer is due to the formation of hydrogen bonds whereas the corresponding contribution to the enthalpy of freezing will be small, as the pure alcohols are associated in the solid and liquid state (12). In this case the excess enthalpy of lateral interactions $H_2^a(2-2)$ is expected to be considerably larger than one half of the enthalpy of freezing, as is indeed found for 1-decanol (table 3).

It is of interest to compare the adsorption from dilute solutions with previous studies of pure liquid carboxylic acids at the liquid/graphite interface. From dilatometric measurements of the surface excess mass of the liquid it has been concluded (14) that higher carboxylic acids form a close-packed monolayer at the graphite basal plane, but only in a relatively narrow temperature range above the melting temperature. This result has been confirmed by calorimetric measurements of the enthalpy of immersion (15) which is also significantly higher in the same temperature range near the melting point than at higher temperatures. However, the close-packed monolayer of a carboxylic acid was found to be much less stable than a close-packed monolayer of the n-alkane with the same number of carbon atoms as the carboxylic acid dimer. The present work on dilute solutions confirms this result, as can be seen by comparing the surface excess isotherms of decanoic and dodecanoic acid (fig. 7) with the corresponding isotherm of n-docosane (fig. 2 and fig. 1 of ref. 3). It may be concluded that the bulky $(COOH)_2$ groups in the close-packed monolayer of carboxylic dimers destabilise this structure. In the arrangement shown in fig. 5 the number of interacting CH_2 groups of neighbouring carboxylic dimers is reduced by a shift of the chains along their major axis, which is caused by the bulky $(COOH)_2$ groups. This may be one reason why a solvated structure of the adsorbed monolayer (i. e., adsorbed carboxylic dimers surrounded by solvent molecules) is preferred at lower surface concentrations to the formation of close-packed arrays.

Acknowledgement

Financial support of this work by the Fonds der Chemischen Industrie e. V. is gratefully acknowledged.

Summary

The adsorption from dilute solutions of a series of carboxylic acids (decanoic, dodecanoic, tetradecanoic, and octadecanoic) and of other chain molecules (1-decanol, 1-bromo-octadecane) from n-heptane onto graphitised carbon black has been studied by measuring (i) the surface excess amount and (ii) the enthalpy of displacement. All solute molecules are adsorbed with their major axis parallel to the graphite basal plane and exhibit a tendency to form close-packed monolayers like the higher n-alkanes. 1-Decanol forms a close-packed monolayer phase already at low surface concentrations; the stability of this 2D-phase is attributed to chain association via hydrogen bonds. Carboxylic acids are adsorbed as cyclic dimers and form close-packed 2D arrays only at higher surface concentrations and lower temperatures; this is attributed to a decreased lateral interaction caused by the bulky $(COOH)_2$ groups. The contribution of lateral solute-solute interaction to the molar enthalpy of displacement is estimated from the dependency of this quantity on the surface concentration of solute. For the carboxylic acids this contribution amounts to roughly one half of the molar enthalpy of freezing.

Zusammenfassung

Die Adsorption einer Reihe von Carbonsäuren (Decansäure, Dodecansäure, Tetradecansäure und Octadecansäure) und anderer Kettenmoleküle (1-Decanol, 1-Brom-Octadecan) aus verdünnten Lösungen in n-Heptan an der Oberfläche von graphitiertem Ruß wurde durch Messungen (i) der Grenzflächenüberschußmenge und (ii) der Austauschenthalpie untersucht. Alle gelösten Stoffe werden präferentiell adsorbiert, wobei sich die Moleküle parallel zur Graphit-Basisfläche anordnen und eine Tendenz zur Ausbildung dichtgepackter Monoschichten zeigen, wie dies vorher im Fall langkettiger n-Alkane beobachtet worden war. 1-Decanol bildet bereits bei geringen Oberflächen-Konzentrationen eine dichtgepackte Monoschicht-Phase, deren Stabilität auf die Kettenassoziation der Alkohol-Moleküle in der adsorbierten Monoschicht zurückgeführt wird. Carbonsäuren werden als zyklische Dimere adsorbiert und bilden erst bei höheren Oberflächen-Konzentrationen und tieferen Temperaturen dichtgepackte geordnete Bereiche; die geringere Stabilität dieser dichtgepackten Anordnung wird der geringeren lateralen Wechselwirkung in der Monoschicht infolge der sperrigen $(COOH)_2$-Gruppen zugeschrieben. Der Beitrag der lateralen Wechselwirkung zwischen adsorbierten Kettenmolekülen zur molaren Austauschenthalpie wird aus der Abhängigkeit dieser Größe von der Oberflächen-Konzentration abgeschätzt. Für die Carbonsäuren ist dieser Beitrag etwa halb so groß wie die molare Schmelzenthalpie.

References

1) *Kipling, J. J.,* Adsorption from Solutions of Non-Electrolytes, Chap. 7, p. 118, Academic Press (London 1965).
2) *Groszek, A. J.,* Proc. Roy. Soc. (London) **A 314,** 473 (1970).
3) *Kern, H. E., A. Piechocki, U. Brauer, G. H. Findenegg,* Progr. Colloid & Polymer Sci. **65,** 118 (1978).
4) *Kern, H. E., G. H. Findenegg,* J. Colloid Interface Sci. (eingereicht zur Veröffentlichung).
5) *Everett, D. H.,* Progr. Colloid & Polymer Sci. **65,** 103 (1978).
6) *Kipling, J. J., E. H. M. Wright,* J. Chem. Soc. **1962,** 855.
7) *Kipling, J. J., E. H. M. Wright,* J. Chem. Soc. **1963,** 3382.
8) *Liphard, M., G. H. Findenegg* (in preparation).
9) *Everett, D. H., R. T. Podoll,* in: *D. H. Everett* (ed.), Colloid Science (Specialist Periodical Reports), Vol. 3, Chap. 2, Equ. (49) (London 1979).
10) Handbook of Chemistry and Physics, *R. C. Weast* (ed.), 52. Edition, Chemical Rubber Publishing Comp. (1971).
11) *Findenegg, G. H.,* Monatshefte Chem. **101,** 1081 (1970); ibid. **104,** 998 (1973).
12) *Kohler, F., P. Huyskens,* Adv. Molec. Relaxation Processes **8,** 125 (1976); see also *F. Kohler,* The Liquid State, Chap. 12, Verlag Chemie (Weinheim 1972).
13) *Findenegg, G. H.,* J. Chem. Soc. Faraday Trans. I **68,** 1799 (1972).
14) *Findenegg, G. H.,* J. Chem. Soc. Faraday Trans. I **69,** 1069 (1973).
15) *Wightman, J. P.,* Paper presented at the EUCHEM Conference on Chemistry of Interfaces, Collioure (France) (April 1976).

Author's address:

Prof. *G. H. Findenegg,* Dipl.-Chem. *P. Glanz,*
Dipl.-Chem. *M. Liphard, G. Pilarski*
Physikalische Chemie II
Ruhr-Universität Bochum
Postfach 102 148
D-4630 Bochum 1

Progr. Colloid & Polymer Sci. **67**, 141 (1980)
© 1980 by Dr. Dietrich Steinkopff Verlag GmbH & Co. KG, Darmstadt
ISSN 0340-255 X

Vorgetragen auf der Hauptversammlung der Kolloid-Gesellschaft e.V. in Regensburg,
2. bis 5. Oktober 1979

Meß- und Prüflaboratorium, BASF Aktiengesellschaft, Ludwigshafen am Rhein

Mechanisch und thermisch verursachte Strukturveränderungen des kolloidalen Systems „Polyethylen"*

G. Kanig

Zusammenfassung

Eine vor wenigen Jahren entwickelte Kontrastiermethode ermöglichte unter dem Elektronenmikroskop die Sichtbarmachung der kristallinen und der amorphen Phase von Polyolefinen. Diese Methode gestattet auch sekundenschnell Feinstrukturen direkt bei höheren Temperaturen abzufangen und zu fixieren. Es konnten dadurch Strukturveränderungen beim Verstrecken und Tempern von Polyäthylen-Fäden datailliert untersucht werden.

Zunächst werden Ultradünnschnittaufnahmen von erstarrten deformierten Polyäthylenschmelzen (Blasfolien und gezogene Fäden) gezeigt, die Vorzugsorientierungen der Kristallamellen senkrecht zur Abzugsrichtung erkennen lassen.

Die Feinstrukturveränderungen beim kalten Nachverstrecken (9fach und 25fach) von Polyäthylenfäden bestätigen nur zum Teil die Vorstellungen von A. Peterlin über diesen Vorgang. Mikrofibrillen, bestehend aus Kristallblöckchen der zerstörten Lamellen, im Endzustand der Verstreckung konnten nicht gefunden werden. Es lag eher ein stark uniaxial verstrecktes unregelmäßiges Polymernetzwerk vor, das durch Kristallblöckchen, fungierend als polyfunktionelle Vernetzer, verknüpft ist.

Zwei Vorgänge beherrschen die Strukturveränderungen beim Tempern der nachverstreckten Fäden: die Rückknäuelung und die Rekristallisation.

Die Strukturveränderungen sind bei lose und bei eingespannt getemperten Fäden unterschiedlich. Die ersteren zeigen schon nach 2 sec unter Schrumpf die Ausbildung von großen Lamellen, wie im Ausgangsfaden, während die letzteren dünnere und kleinere Lamellen erkennen lassen, die aber besser senkrecht zur Fadenrichtung orientiert sind. Im ersten Fall wird eine gekoppelte Rückknäuelung der Kettenmoleküle zu Grunde gelegt und im zweiten Fall eine entkoppelte Rückknäuelung. Im weiteren Verlauf wird bei lose getemperten Fäden der erste Mechanismus durch den zweiten überlagert.

Das Verhalten der verstreckten Fäden beim Tempern ist gut vereinbar mit dem Modell der verfilzten Knäuel von Flory.

Summary

A staining method developed a few years ago allows the crystalline and amorphous phases of polyolefins to be visible under the electron microscope. Even rapidly fleeting ultra-structures can be arrested and fixed directly at elevated temperatures. By this means, changes in structure that occur during stretching and annealing of polyethylens filaments can be studied in detail.

First of all, ultramicrotome sections of solidified and deformed polyethylene melts (blown film and monofilaments after haul-off) are shown, in which the preferred direction of orientation of the crystal lamellae at right angles to the direction of haul-off can be recognized.

The changes in ultrastructure that occur when polyethylene monofilaments are cold-stretched (to 9 and 25 times their original lenght) confirm only part of A. Peterlin's theory on this mechanism. Microfibrils consisting of crystalline blocks of the disturbed lamellae could not be detected in the final stretching phase. What was more evident was a strongly uniaxially stretched irregular polymeric network held together by blocks of crystals that act as polyfunctional crosslinks.

Two mechanisms govern the change in structure during annealing of the stretched monofilaments: recoiling and recrystallization.

The structural changes that occur during annealing of monofilaments that are free to contract differ from those of clampid monofilaments. After only two seconds' shrinkage, large lamellae are formed in the former, whereas thinner and smaller lamellae can be seen in the latter. In the first case, it is assumed that the chain molecules remain coupled together during recoiling; and in the second case, they are decoupled. In monofilaments that are free to contract, the first mechanism is superimposed on the second at longer annealing times.

The annealing behaviour observed on stretched monofilaments agrees well with the Flory's model of entangled coils.

---

*) erscheint in der „Journal of Crystal Growth" unter dem Titel: Direkte Beobachtung von Polyäthylen-Feinstrukturen und ihre Veränderungen beim Verstrecken und Tempern

Anschrift des Autors:

G. Kanig
BASF AG
6700 Ludwigshafen

Progr. Colloid & Polymer Sci. **67**, 143 – 148 (1980)
© 1980 by Dr. Dietrich Steinkopff Verlag GmbH & Co. KG, Darmstadt
ISSN 0340-255 X

Lectures during the conference of the Kolloid-Gesellschaft e.V.,
October 2–5, 1979 in Regensburg

Experimentelle Physik, Universität Ulm

Deformation and microstructure in uniaxially stretched PE

B. Heise, H.-G. Kilian, and *W. Wulff*

With 8 figures

List of symbols

l_0	original length of a sample
l	length of a stretched sample
$\lambda = \dfrac{l}{l_0}$	draw ratio
p	pressure
N	number of particles in a gas
k	Boltzmann constant
T	temperature (K)
N_1	number of crosslinks in a network
$\psi(\lambda) = \left(\lambda^2 + \dfrac{2}{\lambda} - 3\right)\Big/2$	deformation function
$\overset{\lambda}{\psi}(\lambda) = \dfrac{\mathrm{d}\psi}{\mathrm{d}\lambda} = \lambda - \lambda^{-2}$	derivative of $\psi(\lambda)$
f	force per unit area
a, b	van der Waals parameters
a_0, b_0	parameters of real network theory
λ_m	theoretical maximal elongation of a network
$f_i(\lambda) = \dfrac{3 <\cos^2 \vartheta> - 1}{2}$	orientation parameter
w^c	degree of crystallinity
$\varphi(\lambda)$	parametric function designing relative amount of not sheared crystals

1. Introduction

Deformed polymers are analyzed and oriented states are measured to derive a mechanical equation of state. Such a mechanical equation of state should describe the full relation between stress and strain tensor depending on temperature. In most polymer cases the aim is far from being reached. One cause is the lack of exact knowledge about microstructure and its changes during the deformation process.

Relationships between structure and stress-strain relations are studied for uniaxially stretched PE. The existence of a network consisting of structure-memory crosslinks is examplified. This network especially governs deformation at high elongations whereas solid state deformation processes complicate the deformation behaviour at low elongations.

2. Experiments

LDPE and HDPE *) were streched uniaxially at temperatures of 20 °C and 80 °C with elongation rates between 400% min⁻¹ and 1% min⁻¹. Stress-strain curves were measured. Samples were kept stretched and analyzed by WAXS, SAXS and by electronmicroscopy. From WAXS average crystal orientations (1) and average crystal dimensions (line profile analysis) (2) were determined. Parameters of the colloid structure were derived from SAXS-pattern. Electronmicroscopic pictures of samples were prepared by the method of *Kanig* (3). The stretched samples were relaxed after SAXS- and WAXS-examination and heated in steps for free shrinkage. The relaxed and shrinked samples were again analyzed by WAXS and SAXS.

3. Network theory

Hosemann, Loboda-Čačkovič and Čačkovič (4) have shown that highly stretched HDPE ($\lambda = 16$) can be retransformed by thermal treatments to its original shape. This finding can only be understood from the existence of a molecular

---

*) Lupolen 1810 H and Lupolen 6041 D of BASF, Ludwigshafen, Hostalen GUR 412, of Hoechst AG., Frankfurt (Main)-Hoechst.

network which has been formed during crystallization of the isotropic sample and the structure of which seems not to be modified significantly during deformation.

The conception of a structure-memory network even in partially crystallized polymers stimulates an application of a new network theory recently developed by *Kilian* (5, 6). The starting point of this theory is to consider an uniaxially stretched Gaussian network as an "ideal conformational gas" in analogy the model of an ideal gas in the physical space. This basic correspondence is easily seen from the comparison of the equation of states

$$p = N k T \cdot \frac{1}{V} \qquad \text{ideal gas} \qquad [1]$$

$$f = N_1 k T \cdot \overset{\lambda}{\psi} \cdot \frac{\langle r^2 \rangle}{\langle r_0^2 \rangle} \qquad \text{ideal network} \qquad [2]$$

with $\overset{\lambda}{\psi} = \lambda - \lambda^{-2}$.

The extension of eq. [2] to real molecular networks is evident if performed in the same manner as presented by the construction of the van der Waals equation of state

$$p = \frac{N k T}{V - b} - \frac{a}{V^2} \qquad [3]$$

$$f = \left\{ \frac{N_1 k T \overset{\lambda}{\psi}}{1 - b_0 \overset{\lambda}{\psi}} - a_0 \overset{\lambda}{\psi} \right\} \frac{\langle r^2 \rangle}{\langle r_0^2 \rangle} \qquad [4]$$

with $b_0 = \dfrac{1}{\overset{\lambda}{\psi}(\lambda_m)} = \dfrac{1}{\lambda_m - \lambda_m^{-2}}$.

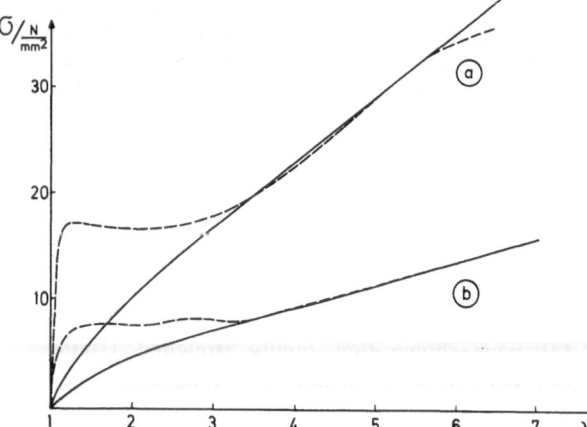

Fig. 1. Stress-strain behaviour of uniaxially drawn HDPE (a) and LDPE (b)
– – – – measured ($T_v = 20$ °C, $\lambda = 0.01$ min⁻¹)
––––– calculated with (4)
(HDPE, $\lambda_m = 18$, $a = 0.08$
LDPE, $\lambda_m = 20$, $a = 0.13$).

The parameter λ_m takes into consideration the "Eigenlength" of a chain, while the parameter a_0 regards local energetic interactions between the chains. The retractive force in real networks is thus not only intramolecular in its origins. With eq. [4] the stress-strain relation of networks can be fully described for uniaxial tension and compression.

Now the question arises if an application of this theory is allowed for describing the stress-strain behaviour of partially crystallized polymer with a structur-memory network. (Results are shown in fig. 1.) The stress-strain dependance is obviously described fairly well at $\lambda > 3$, while for elongations $\lambda < 3$ systematic discrepancies appear which will be discussed in the following section.

It is worthwhile to note, that the crystals do act here as "plastic fillers". The form of their stacks will be transformed in the average according to the affine transformation law. Hence, the modulus of the total system is in fact dependent on the degree of crystallinity w^c (8).

4. Structure changes in PE during deformation

4.1. Range of elongation $1 < \lambda < 3$

Hitherto the crystals in PE have not been considered as solids. Crystals as the solid state components of the sample are deformed by various crystallographic modes (7) the most probable one is sliding along planes parallel to the chain axes. These modes briefly called "shearprocesses", govern the network-transformation in the range of $1 < \lambda < 3$.

Starting from the isotropic state with lamellae cluster (fig. 2) cooperative shearing of stacks of crystals within a cluster (fig. 3) happens at small strain yielding a continous decrease of the lateral dimensions of the x-ray coherence regions (fig. 5). This deformation process is indeed an often found characteristic in our electronmicroscopic investigations. It justifies the shear model (1) with the aid of which the orientation distribution functions and SAXS-patterns of uniaxially deformed PE can be computed provided that $\lambda < 3$.

For $\lambda < 3$ the majority of crystals is sheared such that they are able to return to their original position if restraints are raised by a proper thermal treatment. During this heat induced shrinkage an orientation behaviour is observed with parameters $f_i(\lambda)$ which are the same as obtained during the stretching process (fig. 4).

Fig. 2. Electron micrograph of stained HDPE showing lamellar microstructure with clusters of lamellae.

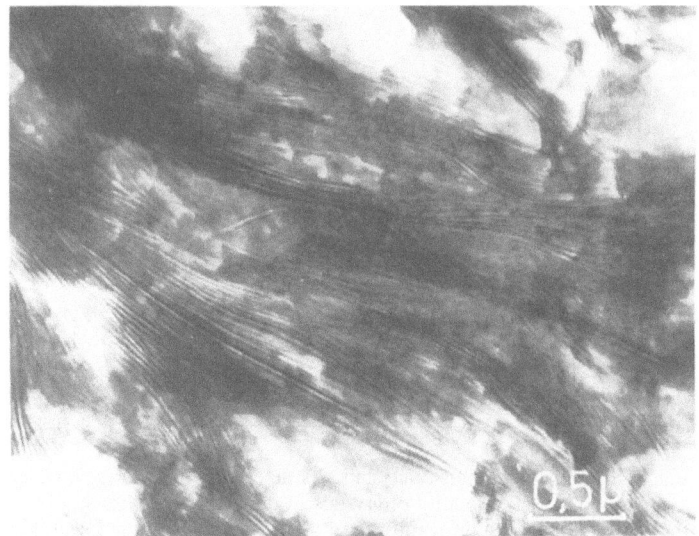

Fig. 3. Electron micrograph of stained HDPE showing cooperative shearing of stacks of crystals within a cluster (uniaxially drawn at $T = 80$ °C, $\lambda = 1.4$, draw direction: horizontal).

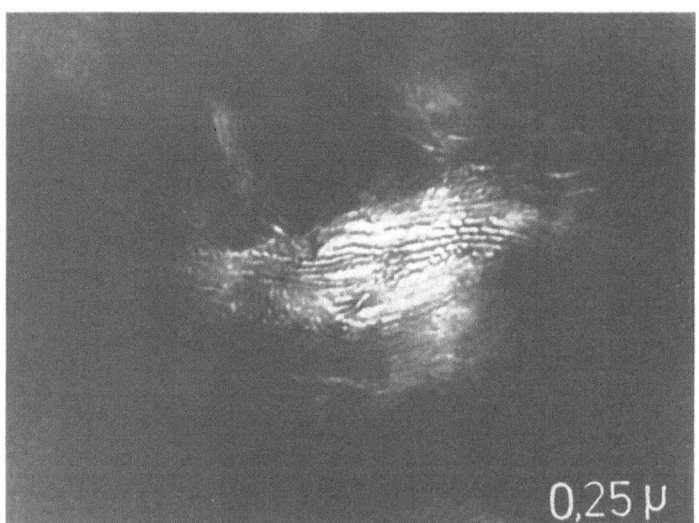

4.2. Range of elongation $\lambda > 3$

With increasing draw ratio a decrease of the crystal thickness is also observed (fig. 5). The SAXS-patterns show layer lines which correspond to average "long periods" up to two times smaller than in the isotropic state. From various physical observations (for example also stretching calorimetry) a mechanismus of melting and recrystallization is suggested, thus, transforming the original lamellae into fibrils. This fibrillar structure can be seen in electronmicroscopy micrographs (fig. 6).

A quite different orientation behaviour during stretching results from the new microstructure. Heat induced reorientation shrinks the sample

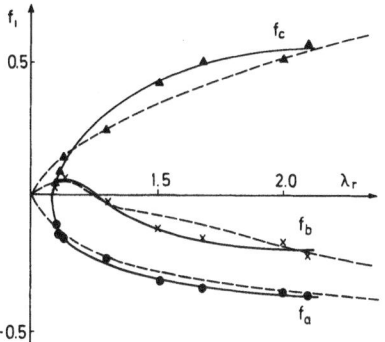

Fig. 4. Orientation parameters $f_i (\lambda_r)$ of crystallographic axes, a, b, c as function of the "draw ratio" λ_r after heat induced shrinkage for a uniaxially drawn ($\lambda = 2.1$) LDPE sample.
Dashed lines show the orientation parameters for uniaxial drawing.

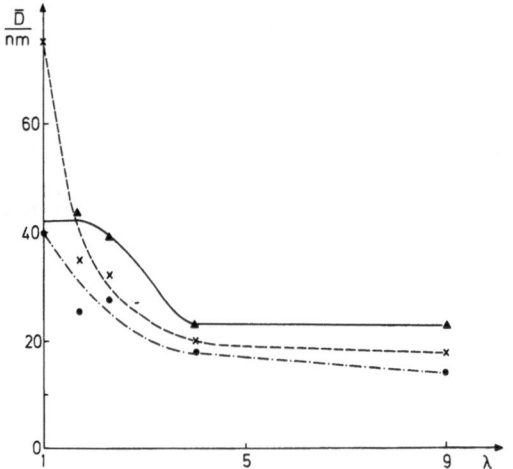

Fig. 5. Principal diameters of crystals characterizing the average shape of the totality of crystals in uniaxial deformed HDPE against draw ratio
($\bullet$, x representing $\bar{D}_1$, $\bar{D}_2$ "lateral" diameters, $\blacktriangle$ representing $\bar{D}_3$ "longitudinal" parameters).

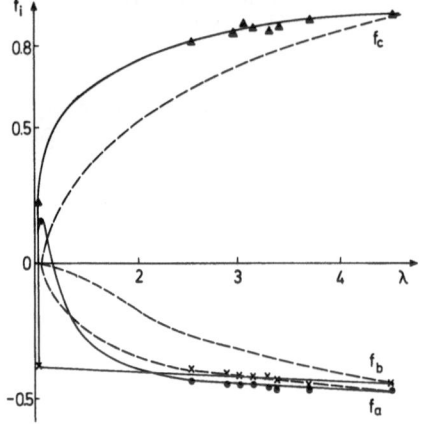

Fig. 7. Orientation parameters f_i (λ_r) of crystallographic axes a, b, c as function of "draw ratio" λ_r after heat induced shrinkage for an uniaxially drawn ($\lambda = 4.6$) LDPE. Dashed lines show the dependance of orientation parameters for uniaxial drawing.

nearly to the original isotropic state but occupying different states than observed during stretching. These differences, illustrated in fig. 7, should mainly be originated by oriented recrystallization.

5. Stress-strain behaviour of a network with crystals

The extended model of a molecular network with plastic fillers describes the stress-strain dependance only in the range $\lambda > 3$ for LDPE and HDPE samples uniaxially stretched at different temperatures and different draw rates with parameters (λ_m, a_0, w^c) only dependent on T. The change in microstructure must evidently influence the stress-strain behaviour in the range within $\lambda < 3$.

At very small draw ratios $\lambda < 1.1$ the crystals behave approximately like solid fillers. The high stress-increment should result from the elastic and paraelastic strains of the relatively short chain segments within the amorphous regions as well as from solid state deformations of the crystals. The original network (a "cluster network") is thus characterized by very short "chains".

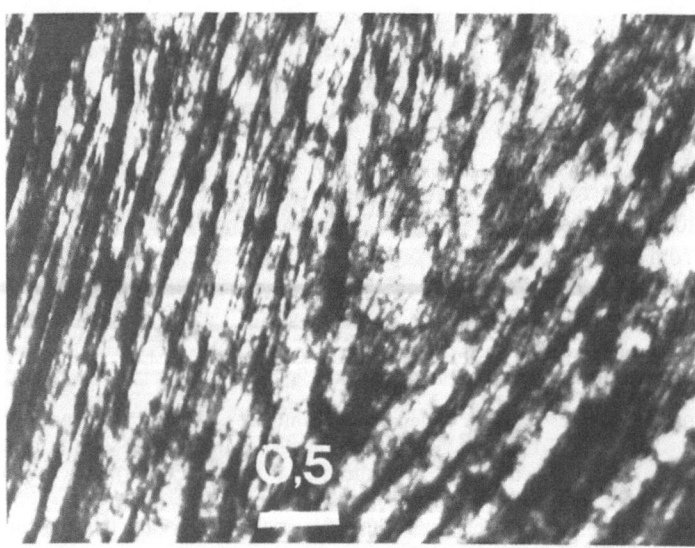

Fig. 6. Electron micrograph of stained HDPE with fibrillar microstructure (uniaxially drawn $T = 80$ °C, $\lambda = 7$, draw direction: vertical).

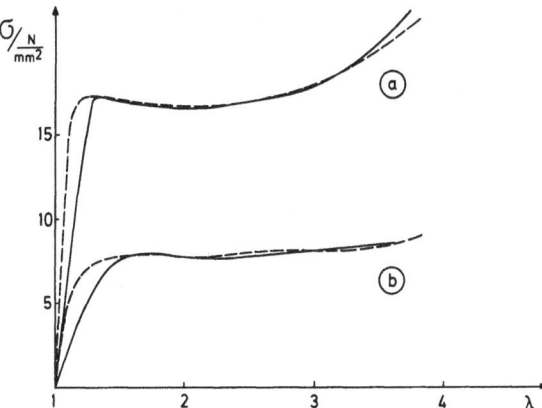

Fig. 8. Stress-strain behaviour of uniaxially drawn HDPE (a) and LDPE (b) (samples differ from those of fig. 1 by another thermal pretreatment).
- - - - measured
——— calculated with (5)
(HDPE: $\lambda_m = 26$, $a_0 = 0.05$
LDPE: $\lambda_m = 20$, $a_0 = 0.11$).

For draw ratios $1.1 < \lambda < 3$ the network is transformed by plastic deformation, melting and crystallization of crystals thus modifying their crosslinking functions. With increasing draw ratio the original crystal network proceeds to the final molecular network with plastic fillers.

The influence of the crystals on the transformation process can be taken in account by following considerations.

In the range of $1.1 < \lambda < 3$ the deformation processes are heterogeneous being dependent on the local boundary conditions: There should exist fractions of crystals subjected to solid state transformations while other parts behave like plastic fillers. Simplifying, we consider the complex situation be characterized by the volume fraction $\varphi(\lambda)$ of the solid crystals. The average elongation of the amorphous layers λ_a should therefore represented by

$$\lambda_a = \frac{\lambda - \varphi}{1 - \varphi} \qquad 0 \le \varphi < 1$$

with λ designated to the macroscopical elongation. In the range of $\lambda > 3$ with plastic fillers φ is equal to zero. The larger the fraction of solids φ the higher the actual deformation λ_a.

With the modified network equation

$$f = \frac{m\,k\,T}{\lambda_m^2\,M} \cdot \frac{\langle r^2 \rangle}{\langle r_0^2 \rangle} \cdot \frac{1}{(1 - w^c)} \overset{\lambda}{\psi}_a \{B - a_0 \overset{\lambda}{\psi}_a(\lambda_m)\}$$

$$[5]$$

$$\overset{\lambda}{\psi}_a = \lambda_a - \lambda_a^{-2}; \qquad B = \frac{\overset{\lambda}{\psi}(\lambda_m)}{\overset{\lambda}{\psi}(\lambda_m) - \overset{\lambda}{\psi}(\lambda_a)}$$

we arrive at the representation of the isothermal experiments as shown in fig. 8 whereby the network parameters λ_m and a_0 have been taken invariant.

In spite of discrepancies essentially at very small λ we recognize a substantially correct description of the $f(\lambda)$-results in LDPE and HDPE. There is – without any doubts – need of taking into consideration the energy of the solid state deformations to improve the description for small λ.

6. Final Remarks

It was the objective of the paper to prove the utility of properly modified network concepts for a quantitative description of the stress-strain dependences observed for uniaxially stretched PE's. The preliminary results are yet sufficient for formulating the following statements:

a) There are no doubts of the existence of a molecular network in partially crystallized polymers.

b) The crystals may be considered as multifunctionally crosslinking fillers.

c) In the original crystal network shear-processes do determine the characteristics of the orientation patterns and therefore as well the contributions of solid state deformations to the stress in the range of small $\lambda < \lambda_1$ ($\lambda_1 \approx 1.1$ for PE).

d) For $\lambda_1 < \lambda < \lambda_2$ the transformation of the fillers will more and more occur by local melting and recrystallization ($\lambda_2 \approx 3$ for PE).

e) For all $\lambda > \lambda_2$ the sample – representing a molecular network with plastic fillers – will be transformed homogeneously ($\varphi = 0$) according to the affine transformation law.

f) If a full description of the deformation is intended internal parameters are necessary being assigned to restraints which appear with the plastic transformation of the crystals.

g) A general discussion of stability criteria during the deformation of partially crystallized polymer systems is wanted.

Hence, there are many open questions the answer to which will bring the refinements of these first considerations of the stress-strain behavior in partially crystallized systems with a continuously transformed microstructure over the total range of elongations.

Summary

The stress-strain relation for uniaxially stretched PE ist discussed on the base for theory of real molecular networks with the crystals taking as active fillers. Microstructure changes by solid state deformation of the crystals, their local melting and recrystallization. The solid state transformations influence the deformation behaviour up to draw ratios of $\lambda < 3$.

At higher draw ratios PE is transformed homogeneously with the crystals acting at least as plastic fillers. With a simple consideration of these structural processes a first approach to a quantitation description of stress-strain relationship is achieved.

Zusammenfassung

Die Spannungs-Dehnungs-Beziehung uniaxial verstreckter Polyäthylene wird auf der Grundlage der molekularen Netzwerk-Theorie diskutiert. Die Kristalle werden als aktive Füller behandelt. Die Mikrostruktur ändert sich durch Festkörperdeformation der Kristalle, lokalem Aufschmelzen und Rekristallisation. Die Festkörpertransformationen beeinflussen das Deformationsverhalten für Verstreckgrade bis $\lambda < 3$.

Bei höherem Verstreckgrad wird PE homogen deformiert, wobei die Kristalle zumindest als plastische Füller eine Rolle spielen. Berücksichtigt man diese Strukturvorgänge, kann in einer ersten Näherung die Spannungs-Dehnungs-Beziehung quantitativ beschrieben werden.

References

1) *Heise, B., H.-G. Kilian, M. Pietralla*, Progr. Colloid & Polymer Sci. **62,** 16 (1977).
2) *Martis, K. W., W. Wilke*, Progr. Colloid & Polymer Sci. **62,** 44 (1977).
3) a) *Kanig, G.*, Progr. Colloid & Polymer Sci. **57,** 176 (1975).
   b) *Kanig, G.*, Colloid & Polymer Sci. **251,** 15 (1973).
4) *Hosemann, R., J. Loboda-Čačkovič, H. Čačkovič*, Ber. Bunsengesellschaft f. phys. Chemie **77,** 1044 (1973).
5) *Kilian, H.-G.*, Physikalische Blätter **35,** 642 (1979).
6) *Kilian, H.-G.* (to be published in Polymer).
7) *Pietralla, M.*, Colloid & Polymer Sci. **254,** 249 (1976).
8) *Kilian, H.-G., D. Klattenhoff*, Progr. Colloid & Polymer Sci. **64,** 303 (1978).

Anschrift der Verfasser:

Dr. *B. Heise*
Universität Ulm
Experimentelle Physik
Oberer Eselsberg
D-7900 Ulm

Progr. Colloid & Polymer Sci. **67**, 149 (1980)
© 1980 by Dr. Dietrich Steinkopff Verlag GmbH & Co. KG, Darmstadt
ISSN 0340-255 X

Vorgetragen auf der Hauptversammlung der Kolloid-Gesellschaft e.V. in Regensburg,
2. bis 5. Oktober 1979

Institut für Physikalische Chemie der Universität Mainz und Sonderforschungsbereich 41

Röntgenkleinwinkel-Untersuchungen zur Struktur der Crazes (Fließzonen) in Polycarbonat und Polymethylmethacrylat

E. Paredes und *E. W. Fischer*

Zusammenfassung

Es wurden Röntgenkleinwinkel-Untersuchungen an Polycarbonat- und Polymethylmethacrylat-Proben mit Crazes durchgeführt. Die Streuung in Richtung senkrecht zur Verstreckrichtung zeigt ein scharf ausgeprägtes Maximum, das durch interpartikuläre Interferenz zwischen den Polymerfibrillen in den Crazes verursacht wird. Der mittlere Fibrillendurchmesser $\bar{a}$ kann aus der Lage des Beugungsmaximums und aus dem asymptotischen Verhalten der Streukurve bestimmt werden.

Die Ergebnisse zeigen, daß der Fibrillendurchmesser mit steigender Verstrecktemperatur zunimmt und mit wachsender Verstreckgeschwindigkeit abnimmt. Dieses Verhalten kann zu der Abhängigkeit der Fließspannung σ_y von den Verstreckbedingungen in Beziehung gesetzt werden. Es zeigt sich, daß die Größe $\bar{a}\,\sigma_y$, die als Fibrillierungsenergie bezeichnet wird, konstant bleibt. Aufgrund dieser Feststellung wird das Modell der „Meniskus-Instabilität" von Argon und Salama diskutiert. Eine einfache Erklärung der Ergebnisse stützt sich auf eine Energie-Bilanz für das Craze-Wachstum.

Summary

Small angle X-ray scattering measurements were made on samples of polycarbonat and poly(methylme-thacrylate) containing crazes. A sharp, well pronounced maximum in the scattering intensity was observed in the direction perpendicular to the draw direction. The average diameter $\bar{a}$ of the craze fibrils can be determined from the position of the scattering intensity maximum and from the asymptotic behaviour of the scattering curve. It was found that $\bar{a}$ increased with increasing draw temperature and decreased with increasing draw rate. We can attribute this behaviour to the dependence of the yield stress σ_y on the drawing conditions, because $\bar{a}\sigma_y$ was found to remain constant. On the basis of this observation the results are discussed in terms of the "meniscus instability" model of Argon and Salama. Also the product $\bar{a}\sigma_y$ (σ_y, drawing stress) remains constant by different drawing conditions. A simple explanation of the results can be then given by proposing an energy balance during craze growth.

Anschrift der Verfasser:

Dr. *E. Paredes*, Prof. Dr. *E. W. Fischer*
Institut für Physikalische Chemie
der Universität Mainz und
Sonderforschungsbereich 41
6500 Mainz

Progr. Colloid & Polymer Sci. **67**, 151 – 152 (1980)
© 1980 by Dr. Dietrich Steinkopff Verlag GmbH & Co. KG, Darmstadt
ISSN 0340-255 X

Vorgetragen auf der Hauptversammlung der Kolloid-Gesellschaft e.V. in Regensburg,
2. bis 5. Oktober 1979

Deutsches Kunststoff-Institut, Darmstadt

Morphologie von Polyvinylidenfluorid-Polymethylmethacrylat-Mischungen

W. Ullmann und *J. H. Wendorff*

Zusammenfassung

Strukturelle und thermodynamische Eigenschaften wurden für Mischungen aus Polymethylmethacrylat und Polyvinylidenfluorid im gesamten Konzentrationsbereich mittels röntgenographischer und kalorimetrischer Untersuchungsmethoden bestimmt. Es zeigte sich, daß in der Schmelze sowie bei niedrigen PVDF-Konzentrationen auch im Glaszustand eine homogene Mischung vorliegt. Die Entmischung bei niedrigen Temperaturen führte zur Ausbildung von PVDF-Kristallen in einer Matrix, die aus einer Mischung von PVDF und PMMA bestand. Aus Untersuchungen zur Schmelzpunktsdepression dieser Kristalle konnte der Flory-Huggins-Wechselwirkungsparameter χ_{21} bestimmt werden. Er erwies sich als negativ und abhängig von der Konzentration der Mischungspartner.

Summary

Structural and thermodynamic properties of blends of poly(methylmethacrylate) and poly(vinylidene fluoride) were analyzed by means of X-ray diffraction and calorimetric measurements for the whole concentration range. The molten state as well as the glassy state for blends with low concentrations of PVDF were found to be homogeneous. The phase separation which takes place at lower temperatures leads to the formation of PVDF-crystals within a matrix of PVDF and PMMA. Data on the Flory-Huggins-interaction parameter χ_{21} were obtained from studies of the melting point depression of these crystals. The value turned out to be negative and to depend strongly on the concentration.

Teilkristallines Polyvinylidenfluorid (PVDF) und ataktisches amorphes Polymethylmethacrylat (PMMA) sind im geschmolzenen Zustand im gesamten Konzentrationsbereich verträglich. Das Vorliegen einer Verträglichkeit konnte aus der Analyse der Weitwinkelstreuung der Mischung als Funktion der Konzentration gefolgert werden. Die Winkellage des amorphen Halos verschiebt sich nahezu linear mit der Konzentration. Die Breite des Halos läßt sich durch die Überlagerung der Abstandsschwankungen zwischen gleichen Partikeln und Schwankungen, die durch die unterschiedliche Partikelgröße der Mischungspartner hervorgerufen werden, darstellen. Aus der Analyse der Abhängigkeit der Glastemperatur der Mischungen von der Konzentration mittels dilatometrischer und röntgenographischer Methoden konnte ebenfalls auf die Homogenität der Mischung geschlossen werden.

Durch geeignete Temperaturführung beim Abkühlen des Materials aus der Schmelze bzw. durch Tempern in einem geeigneten Temperaturbereich konnte eine Entmischung induziert werden, die zur Ausbildung reiner PVDF-Kristalle in einer Matrix aus PMMA und PVDF führte. Der Schmelzpunkt dieser Kristalle wird sowohl durch morphologische Parameter (Kristallitgröße) als auch durch die Thermodynamik der Mischung bestimmt. Eine Trennung dieser Einflüsse war möglich. Die für einen unendlich großen Kristall extrapolierten Werte des Schmelzpunktes sinken mit wachsendem PMMA-Gehalt ab. Aus dieser Abhängigkeit konnte der Flory-Huggins-Wechselwirkungsparameter bestimmt werden. In Übereinstimmung mit der Literatur erweist er sich als negativ (1). Er variiert zwischen $-1,6$ bei hohen PVDF-Gehalten und $-0,1$ bei niedrigen PVDF-Gehalten. Sehr ähnliche Ergebnisse ergaben sich auch aus der Bestimmung von Konzentrationsfluktuationen in der Mischung durch Röntgenkleinstreuung (2). Es treten somit bevorzugte Wechselwirkungen zwischen ungleichen Partnern im Gemisch auf.

Der Kristallinitätsgrad der Proben nahm mit wachsender Temperatur und wachsendem

PVDF-Gehalt auf charakteristische Weise zu. Diese Abhängigkeit konnte durch eine Masterkurve repräsentiert werden. Die Differenz zwischen der Glastemperatur der Mischung und der Temperatur, oberhalb der die erste Spur einer Kristallisation einsetzt, wächst mit zunehmendem PMMA-Gehalt. Oberhalb einer PMMA-Konzentration von 90 Gewichts-% tritt keine Kristallisation des PVDF mehr ein. Die Existenzbereiche der homogen gemischten und der entmischten Phasen wurden angegeben.

Literatur

1) *Nishi, T., T. T. Wang*, Macromolecules **8**, 909 (1975).
2) *Wendorff, J. H.*, J. Polym. Sci., Polym. Lett., (eingereicht 1979).

Anschrift der Verfasser:

Dipl.-Phys. *W. Ullmann*, Dr. *J. H. Wendorff*
Dtsch. Kunststoff-Institut
Schloßgartenstr. 6R
D-6100 Darmstadt

Progr. Colloid & Polymer Sci. **67,** 153 – 158 (1980)
© 1980 by Dr. Dietrich Steinkopff Verlag GmbH & Co. KG, Darmstadt
ISSN 0340-255 X

Vorgetragen auf der Hauptversammlung der Kolloid-Gesellschaft e.V. in Regensburg,
2. bis 5. Oktober 1979

Fritz-Haber-Institut der MPG, Teilinstitut für Strukturforschung, Berlin-Dahlem (Deutschland)

Einfluß der Mikroparakristalle auf die Eigenschaften von Polymeren *)

R. Hosemann

Mit 5 Abbildungen und 1 Tabelle

1. Einleitung

Es ist auffallend, daß auf allen in diesem Jahr
in Deutschland stattgefundenen regionalen und
internationalen Tagungen Hauptvorträge über
synthetische Polymere gehalten wurden, der großen Bedeutung dieser Werkstoffe also offensichtlich Rechnung tragend. Die Physik der Polymeren kam dabei aber durchweg zu kurz, denn
von der Existenz der Mikroparakristalle erfuhr
der Zuhörer meist nicht einmal den Namen. Im
folgenden soll deshalb kurz und bündig ohne viel
Mathematik dargestellt werden, was ein Parakristall ist und welche praktische Bedeutung er hat.
Der Präsident der Deutschen Physikalischen Gesellschaft, Herr Prof. *Welker,* hat dankenswerterweise hier eine Initiative ergriffen und veranlaßt,
daß ein aufklärender Artikel in den Physikalischen Blättern erschienen ist (1). In den Berichten
der Bunsen-Gesellschaft für physikalische Chemie erscheint z. Z. eine ähnliche Arbeit, diesmal
auf die Belange der physikalischen Chemie aus-
gerichtet. Hier stellen wir die kolloiden Eigenschaften von synthetischen Polymeren in den
Vordergrund. Vor etwa vier Jahren erschien in
dieser Zeitschrift zwar schon ein entsprechender
Artikel (2), aber er fand offensichtlich wenig Re-
sonanz, weil die sich eröffnende Gedankenwelt
allzu ungewohnt ist. Es scheint deshalb notwendig, ihn hier entsprechend zu ergänzen, damit die
Theorie des Parakristalls den sachlich erforderlichen Eingang in die Kolloidwissenschaft der Polymeren finden kann.

---

*) Herrn Prof. Dr. *Hermann Mack* zum 85. Geburts-
tag gewidmet.

2. Was ist ein Parakristall?

Abb. 1 zeigt eine zweidimensionale Struktur
aus quadratisch angeordneten Einpfennigstük-
ken. Der Erbauer dieses Modells hat den Bausteinen
des Gitters sozusagen die Eigenschaft einge-
haucht, nach vier Nachbarn zu suchen. Proble-
matisch wird das Wachstum des zweidimensionalen Gitters dadurch, daß rein statistisch 10%
Zehnpfennigstücke unter die kleineren Einpfen-
nigstücke gemischt sind. Im Gegensatz zu Punktstörungen in der Festkörperphysik können diese
Störungen aber ihre Plätze nicht wechseln. Abb. 1
stellt damit ein Modell für den Querschnitt durch
ein Polyäthylen-Kettenbündel dar, in dem einzelne Kettenmoleküle Störungen aufweisen, wie die
caterpillars von *Reneker* (3) oder die Kinken von
Pechhold und *Blasenbrey* (4). Nur bei kurzen par-
affinartigen Ketten können sie an die Kettenenden auswandern, bei hochmolekularen Stoffen
aber nicht. Damit verbleiben sie statistisch im
Gitterquerschnitt verteilt, denn hier verbieten die
Kettenrückfaltungen das Auswandern, falls eine
Temperaturerhöhung oder Deformationsvorgänge
nicht eine gewisse Auswanderung ermöglichen.

Als Folge dieser statistisch verteilten Störungen
verlaufen die Netzebenen mit wachsendem Parakristall immer gekrümmter. Schließlich werden
die Valenzwinkel der Bausteine so überbeansprucht, daß die Netzebenen auseinanderbre-
chen. Dann schieben sich wie unten rechts in
Abb. 1 Stufenversetzungen und dergleichen ein,
und ein neuer kohärenter parakristalliner Bereich
baut sich angrenzend auf.

Der Naturwissenschaftler kann nur Mannigfal-
tigkeiten einzelner Parakristalle beobachten und

Abb. 1. Zweidimensionales Modell eines Parakristalls. In das Quadratische Gitter aus Einpfennigstücken sind rein statistisch 10% Zehnpfennig-stücke eingebaut. Die Ein-pfennigstücke entsprechen den ungestörten Ketten in Poly-äthylen, die Zehnpfennig-stücke den Kinken und ande-ren Rotationsisomeren.

von jedem auch nur das Faltungsquadrat *)

$$Q(x) = \sum_i^N \sum_i^N P(x - x_i + x_R) \qquad [1]$$

Dabei gibt $\varrho(x) = \sum_i^N P(x - x_i)$ die Lagen x_i der Schwerpunkte der einzelnen Atome an, $P(x-0)$ ist eine Punktfunktion am Ort $x=0$. Betrachten wir nun ein Ensemble parallel orientierter Para-kristalle aus 4×4 Atomen, so gibt Abb. 2 a grob schematisch die Q-Funktion eines einzelnen Part-

streuen die einzelnen Punkte eines Haufens im-mer mehr, je weiter er vom Nullpunkt entfernt ist. Summiert man Tausende solcher Q-Funk-tionen und bildet ihren Mittelwert, so sind schließlich die einzelnen Punkte in den Anhäu-fungsstellen nicht mehr unterscheidbar und man erhält kontinuierliche Hügel, deren Halbwerts-breiten in Abb. 2 b schematisch durch Niveauli-nien gezeichnet sind. Ist $H_k(x)$ $(k = 1, 2, 3)$ die Gestalt der nächsten Nachbarhügel in einem dreidimensionalen „Gitter", so läßt sich der Er-

$$1/N \, \bar{Q}(x) = z(x) = \sum_{pqr} H_{pqr}(x) \qquad [2]$$

$$H_{pqr}(x) = P\overbrace{(x)}^{} \overbrace{H_{100}H_{100} \ldots H_{100}}^{p\text{-times}} \overbrace{H_{010}H_{010} \ldots}^{q\text{-times}} \overbrace{H_{010}H_{001}H_{001} \ldots H_{001}}^{r\text{-times}}$$

ners an. $Q(x)$ hat bei $x=0$ z. B. alle Kombina-tionen $x_i = x_R$, d. h. das Gewicht 16. Die Punkt-anhäufung rechts und links daneben umfaßt nur noch 12 Punkte, usw. Nach statistischen Regeln

*) In der Kristallographie heißt Q „Pattersonfunk-tion", in den Flüssigkeitstheorien nennt man z „Paar-korrelationsfunktion". Mathematisch ist beides stets das Faltungsquadrat $\int \varrho(y) \varrho(y+x) \, dy^3$ der Struktur $\varrho(x)$, welche immer sie auch sei.

wartungswert der normierten Q-Funktion durch ein Faltungspolynom ausdrücken, die sog. para-kristalline Gitterfunktion $z(x)$

3. Das α^*-Gesetz

Die Auswertung des Faltungspolynoms der Gleichung [2] führt in direkter Vorwärtsrechnung auf die Aussage, daß man aus der integralen Breite δb, beispielsweise der Reflexe (h00), direkt

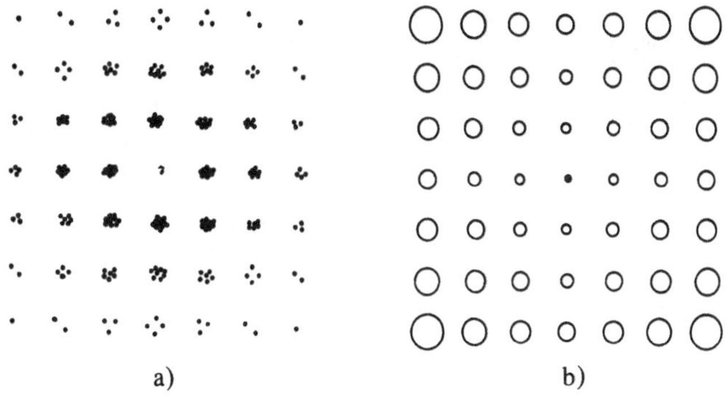

Abb. 2. Die Q-Funktion eines zweidimensionalen Parakristalls mit 4 × 4-Gitterpunkten. a) eine individuelle Q-Funktion, b) ihr Erwartungswert als Mittelwert einer großen Zahl individueller Q-Funktionen durch Niveaulinien der Halbwertsbreiten dargestellt. Das α^*-Gesetz verlangt, daß diese Breiten höchstens etwa 25% der Abstände der Atome betragen.

die relative flüssigkeitsstatistische Abstandsschwankung g_{kk}

$$g_{kk} = \Delta d_k / d_k \;;\quad \Delta d_k = (\overline{d_k^2} - \overline{d_R^2})^{1/2} \qquad [3]$$

zwischen Atomen benachbarter Netzebenen und die Zahl N_k der Netzebenen, die diese Reflexe ($h00$) erzeugen, errechnen kann (5)

$$\delta b_k = 1/N_k + (\pi g_{kk} h)^2 \qquad [4]$$

In den letzten Jahren wurde eine Vielzahl verschiedener Kolloide auf diese Weise ausgewertet. Abb. 3 zeigt $\sqrt{N_k}$ als Funktion von $1/g_k$. Man findet so die Fundamentalgleichung

$$\sqrt{N} = \alpha^*/g \quad \text{mit } 0,1 \lesssim \alpha^* \lesssim 0,2 \qquad [5]$$

Die in Abb. 2 b dargestellten Halbwertsbreiten der einzelnen Maxima dürfen deshalb höchstens $\alpha^*\sqrt{2\ln 2} = 1,2\ \alpha^*$ betragen. Diese Gleichung und die Tabellenwerte zu Abb. 3 wurden bereits ver-

öffentlicht (2), fanden aber in der Polymerforschung keine merkliche Beachtung. Gleichung [5] besagt anschaulich, daß — wie oben schon diskutiert — ein Parakristall nicht weiterwachsen kann, wenn die relativen Abstandsschwankungen $\sqrt{N}\,g_{kk}$ zwischen Atomen der beiden peripheren Netzebenen den Wert α^* erreichen, weil die Valenzwinkel dann überbeansprucht werden. Wie man aus Abb. 3 erkennt, fügen sich die Polymeren zwanglos in die einen kontinuierlichen Übergang zwischen gasförmigen und kristallinen Zustand bildenden Substanzen ein, stellen selbst aber nur ein kleines Teilgebiet in den Grenzen $30 \lesssim 1/g \lesssim 70$ dar.

4. Bedeutung der Mikroparakristalle für die Polymereigenschaften

Abbildung 3 zeigt, daß auch total „amorphe" Strukturen, wie Metallschmelzen, aus Mikroparakristallen (mPC's) aufgebaut sind (6), (7), (8), mit $1/g \sim 10$ und $N \sim 3$. Hieraus ist zu schließen, daß dasselbe in ähnlicher Weise auch für Polymere beliebigen Kristallisationsgrades gilt. Zum Unterschied zu Schmelzen bilden hier die mPC's die Knoten eines dreidimensionalen, je nach Molekulargewicht besser oder schlechter ausgebauten Netzwerkes (Abb. 4). Dieses Netzwerk außerhalb der mPC's liefert die kautschukartigen elastischen Eigenschaften und füllt nicht nur die amorphe Phase zwischen den „Lamellen", sondern auch die lateralen Korngrenzen der mPC's. Im Gegensatz zum vulkanisierten Kautschuk beanspruchen die Knoten nun einen entsprechend größeren Volumenanteil, müssen bei makroskopischen Formänderungen selbst also auch plastisch verformt werden (Abb. 4), wodurch die plastoelastischen Eigenschaften der Polymere verständlich werden (9). Je nach Anordnung der mPC's in einem parakristallinen Übergitter —

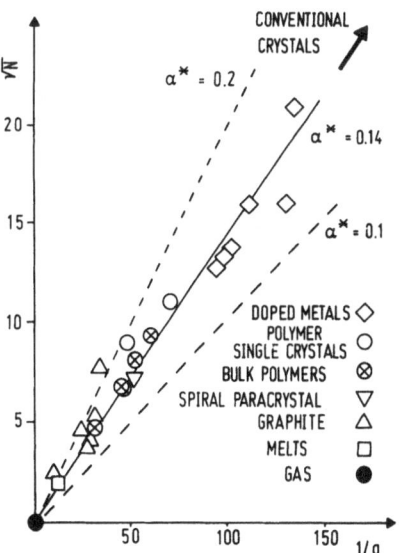

Abb. 3. Die in der Natur verwirklichten kontinuierlichen Übergangszustände zwischen gasförmig und kristallin. Die Polymere füllen hierbei nur einen kleinen Teilabschnitt.

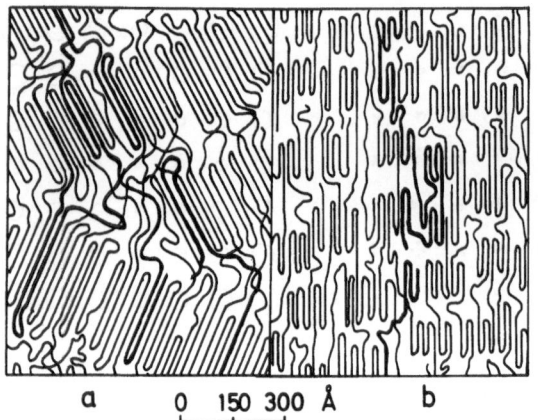

Abb. 4. Mikroparakristalle als Knoten eines kautschukartigen Netzwerkes. a) Teil eines Sphärolithen, b) warm verstrecktes Material.

Tabelle 1. Werte für die Konstante K in Gleichung [6] und deren reziproker Wert $1/K$ die Steigerung der Geraden in Abb. 3 definiert.

Proben	153 K	296 K
n-Paraffin	61 ±15	13 ±1,5
lineares PÄ, lösungskristallisiert	7,9± 1	6,8±1
lineares PÄ, schmelzkristallisiert	9 ± 2	6 ±1
schmelzkristallisiertes PÄ verschiedener Verzweigungsgrade Kühlungsrate 1 °C/min kristallisiert bei	–	6 ±1
$\Delta T = -10\ °C$	–	1,5±1
Ammoniak-Katalysator	–	∞

dem Makroparakristall (MPC) – entstehen mehr oder weniger ungedeckte laterale Seitenflächen der mPC's, die infolge ihrer höheren Oberflächenenergie den Ausgangspunkt zu selektivem, punkturellem Schmelzen beim Erwärmen bilden (10). Das selektive Aufschmelzen dünner unbegrenzt großer Lamellen und das Oberflächenschmelzen der Lamellen spielt demgegenüber eine untergeordnete Rolle (11). Aus allem diesem folgt, daß die mPC's in vielen Fällen Gleichgewichtsformen anstreben (12), (13), die viele bisher empirisch gesammelte Beobachtungen erklären lassen.

5. Eine von Davis et al. gefundene Erscheinung

Davis et al. (14) fanden z. B. zwischen der Lamellendicke H und dem Gitter-Zellenquerschnitt $a\,b$ des linearen schmelz- und lösungskristallisierten Polyäthylens (PÄ) die folgende Beziehung

$$\Delta\,(1/H) = K\,\Delta\left(\frac{a\,b}{2}\right) \qquad [6]$$

Je nach Kristallisationsbedingung bilden sich größere oder kleinere Lamellendicken H. Damit wird der Gitterzellenquerschnitt $a\,b$ kleiner und umgekehrt. Auch bei Paraffinen verschiedenen Molekulargewichts fanden die Autoren Gleichung [6] bestätigt. K ist nun aber bei tiefer Temperatur achtmal und bei 296 K zweimal größer (Tabelle 1).

Baltá-Calleja et al. (15, 16) untersuchten in ähnlicher Weise PÄ mit Verzweigungsgraden ε zwischen 0,17 und 6,9%. Die gestrichelten Linien in Abb. 5 verbinden die Proben mit gleichem ε. Hier

ist K negativ. Die Meßpunkte bei sehr langsamer Abkühlung (00) haben etwa den gleichen K-Wert wie lineares PÄ, aber nur den vierten Teil bei Abkühlung 10 °C unter dem Schmelzpunkt. All diese mannigfachen Erscheinungen lassen sich leicht erklären:

Der in Gleichung [3] definierte g-Wert hängt von der Mengenkonzentration γ der Störstellen pro Gitterzelle und der durch sie erzeugten relativen Vergrößerung dR/R der Gitterzelle ab (13):

$$g = \sqrt{\gamma\,(1-\gamma)}\ dR/R \qquad [7]$$

Für eine $2\,g\,l$-Kinke, die am häufigsten in PÄ auftritt, hat dR/R einen Wert 0,5 und wirkt in

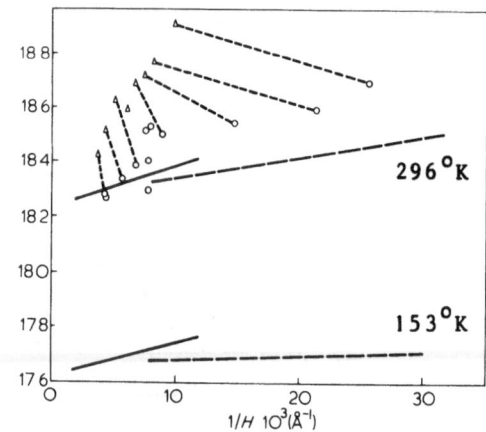

Abb. 5. Das $\Delta(1/H) = K\Delta a\,b/2$-Diagramm. ——— schmelz- und lösungskristallisiertes Polyäthylen, – – – Paraffin, - - - - - Polyäthylen verschiedenen Verzweigungsgrades sehr langsam abgekühlt (000) und 10 °C unterhalb des Schmelzpunktes kristallisiert ($\Delta\Delta\Delta$). Der Ammoniak-Katalysator liefert eine Gerade ohne Steigung.

(110)-Richtung [4]. Sie beansprucht ein Volumen $\delta V = 60 \text{ Å}^3$. Da vier Monomere in einer Gitterzelle vorhanden sind, ist die Volumenvergrößerung je Kinke

$$2c \, \Delta a \, b/2 = \Delta \gamma \cdot 4 \, \delta V \qquad [8]$$

Die Größe H der Gitterzelle in Richtung der c-Achse hängt im Gleichgewichtszustand nach der Wulffschen Gleichung von der lateralen Ausdehnung $N \, d$ ab

$$N \, d = \zeta \, H \qquad [9]$$

ζ hat für PÄ Werte zwischen 1 und 2, je nach lateraler Richtung (12), (13). Setzt man hier die Fundamentalgleichung [5] und Gleichungen [7] und [8] ein, so folgt

$$\Delta \, (1/H) = \zeta/d \, \Delta \gamma \, (dR/\alpha^* R)^2$$
$$= \zeta/d \, (dR/\alpha^* R)^2 \, c/2 \, \delta V \, \Delta a \, b/2 \qquad [10]$$

Die Konstante K in Gleichung [6] ist also gegeben durch

$$K_{\text{theor}} = \zeta/d \, (dR/\alpha^* R)^2 \, c/(2 \, \delta V) \qquad [11]$$

Setzt man alle oben erwähnten Zahlenwerte ($d \sim 4{,}0 \text{ Å}$, $\alpha^* \sim 1/6$, $dR/R = 0{,}5$, $c = 2{,}54 \text{ Å}$, $\delta V = 60 \text{ Å}^3$ und $\zeta \sim 1{,}5$) für PÄ ein, so folgt

$$K_{\text{theor}} \cong 7{,}2 \cdot 10^{-2} \text{Å}^{-3} \qquad [12]$$

Dieser Wert stimmt befriedigend innerhalb der Beobachtungsfehler mit den meisten der Stoffe in Tabelle 1 überein. Für Paraffin ist er bei 153 K etwa achtmal, bei 296 K etwa zweimal größer. Für 10 °C unterhalb des Schmelzpunktes kristallisiertes verzweigtes Polyäthylen ist K etwa viermal kleiner. Dieses alles findet seine einfache Erklärung in der folgenden Diskussion.

6. Diskussion

Die quantitative Bestätigung des von *Davis* et al. in Gleichung [6] aufgedeckten Zusammenhangs für Polyäthylen beweist die große Bedeutung der Existenz der Mikroparakristalle in Polymeren. Die Vorstellungen einer kristallinen Phase sollten endgültig ad acta gelegt werden.

Wenn die K-Konstante bei *Baltá-Calleja* et al. für nicht vorsichtig kristallisiertes verzweigtes PÄ den sehr kleinen Wert $K = 1{,}5$ hat, so zeigt dieses, daß mit zunehmendem Verzweigungsgrad ε die CH_2CH_3-Zweige nicht mehr genügend Zeit finden, die günstigste Lage innerhalb der mPC's einzunehmen. δV wird größer als 60 Å^3, während-

dem dR/R offensichtlich dem Wert, der von Kinken verursacht wird, ähnlich bleibt. Daß $a \, b/2$ bei schnellerer Abkühlung ebenso wie H zunimmt, zeigt, daß nun nicht mehr genügend Zeit bleibt, mPC's mit einem Minimum an Verzweigungen zu bilden und das Gros der Verzweigungen in die amorphen Gebiete auszuseigern, sondern daß nun auch Segmente mit näher als H beieinanderliegenden Verzweigungen in die mPC's eingebaut werden, so daß sowohl $a \, b$ als auch H zu groß bleiben. K wird also bei konstantem ε negativ.

In Paraffinen sind keine Kinken vorhanden, da sie längs der Ketten an deren Enden auswandern können und dadurch unschädlich werden. Trotzdem existiert ein von Null verschiedener, nun aber größerer K-Wert, denn $(dR/R)^2$ wächst ebenso wie das Amplitudenquadrat der Torsionsschwingungen (Rotors genannt) proportional mit der absoluten Temperatur T, δV dagegen, abhängig nur von dem anharmonischen Schwingungsanteil, nur mit dem Quadrat von T. Daher rührt die weit geringere Steigung im Diagramm der Abb. 5 bei tiefer Temperatur. Die Paraffine sind bei genauerer Betrachtung also auch mPC's, obwohl deren g-Wert (Gleichung [3]) unterhalb der im Augenblick noch meßtechnisch erfaßbaren Grenze von $g = 0{,}2\%$ liegt.

Ein interessantes Beispiel liefern schließlich noch die Ammoniak-Katalysatoren mit $K = \infty$ (Tabelle 1). Bei ihnen tritt nämlich beim Einbau der endotaktischen $FeAl_2O_4$-Motive keine Gitteraufweitung $\Delta a \, b/2$ auf, weil die 7 Ionen denselben Raum beanspruchen wie die ersetzten metallischen sieben α-Fe-Atome des α-Fe-Gitters. Ihre enorme Größe hat im Gegensatz zu den Punktstörungen der konventionellen Festkörperphysik ihre statistische Verteilung, die von der Verteilung der Al^{+++}-Ionen im Mischspinell herrührt, bei der H_2-Reduktion nicht zu verändern vermocht (17). Nicht unerwähnt darf schließlich bleiben, daß *Kratky* bereits 1933 spezielle parakristallin gestörte Gitter zur Erklärung der Röntgenstreuung von flüssigem Quecksilber (18) und festen Aluminiumhydroxydgelen (19) berechnet hat.

Diese Arbeit möge zeigen, daß es erforderlich ist, dem parakristallinen Charakter aller nichtkristalliner Substanzen Rechnung zu tragen und zu erkennen, daß die synthetischen Polymere entsprechend Abb. 3 nur eine kleine Sparte $30 \leq 1/g \leq 70$ im Bereich der kolloiden Substanzen einnehmen und daß es an der Zeit ist, die Parakristallforschung als neuen Wissenschaftszweig mehr als bisher zu fördern.

Zusammenfassung

Die synthetischen Polymere sind ebenso wie die Schmelzen und Katalysatoren aus Mikroparakristallen (mPC's) aufgebaut, die zusätzlich zu Kristallstörungen flüssigkeitsstatistische Gitterstörungen aufweisen. Die Bedeutung dieser Tatsache für die physikalischen Eigenschaften der Polymere wird dargelegt und ein von *Davis* et al. und *Baltá-Calleja* et al. empirisch gefundener Zusammenhang zwischen Gitterzellengröße und Lamellendicke aus den Eigenschaften dieser Mikroparakristalle quantitativ abgeleitet. Die fundamentale Bedeutung der Parakristallforschung für die Kolloidwissenschaft wird aufgezeigt.

Summary

Synthetic polymers are similar to melts and catalysts built up of microparacrystals (mPC's). They contain in addition to the crystals liquid-like lattice distortions. This is of eminent importance for the physical properties of polymers and will be demonstrated in the case of a relationship between lamellae thickness and size of lattice cells empirical detected by *Davis* et al. and *Baltá-Calleja* et al. This relationship can be quantitatively derived from the special properties of microparacrystals. The fundamental importance of the paracrystalline theory for a better understanding of the whole colloid science is emphasized.

Literatur

1) *Hosemann, R.,* Phys. Bl. **11,** 511 (1978).
2) *Hosemann, R.,* Progr. Colloid & Polymer Sci., **60,** 213 (1976).
3) *Reneker, D. H.,* J. Polymer Sci., **59,** 39 (1962).
4) *Pechhold, W.,* und *S. Blasenbrey,* Kolloid Z. u. Z. Polymere **235,** 216 (1967).
5) *Hosemann, R.,* und *S. N. Bagchi,* Direct Analysis of Diffraction by Matter (Amsterdam, 1962).
6) *Steffen, B.,* Phys. Rev., **B 13,** 3227 (1976).
7) *Steffen, B.,* und *R. Hosemann,* Phys. Rev., **B 13,** 3232 (1976).
8) *Zei, M. S.,* und *R. Hosemann,* Phys. Rev., **B 12,** 6560 (1978).
9) *Hosemann, R., J. Loboda-Čačkovič* und *H. Čačkovič,* Colloid & Polymer Sci., **254,** 782 (1976).
10) *Hosemann, R.,* Polymer, **3,** 349 (1962).
11) *Haase, J., S. Köhler* und *R. Hosemann,* Z. Naturforsch., **33 a,** 1472 (1978).
12) *Čačkovič, H., R. Hosemann* und *W. Wilke,* Kolloid Z. u. Z. Polymere, **234,** 1000 (1969).
13) *Čačkovič, H., J. Loboda-Čačkovič* und *R. Hosemann,* J. Polymer Sci. Symp., **58,** 59 (1977).
14) *Davis, G. T., J. J. Weeks, G. M. Martin* und *R. K. Eby,* J. Appl. Phys., **45,** 4175 (1974).
15) *Baltá-Calleja, F. J., J. C. Gonzales Ortega* und *J. Martinez de Salazar,* J. Polymer Sci. Phys. Ed. **19,** 1094 (1978).
16) *Martinez Salazar, J.* und *F. J. Baltá-Calleja,* J. Cryst. Growth **48,** 202 (1979)
17) *Ludwiczek, H., A. Preisinger, A. Fischer, R. Hosemann, A. Schönfeld* und *W. Vogel,* J. Catalysis **51,** 236 (1978).
18) *Kratky, O.,* Physik. Zeitschr. **XXXIV,** 482 (1933)
19) *Kratky, O.,* Monatshefte f. Chemie **76,** 311 (1946)

Anschrift des Verfassers:
Prof. Dr. *R. Hosemann*
Fritz-Haber-Institut der MPG
Teilinstitut für Strukturforschung
Faradayweg 4 – 6
D-1000 Berlin 33/Dahlem

Progr. Colloid & Polymer Sci. **67**, 159 – 160 (1980)
© 1980 by Dr. Dietrich Steinkopff Verlag GmbH & Co. KG, Darmstadt
ISSN 0340-255 X

Vorgetragen auf der Hauptversammlung der Kolloid-Gesellschaft e.V. in Regensburg,
2. bis 5. Oktober 1979

Deutsches Kunststoff-Institut, Darmstadt

Analyse des Orientierungszustandes zweiachsig gereckter Polyäthylenterephthalat-Folien

B.-J. Jungnickel

Die Erfassung und theoretische Beschreibung von Orientierungszuständen spielt eine wesentliche Rolle bei der Beurteilung von Deformationsprozessen an Polymeren (1). Entsprechende Untersuchungen werden erschwert durch die komplexe Natur der Verformungstechniken und der Polymermorphologie, sowie der Veränderungen, denen letztere während der Deformation unterliegt. Hinzu kommt die Notwendigkeit, die Orientierung verschiedener, z. T. ungekoppelter Strukturelemente zu unterscheiden.

Für amorphes Polyäthylenterephthalat (PETP) hat sich die Annahme eines pseudo-affinen Deformationsmechanismus bewährt (2). Dabei wird für die betrachteten Strukturvektoren vor ($\underline{v}$) und nach der Deformation ($\underline{v}'$) ein linear-tensorieller Zusammenhang angenommen, jedoch der Einfluß der Längenänderung ($|\underline{v}'| \neq |\underline{v}|$) auf das Umorientierungsgeschehen vernachlässigt. Unter der Voraussetzung orthogonaler Reckgeometrie und symmetrischer Deformation läßt sich die Richtungsverteilungsfunktion $G'(\varphi', \vartheta')$ [1] der betrachteten Strukturvektoren nach der Deformation berechnen. Sie hängt von $G(\varphi, \vartheta)$, der Richtungsverteilungsfunktion vor der Deformation, sowie den Dehnungsgraden λ_x, λ_y, λ_z ab. ϑ und φ sind Poldistanz und Azimut in Kugelkoordinaten. Gl. [1] kann man unter vereinfachenden Voraussetzungen (isotrope Ausgangsprobe, keine Dichteänderung beim Dehnen, einachsige Dehnung) auf aus der Literatur bekannte zurückführen (3, 4).

Durch Übergang zu null-dimensionalen Orientierungsparametern $\bar{O}_i$ („Orientierungsgrade") kann man aus Gl. [1] Ausdrücke $\lambda_j(\bar{O}_i)$ [2], bzw. $\bar{O}_i(\lambda_j)$ [2a] herleiten, die in relativ einfacher Weise Dehnungs- und Orientierungsgrade miteinander verknüpfen.

Technische Deformationsprozesse, z. B. das biaxiale Recken von Folien, zeichnen sich häufig durch eine lokal schiefwinklige Reckgeometrie (sog. „Bowing") aus. Die Rechnung zeigt, daß dann – trotz der Linearität und damit der Möglichkeit, durch Orthogonalisierung und Hauptachsentransformation einen gleichwertigen Satz orthogonaler Dehnungsgrade zu finden – die geometrischen Bedingungen allein nicht zu einem eindeutigen Zusammenhang zwischen Dehnungs- und Orientierungszustand führen. Wegen fehlender Symmetrie kann nämlich eine Scherung (im „natürlichen" Koordinatensystem) zusätzlich zu den vorgegebenen Hauptdilatationen nicht mehr ausgeschlossen werden. Eine Lösung ist möglich, wenn man ein Extremalprinzip, den Energiesatz, zu Hilfe nimmt, und ist, unter Vorgabe der Dehnungs-Energie-Relation für ein Gaußsches Netzwerk (5), auch analytisch angebbar: sowohl die Funktion $(\lambda'_x, \lambda'_y, \gamma) = f(\lambda_x, \lambda_y, \alpha)$ [3] als auch deren inverse $(\lambda_x, \lambda_y, \alpha) = f^{-1}(\lambda'_x, \lambda'_y, \gamma)$ [3a] lassen sich explizit berechnen. Dabei sind λ_x und λ_y die den Winkel α einschließenden Dehnungsgrade und λ'_x und λ'_y die (orthogonalen) Dehnungsgrade im Hauptachsensystem, das um den Winkel γ gegenüber dem natürlichen gedreht ist. Aus dem Satz der Zahlen $(\lambda'_x, \lambda'_y, \gamma)$ lassen sich dann über Gln. [2] die zu erwartenden Orientierungsgrade berechnen.

Umgekehrt sind bei bekannter Reckgeometrie und bekannten Orientierungsgraden Rückschlüsse auf die Energie-Dehnungs-Relation möglich, zumindest bei Systemen, die der Voraussetzung affinen Deformationsverhaltens genügen.

Mittels des Algorithmus Gln. [1] bis [3] wurde der Orientierungszustand biaxial gereckter Modellfolien aus PETP analysiert [1]). Die Struktur des ungereckten, amorphen Ausgangsmaterials kann, im Sinne der Deformationskinetik, als schwach physikalisch vernetztes Netzwerk angesehen werden, dessen Netzwerkpunkte aufgrund ihrer schwachen Wechselwirkung und der Homogenität des Prozesses beim Recken einer affinen Transformation unterzogen werden. Eine kristallisationskinetische Betrachtung zeigt, daß die Kettenrichtung in den kristallinen Bereichen der durch Tempern bei festen Enden („Fixieren") kristallisierten Folien die pseudo-affin transformierten Strukturvektoren repräsentieren. Die Kettenrichtungsverteilungsfunktion und aus ihr die Orientierungsgrade $\bar{O}_i$ wurden röntgenographisch ermittelt.

Die wichtigsten Ergebnisse einer Versuchsreihe, die die Bestimmung der Variation des Orientierungszustandes und damit der lokalen Reckbedingungen über die Folienbreite zum Ziel hatte, können wie folgt zusammengefaßt werden:

1. Die aus den Orientierungsgraden zu folgernden Dehnungsgrade betragen nur ca. 50% der technologischen und nehmen vom Rand zur Mitte hin zu. Die Differenz ist dem viskosen Anteil an der Deformation, d. h. nicht-orientierendem Kettenabgleiten zuzuordnen.
2. Der Winkel α zwischen Längs- und Querreckrichtung (technisch und in der Folienmitte gleich 90 °) nimmt zum Rand hin auf ca. 80 ° ab. Die dadurch verursachte Drehung γ des Orientierungsellipsoids und damit der Eigenschaftstensoren ist dagegen doppelt so groß.

Beide Ergebnisse lassen auch für den Technologen interessante Rückschlüsse zu, insbesondere, was die Effektivität technischer Verformungsprozesse und Möglichkeiten zu ihrer Optimierung anbetrifft.

---

[1]) Die Folienmuster wurden freundlicherweise von der Kalle-Höchst AG für unsere Zwecke gefertigt.

Eine ausführliche Darstellung sowohl der theoretischen als auch der experimentellen Ergebnisse ist an anderer Stelle vorgesehen (6, 7).

Zusammenfassung

Ausgehend von einem pseudo-affinen Deformationsmodell werden Ausdrücke hergeleitet, die den Orientierungszustand entsprechender Strukturen mit den Reckgraden auch bei nicht-orthogonalen Reckverhältnissen verknüpfen. Es wird angenommen, daß die Differenz zwischen experimentell gemessenen Orientierungsgraden und den aufgrund der Reckverhältnisse zu erwartenden dem viskosen Anteil an der Verformung zuzuschreiben ist. Auf dieser Basis wird das Phänomen des „Bowing" einer Polyäthylenterephthalat-Folie hinsichtlich elastischer und viskoser Verformung sowie des Spannungsverlaufs über den Folienquerschnitt analysiert.

Summary

Analytical expressions are derived, which relate the degree of orientation caused by a non-orthgonal pseudo-affine deformation to the parameters of drawing. The difference between measured and calculated degrees of orientation are attributed to the viscous component of the deformation. The equations are used to analyse the phenomenon of "bowing" of a poly (ethylene terephthalate) foil in terms of viscous and elastic component of the deformation as well as the distribution of lateral stress across the foil diameter.

Literatur

1) *Ward, I. M.* (Ed.), Structure and Properties of Oriented Polymers. Appl. Sci. Pub. Ltd., (London 1975).
2) *Ward, I. M.,* J. Polym. Sci., Polym. Symp. **58,** 1 (1977).
3) *Kuhn, W.* und *W. Grün,* Kolloid-Z. **101,** 248 (1942).
4) *Sasaguri, K., S. Hoshino,* und *R. S. Stein,* J. Appl. Phys. **35,** 47 (1964).
5) *Treloar, L. R. G.,* The Physics of Rubber Elasticity. Clarendon Press, (Oxford 1958).
6) *Jungnickel, B.-J.,* J. Polym. Sci., Polym. Phys. Ed. (im Druck).
7) *Jungnickel, B.-J.,* Angew. Chem. (zur Veröffentlichung eingereicht).

Anschrift des Verfassers:

Dr. *B.-J. Jungnickel*
Deutsches Kunststoff-Institut
Schloßgartenstr. 6R
6100 Darmstadt

Progr. Colloid & Polymer Sci. **67,** 161 – 164 (1980)
© 1980 by Dr. Dietrich Steinkopff Verlag GmbH & Co. KG, Darmstadt
ISSN 0340-255 X

Lectures during the conference of the Kolloid-Gesellschaft e.V.,
October 2–5, 1979 in Regensburg

Institut für Physikalische Chemie, Universität Köln, FRG, Köln

Investigation of time-dependent phenomena in polymers by FOURIER-TRANSFORM-INFRARED spectroscopy

K. Holland-Moritz, W. Stach and *I. Holland-Moritz*

With 3 figures

Introduction

The modern fast scanning *Fourier-Transform-InfraRed* spectrometers allow an easy monitoring of short-time phenomena ($1\,s < t < 600\,s$) which are not accessible with the conventional dispersive infrared spectrometers. Now, phase transitions, crystallization processes, changes in the conformational order and related phenomena can be studied by the methods of infrared spectroscopy. In contrary to the measurements on dispersive instruments (1–4), where only registration of small wavenumber regions or with constant wavenumber can be performed to study time-dependent effects, a series of complete infrared spectra ($6000 - 400\ cm^{-1}$) can be recorded on the FTIR spectrometer during the respective process. The possibilities of such an FTIR equipment for the investigation of the changes in the state of order in polymer films during stretching, relaxation, and changes of the temperature are discussed in this paper.

Experimental

The experimental arrangement of the FTIR spectrometer (Nicolet, model 7199) in combination with a stress-strain apparatus and further accessories are outlined in (5). Fig. 1 shows the stretching device developped for the stretching and relaxation experiments. This device allows a simultaneous recording of a stress-strain diagram and a series of infrared spectra. Fortunately, the system computer (Nicolet, model 1180) can not only be used to record the interferograms and to perform the necessary Fourier transformation for obtaining the infrared spectra. In addition, it can help to control the linked accessories such as stress-strain device, polarizer,

camera etc. At the present moment the following procedure can be performed completely computer controlled:

1. During a stress-strain experiment the interferograms (which later can be transformed to real infrared spectra) are recorded in selectable time intervals (minimum measure time for $8\ cm^{-1}$ resolution $1\ s$) simultaneously with the stress-strain diagram. Each interferogram is stored together with the respective stress and elongation values and the time of the measurement on a magnetic disk unit. In the present studies a maximum elongation of $180\ mm$ can be obtained. Thus, application of the highest stretching velocity ($0.5\ mm/s$ in the standard version) requires at least 100 spectra of resolution $2\ cm^{-1}$ to be stored on the disk. Theoretically 2500 spectra can be scanned when stretching with the slowest velocity of $0.02\ mm/s$. By appropriate change of the gears higher or slower stretching velocities can be applied.

2. Dependent on the applied computer program the direction of the transmitted light of the polarizer can be changed automatically after a distinct number of spectra has been scanned.

3. A computer controlled camera takes a picture from that region of the polymer film which is irradiated from the infrared beam. The exact position is determined by means of a small power helium-neon laser. In this way misinterpretation of the infrared spectra because of macroscopic defects in the polymer film and unexpected changes in the sample geometry can be avoided. Furthermore, for every spectrum the corresponding sample geometry is known. This is of extreme importance when performing measurements in the neck region. Here, the evaluation of polarization spectra requires the exact knowledge where the infrared beam penetrates the film.

For the measurements of the FTIR spectra in dependence of the temperature of the sample the stress-strain apparatus and the respective electronics simply have to be interchanged by the cooling and heating cell and its control accessories. This devices allow to apply the same temperature programs as commonly used in a DSC or DTA apparatus. The temperature program (annealing time and temperature, programmed heating or cooling,

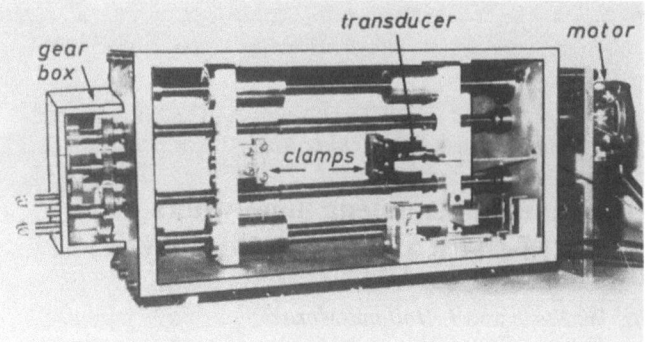

Fig. 1. Stretching apparatus used for a simultaneous measurement of infrared spectra and stress-strain diagram

etc.) can be completely controlled via the computer. The time and the actual temperature values are stored together with the spectra on the disk and allow a precise assignment of the spectra to the observed DSC or DTA traces.

Evaluation of the experimental data

The large number of infrared spectra scanned in dependence of a temperature progam or during a stress-strain experiment can not be evaluated in the conventional manner. Fortunatelly, the FTIR instrument is equipped with a powerful computer system which allows a computer supported spectra evaluation by application of own computer programs. Basically the following automatical preevaluation procedures can be performed:

1. The integral intensities (optionally baseline corrected) of selectable spectral regions of all spectra are plotted versus the number of the corresponding spectrum. Thus, changes in the spectra can easily be recognized and only the necessary spectra have to be plotted on the recorder.

2. To avoid misinterpretation, a second program controls the first one, because simultaneous increase and decrease of the intensities of two neighbored bands (which sometimes occurs during changes in the modification) can not be detected by the first program. The control program is based on a comparison of wavenumber and intensity of each band of a spectrum with the respective values of the preceding spectrum. Also this program can not be applied alone, since it does not consider changes in the half-bandwidth.

3. Often interference fringes cause serious difficulties. For a quantitative evaluation these interference fringes have to be removed from the spectra. However, they are quite helpful to

determine the changes in the film thickness during a stress-strain experiment. Therefore, a program calculates the film thickness and then removes the interference fringes from the spectra. Thus, in addition to the stress-strain diagram a film thickness-strain diagram can be plotted.

Elongation and relaxation phenomena in polyethylene

Fig. 2 shows the infrared spectra of a polyethylene film (Vestolen A, 0.04 mm) in the region of the CH_2-bending (1500 − 1400 cm⁻¹) and CH_2-rocking vibrations (800 − 700 cm⁻¹). The infrared spectra can be correlated to the corresponding stress-strain diagram as indicated in Fig. 2. The last shown spectrum (upper spectrum) was recorded 160 s (250% strain) after the start of the stretching experiment.

Before discussing the changes in the spectra during elongation let us shortly summarize the so far known assignment of the CH_2-bending and CH_2-rocking vibrations (6). The band doublets arise from in-phase and out-of-phase vibrations of the ethylene groups of neighbored chains in a unit cell. The respective movement of the hydrogen atoms is outlined in Fig. 2. The transition moments of the B_{2u} and B_{3u} modes are perpendicular and parallel to the a-axis, respectively.

The 730 cm⁻¹ band of the spectrum recorded before starting the stretching process exhibits parallel dichroism (π), thus, indicating a preferred orientation of the a-axes along the stretching direction. For perpendicular polarization (σ-dichroism) the 720 cm⁻¹ band is slightly more intense then the 730 cm⁻¹ band. On elongation the initially parallel 730 cm⁻¹ band gradually disappears for parallel polarization. Also for perpendicular polarization the intensity of this band decreases, however, it is still present behind the yield point as well pronounced shoulder. Now, both bands of the rocking vibration show apparently σ-dichroism. The shoulder at 730 cm^{-1} completely disappears on further stretching.

This spectral behaviour can qualitatively be explained by an initial orientation of the c-axes perpendicular to the film plain (which was proved by x-ray measurements). In the first part of the stretching experiment (strain < 40%) the c-axes of the orthorhombic unit cells turn into the drawing direction. This effect explains the observed σ-dichroism of the CH$_2$-rocking vibrations in this stage of the experiment. The orthorhombic structure is not considerably destroyed. On further stretching the changes in the yield zone are observed in the spectrum. The splitting decreases drastically indicating the distortion of the orthorhombic structure. Above 600% strain we observe only one band at 723 cm^{-1} which exhibits σ-dichroism until the film tears at 1200% strain, thus, supporting the assumption of unfolded stretched methylene chains with a preferred alignment of the chains parallel to the drawing direction. This qualitative explanation of the observed spectral changes is

supported by relaxation experiments. Complete relaxation of a 60% strained film reproduces the splitting and therefore the orthorhombic structure to a large extend within 400 s. However, relaxation of a film which was stretched more than 100% does not result in a comparable reorientation of the unfolded chains. The bands of the CH$_2$-bending vibrations show a similar behaviour under applied load. Here, a later quantitative evaluation will cause serious difficulties because the intense band of the asymmetric CH$_3$-bending vibration of the small amount of alkyl side-chains occurs in the same wavenumber region.

This qualitative interpretation of the changes in the infrared spectra of a polyethylene film during the elongation process coincides with the models proposed in literature (7, 8). However, these first results have to be supplemented by further measurements in dependence of the stretching velocity and the sample geometry (mainly the film thickness). Especially, orientation measurements at different positions in the neck zone will be performed to observe the orientation and unfolding process in polyethylene.

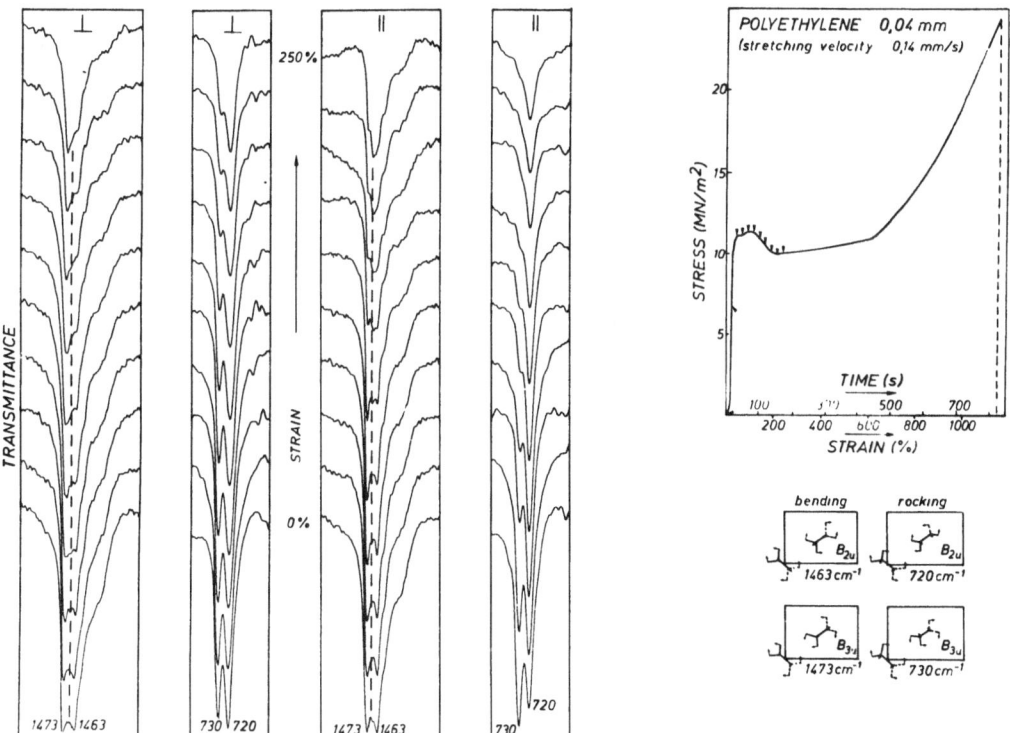

Fig. 2. Stress-strain diagram and infrared spectra of a polyethylene film in the region of the CH$_2$-rocking and CH$_2$-bending vibrations.

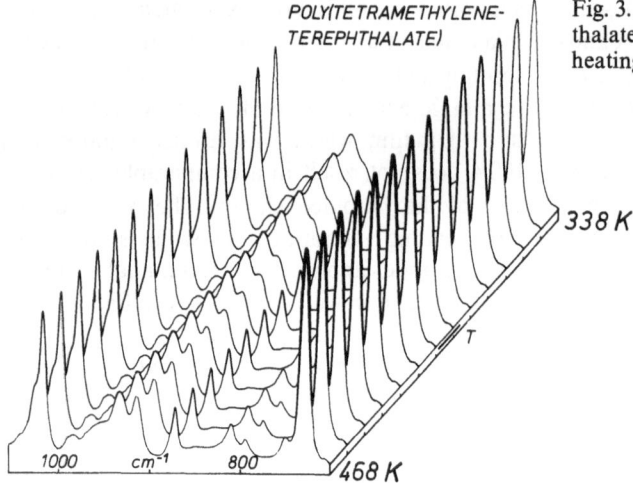

POLY(TETRAMETHYLENE-
TEREPHTHALATE)

338 K

1000   cm⁻¹   800   468 K

Fig. 3. Infrared spectra of poly(tetramethylenetereph-thalate) between 1050 and 700 cm⁻¹ recorded during heating the sample from 338 to 468 K within 300 s.

Temperature dependent effect in poly(tetramethyleneterephthalate)

The possibilities of the FTIR spectroscopy for the observation of changes in the conformation by rapid temperature changes will be demonstrated on poly(tetramethyleneterephthalate). The aliphatic sequence of this polyester can form an approximately gauche-trans-gauche (α) and an all-trans (β) conformation (9 – 13). The α- and β-conformation can reversibly be transformed into eachother by stretching and relaxation or suitable temperature changes (14 – 16). Fig. 3 shows a series of infrared spectra (automatically plotted by application of a special software program on the Nicolet FTIR system) between 1050 and 700 cm⁻¹ which were scanned during rapid heating from 338 K to 468 K in time intervals of 20 s. The spectrum at 338 exhibits predominantly the bands of the α-conformation. The most conformational sensitive band in this region appears at 910 cm⁻¹ and is assigned to a CH_2-rocking vibration which is coupled with motions of the skeleton. On heating, the intensity of this band gradually increases whilst the other bands do not show considerable changes.

Acknowledgements

The authors are indebted to the Deutsche Forschungsgemeinschaft for the financial support of this work.

Summary

The experimental possibilities of the FTIR instruments for the studies of crystallization, orientation, and relaxation phenomena in polymers are outlined. The spectral changes occuring during the elongation of a polyethylene film are related to a simultaneously recorded stress-strain diagram. The observation of changes in the conformation during fast heating is demonstrated on poly(tetramethyleneterephthalate).

References

1) *Wool, R. P.* and *W. O. Statton*, J. Polym. Sci. Polym. Phys. Ed., **12**, 1575 (1974).
2) *Wool, R. P.*, J. Polym. Sci. Polym. Phys. Ed., **13**, 1795 (1975).
3) *Zurkov, S. N., V. I. Vettegren, V. E. Korsukov*, and *I. I. Novak*, Fracture 1969, Proc. 2nd Int. Symp. on Fracture, (Brighton, 1969).
4) *Vettegren, V. I.* and *K. Y. Fridlyand*, Opt. Spektrosk., **38**, 521 (1975).
5) *Holland-Moritz, K., W. Stach* and *I. Holland-Moritz*, J. Mol. Spectrosc., (in press).
6) *Krimm, S.*, Adv. Polymer Sci. **2**, 51 (1960).
7) *Peterlin, A.*, J. Mater. Sci., **6**, 490 (1971).
8) *Petermann, J., W. Kluge*, and *H. Gleiter*, J. Polym. Sci. Polym. Phys. Ed. **17**, 1043 (1979).
9) *Yokouchi, M., K. Sakakibara, Y. Chatani, H. Tadokoro, T. Tanaka*, and *K. Yoda, Macromolecules*, **9**, 266 (1976).
10) *Stambaugh, B., J. L. Koenig*, and *B. J. Lando*, J. Polym. Sci. Polym. Phys. Ed., **17**, 1053 (1979).
11) *Mencik, Z.*, J. Polym. Sci. Polym. Phys. Ed., **13**, 807 (1976).
12) *Hall, J. H.* and *M. G. Pass*, Polymer, **17**, 2173 (1975).
13) *Jakeways, R., T. Smith, I. M. Ward*, and *M. A. Wilding*, J. Polym. Sci. Lett. Ed., **14**, 41 (1976).
14) *Stambaugh, B., B. J. Lando*, and *J. L. Koenig*, J. Polym. Sci. Polym. Phys. Ed., **17**, 1063 (1979).
15) *Siesler, H. W.*, J. Polym. Sci. Polym. Lett. Ed. **17**, 453 (1979).
16) *Stach W.* and *K. Holland-Moritz*, J. Mol. Spectrosc., (in press).

Authors' address:
Dr. *K. Holland-Moritz* et al.
Instiut für Physikalische Chemie
Universität Köln, FRG
5000 Köln 41

Progr. Colloid & Polymer Sci. **67**, 165 – 166 (1980)
© 1980 by Dr. Dietrich Steinkopff Verlag GmbH & Co. KG, Darmstadt
ISSN 0340-255 X

Vorgetragen auf der Hauptversammlung der Kolloid-Gesellschaft e.V. in Regensburg,
2. bis 5. Oktober 1979

Deutsches Kunststoff-Institut

Beeinflussung mechanischer Eigenschaften durch Strukturdefekte

J. H. Wendorff

Zusammenfassung

Bei der Dehnung von teilkristallinem Polyoxymethylen entstehen mikroskopische Hohlräume, deren Struktur und Konzentration von der Dehnung abhängen. Ihre Energie wird durch die Oberflächenenergie bestimmt. Der Verlauf der Spannungs-Dehnungs-Kurve bei einmaliger Deformation oder wiederholter Deformation wird wesentlich durch die Eigenschaften der Defekte geprägt.

Summary

Microscopic voids are created in partially crystalline polyoxymethylene during a stress-strain experiment. The structure and concentration of the microvoids depend on the strain. Their energetics are determined by the value of the surface free energy. The properties of the microvoids influence the shape of the stress strain curve during the first elongation as well as during subsequent elongations.

Untersuchungen zum Spannungs-Dehnungs-Verhalten von teilkristallinem Polyoxymethylen haben gezeigt, daß bei der Deformation Prozesse im Material ablaufen müssen, die zu einer Energiespeicherung führen. Diese Energie wird nach der Entlastung der Probe nicht unmittelbar frei. Der hier beschriebene Prozeß beeinflußt das Deformationsverhalten bei weiteren Belastungszyklen, da zur Erzeugung einer bestimmten Deformation solange geringere Spannungen erforderlich sind, solange die Deformation nicht über den ursprünglichen Wert hinausgeht.

Die gespeicherte Energie konnte durch Temperung der Proben bei Temperaturen unterhalb der Kristallisationstemperatur freigesetzt werden. Es trat eine nahezu vollständige Materialerholung ein.

Röntgenkleinwinkeluntersuchungen an den verstreckten Proben ergaben, daß als Folge der Deformation Defekte in Form von mikroskopischen Hohlräumen mit Durchmessern zwischen 5 und 10 nm im Material induziert wurden (1, 2). Sie besaßen eine ellipsenförmige Gestalt. Die kleine Halbachse, die eine Rotationsachse darstellt, zeigte in Richtung der Deformation. Bei konstanten mittleren Dimensionen stieg die Konzentration dieser Defekte exponentiell mit der Deformation an. Durch Tempern bei erhöhter Temperatur konnten diese Defekte ausgeheilt werden. Dabei wurde beobachtet, daß bei jeder Tempertemperatur eine definierte Anzahl von Defekten ausheilte, und daß es sich dabei stets um die kleinsten Defekte aus der Defektverteilung handelte. Mittels der Ergebnisse der Temperversuche wurde es möglich, sowohl die Verteilung der Defektgrößen als auch die Energie, die in den Defekten gespeichert ist, zu berechnen. Hierzu wurde eine Modellvorstellung entwickelt, die die für die Ausheilung eines Defektes benötigte rücktreibende Spannung mit der makroskopischen Fließspannung des Materials identifizierte. Hiernach ist die Energie in Form von Oberflächenenergie in den Defekten gespeichert, der Wert der spezifischen Oberflächenenergie ergab sich zu 130 erg/cm².

Ein Vergleich der Ergebnisse der mechanischen und der strukturellen Untersuchungen zeigte, daß die gesamte Energie, die nach einer Deformation in der Probe gespeichert ist und nach der Entlastung nicht unmittelbar frei wird, vollständig zur Erzeugung der Defekte diente. Sowohl die Erholung des Materials beim Tempern als auch der Verlauf der Spannungs-Dehnungs-Kurve bei der ersten Deformation sowie bei weiteren Deformationen lassen sich weitgehend auf der Basis der Eigenschaften der Defekte verstehen. Ähnliche Ergebnisse wurden auch an isotaktischem Polypropylen erhalten.

Literatur

1) *Wendorff, J. H.*, Angew. Makromol. Chem. **74**, 203 (1978).

2) *Wendorff, J. H.*, Progr. Colloid Polym. Sci. **66**, 135 (1979).

Adresse des Autors:

Dr. *J. H. Wendorff*
Deutsches Kunststoff-Institut
Schloßgartenstr. 6R
D-6100 Darmstadt

Progr. Colloid & Polymer Sci. **67,** 167 – 173 (1980)
© 1980 by Dr. Dietrich Steinkopff Verlag GmbH & Co. KG, Darmstadt
ISSN 0340-255 X

Vorgetragen auf der Hauptversammlung der Kolloid-Gesellschaft e.V. in Regensburg,
2. bis 5. Oktober 1979

Aus den Forschungslaboratorien der Siemens AG, Erlangen

Elektronenmikroskopischer Nachweis der Gefügeveränderung bei Tieftemperaturbrüchen in linearem Polyäthylen

W. Rose und *Ch. Meurer*

Mit 14 Abbildungen

Auf der 26. Hauptversammlung der Kolloid-Gesellschaft 1973 in Marburg hat Professor Kanig über seine Erfolge mit der Chlorsulfonsäurebehandlung als Vorstufe zur Kontrastierung von Polyolefinen berichtet. Damit war eine Möglichkeit gefunden, um das Gefüge nun auch an Polyolefinen transmissionselektronenmikroskopisch mit ausreichendem Kontrast sichtbar machen zu können. Im Laufe der Zeit wurde dann deutlich, daß die Behandlung mit Chlorsulfonsäure noch weitere nutzbare Möglichkeiten bietet, die anfangs noch nicht voll erkennbar waren. So schafft sie nicht nur die Voraussetzung für eine erfolgreiche Kontrastierung. Sie sorgt vielmehr auch für eine Fixierung des Gefüges (1) gegenüber Veränderungen, wobei der augenblickliche Ausbildungszustand des Gefüges sozusagen „eingefroren" wird.

Diese zweite Wirkung der Chlorsulfonsäurebehandlung läßt die transmissionselektronenmikroskopische Untersuchung von chlorsulfoniertem Material als Referenzmethode für andere Verfahren der Gefügeuntersuchung besonders geeignet erscheinen. Im folgenden wird über Untersuchungen in Bruchzonen von linearem Polyäthylen berichtet, das nach Kühlung in flüssigem Stickstoff gebrochen und darauf zur Gefügefixierung mit Chlorsulfonsäure behandelt wurde.

Experimente

Für die Bruchexperimente wurden Proben aus kommerziellen Polyäthylenen hoher Dichte gewählt, die nach verschiedenen Formgebungsverfahren hergestellt waren.

Probentyp A:
Granulat wurde bei 200 °C zu 1 mm dicken Platten verpreßt.

Probentyp B:
Es wurden nach dem Spritzgußverfahren quaderförmige Körper von ebenfalls 1 mm Dicke hergestellt.

Probentyp C:
Von einem zylindrischen Formkörper (40 mm Ø) wurden 0,25 mm dicke Mikrotomschnitte hergestellt, wobei die Schnittebene senkrecht zur Zylinderachse orientiert war.

Der zu brechende Polyäthylenstreifen wurde am Rand mit einer Flachzange gefaßt, zusammen mit dem Zangenkopf in flüssigen Stickstoff getaucht und dort etwa 10 Minuten belassen. Gleichzeitig wurde eine zweite Zange mit dem Kopf ebenfalls für 10 Minuten in flüssigen Stickstoff getaucht. Danach wurde der Streifen mit der Zange aus dem Stickstoff genommen, am gegenüberliegenden freien Rand mit der zweiten, ebenfalls abgekühlten Zange gefaßt und durch schnelles Biegen gebrochen. Zwischen dem Herausnehmen der Probe aus dem Stickstoff und dem Brechen verstrichen maximal 3 Sekunden.

Die Polyäthylen-Bruchstücke wurden sofort in Chlorsulfonsäure gegeben und darin bei Raumtemperatur zwischen 3 und 10 Tagen belassen. Anschließend wurden sie in 1% wäßriger Uranylacetatlösung ebenfalls bei Raumtemperatur zwischen 3 und 17 Tagen kontrastiert.

Aus den so behandelten Polyäthylen-Bruchstücken wurden kleine keilförmige Stücke herauspräpariert und nach Einbettung in Epoxidharz, Epon 812, mit einem Ultramikrotom (Reichert Om U 2) bei Raumtemperatur orientiert geschnitten. Die Orientierung wurde so gewählt, daß die Bruchflächennormale und die ursprüngliche Probennormale beide in der Anschnittfläche lagen und die Probe von der Keilspitze aus angeschnitten wurde.

Die Ultradünnschnitte wurden mit 100-keV-Elektronen in einem konventionellen Transmissions-Elektronenmikroskop (Elmiskop 101) untersucht.

An einigen Bruchoberflächen wurden nach der Kontrastierung auch rasterelektronenmikroskopische Untersuchungen durchgeführt.

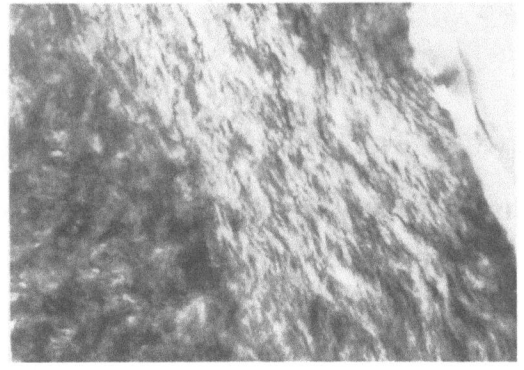

V = 6000

Abb. 1. Übersichtsaufnahme, Bruchverformung in linearem Polyäthylen (Probentyp C)

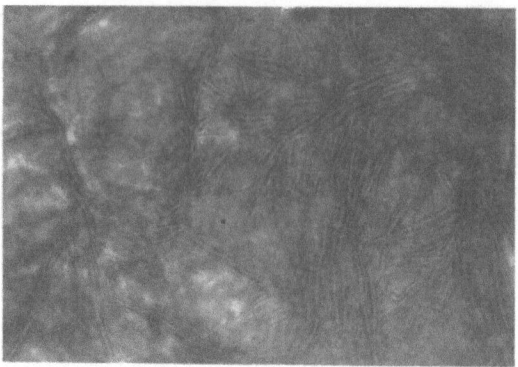

V = 40 000

Abb. 3. Ausgangsgefüge in linearem Polyäthylen (Probentyp C)

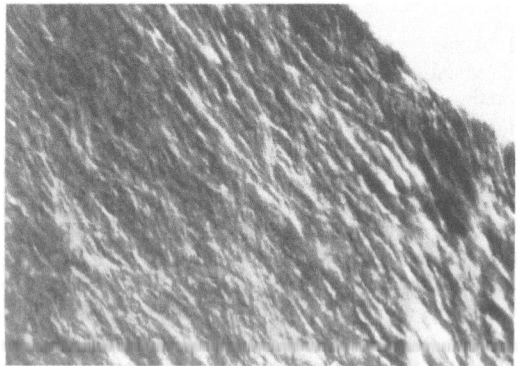

V = 10 000

Abb. 2. Übersichtsaufnahme, Bruchverformung in linearem Polyäthylen (Probentyp A)

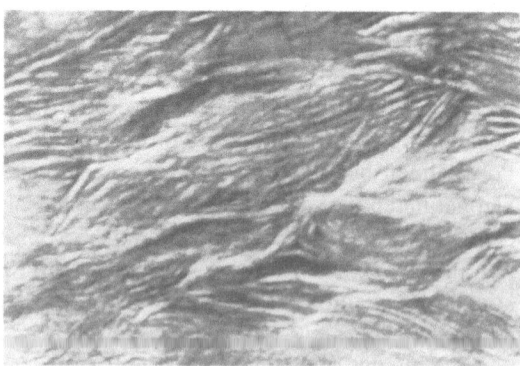

V = 100 000

Abb. 4. Fischgrätartige Anordnung von Kristallamellen in linearem Polyäthylen (Probentyp C)

Ergebnisse

In der Regel brachen die Proben splitternd in mehrere Bruchstücke. Die Brüche verliefen dabei sowohl in bezug auf die Ausgangsgeometrie der Proben als auch auf die angelegten Spannungen mehr oder weniger zufällig, jedoch mit deutlicher Häufung der Orientierung der Bruchflächennormalen parallel zur Probenlängsrichtung.

Elektronenmikroskopisch ließen sich an fast allen untersuchten Bruch-Proben Gefügeveränderungen an der Bruchfläche beobachten. Bild 1 zeigt dies bei kleiner elektronenmikroskopischer Vergrößerung am Beispiel eines gebrochenen Dünnschnitts (Probentyp C). Im Bild ist die Spur der Bruchfläche als Grenze zwischen Probe und Einbettmittel (strukturlos hell) zu erkennen. Daran schließt sich ins Probeninnere ein Bereich mit deutlich verändertem Gefüge an, der in einer Tiefe von hier 7 µm in das Material mit Ausgangsgefüge übergeht. Bild 2 zeigt den gleichen Befund an einer gebrochenen Probe vom Typ A

bei etwas höherer Vergrößerung. Hier hat die veränderte Gefügezone ebenfalls eine Breite von 6,5 bis 7 µm. Man kann in der Bildecke, die der Bruchflächenspur gegenüberliegt, gerade noch den Übergang ins Ausgangsgefüge erkennen. Wie Bild 3 (Probentyp C) belegt, handelt es sich bei dem Ausgangsgefüge um ein ungeordnetes Lamellargefüge. Diese Gefügeausbildung ist charakteristisch für nahezu alle hier untersuchten Probenarten in den unbeeinflußten Gebieten. Lediglich bei den spritzgegossenen Proben (Probentyp B) läßt sich zuweilen eine Ausrichtung der Kristallamellen quer zur Spritzrichtung beobachten. Die Gefügeausbildung in der durch den Bruch beeinflußten Zone ist recht uneinheitlich und wechselt sowohl von Probe zu Probe als auch innerhalb einer Probe von Ort zu Ort. Mitunter scheinen sich auch verschiedene Ausbildungsformen an derselben Probenstelle zu überlagern.

Eine typische Ausbildungsform, die bereits in Bild 2 (Probentyp A) vorliegt und die bei hoher elektronenmikroskopischer Vergrößerung auch

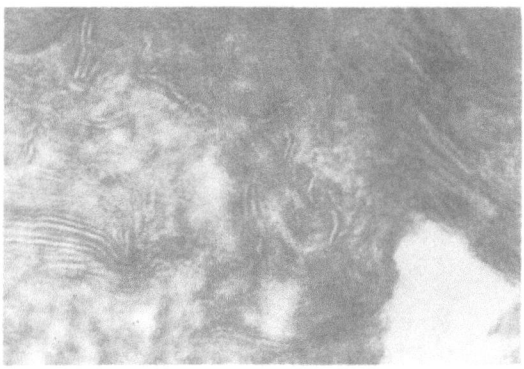

V = 60 000 a V = 100 000

Abb. 5. Ausbildungsformen der Bruchverformung in linearem Polyäthylen (Probentyp C)

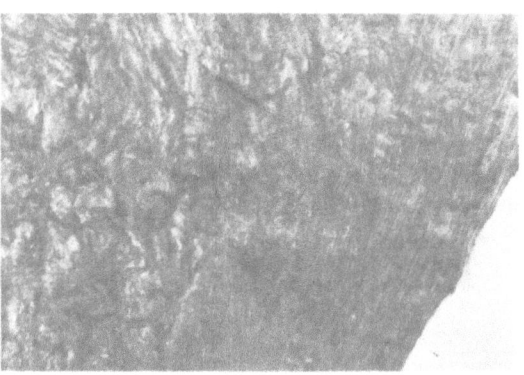

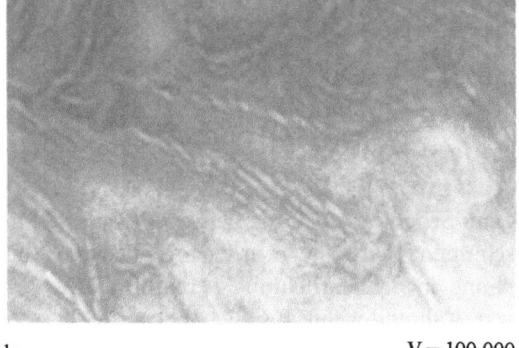

V = 10 000 b V = 100 000

Abb. 6. Übersichtsaufnahme, Scherverformung in linearem Polyäthylen (Probentyp C)

im Bild 4 (Probentyp C) erkennbar ist, ist die fischgrätartige Anordnung der Kristallamellen. Diese Gefügeformation wird gewöhnlich bei verstreckten Fasern (2) und Folien beobachtet.

Weitere charakteristische Ausbildungsformen sind in Bild 5 zu erkennen. Hier ist eine Stelle wiedergegeben, die etwa 2,5 μm unter der Bruchfläche liegt. Bei dem hellen Bereich in der Bildecke handelt es sich um einen Hohlraum, der beim Einbetten mit Epoxidharz gefüllt wurde. Daran anschließend an der Schmalseite des Bildes erkennt man eine ausgerichtete Hell-Dunkel-Streifung, die aber nicht klar wie in dem Ausgangsgefüge (z. B. Bild 3), sondern verwaschen erscheint. Die Auflösungstendenz der Streifung nimmt in Richtung auf die Bruchfläche noch weiter zu. Ins Probeninnere werden die Gefügeelemente etwas klarer erkennbar. So sieht man in Bild 5 z. B. auch ungestörte Lamellenkristalle, aufgebrochene Lamellenstapel und Lamellenbruchstücke, die etwas gegen ihre ursprüngliche Lage gekippt sind.

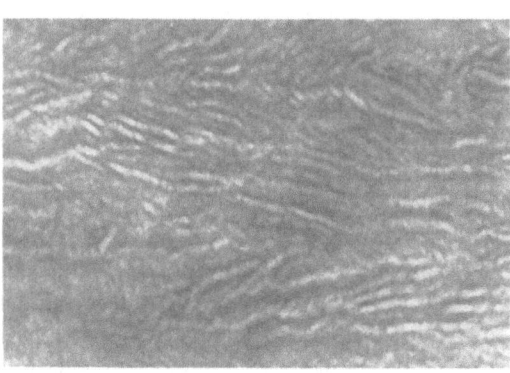

c V = 100 000

Abb. 7 a – c. Typische Ausbildungsformen der Scherverformung in linearem Polyäthylen (Probentyp C)

Zum Vergleich zeigen die Bilder 6 und 7 Gefügeausbildungen, die in Proben gefunden wurden, die vor dem Chlorsulfonieren mit einem Mikrotom bei Raumtemperatur geschnitten wurden. An der Schneidfläche kann man eine Zone mit den gleichen Gefügeformationen wie in Bild 5 erkennen. Wir schreiben diese Gefügeausbildung

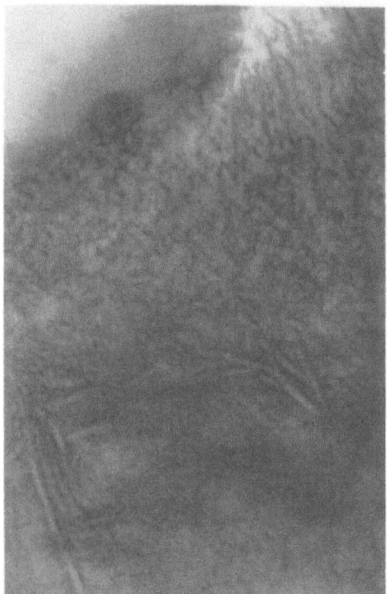

V = 100 000

Abb. 8. Zellularstruktur in linearem Polyäthylen (Probentyp B)

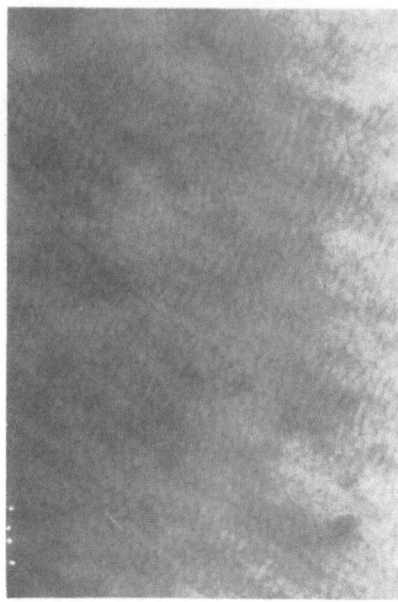

V = 80 000

Abb. 9. Nahezu perfekt ausgebildete Zellularstruktur in linearem Polyäthylen

einer Scherung zu, da sie hauptsächlich in Dünnschnitten beobachtet wurde, in denen die Stauchung in Schneidrichtung verhältnismäßig groß war, während wenig gestauchte Schnitte diese Erscheinung kaum zeigten.

Mitunter konnte in der Bruchzone auch eine zellulare Struktur beobachtet werden. Bild 8 zeigt ein Beispiel für ein derartiges Gefüge, allerdings in wenig perfekter Ausbildung. Zum Vergleich zeigt Bild 9 die entsprechende Morphologie in nahezu idealer Ausbildung. Sie wurde von uns häufig in warmverformten Proben beobachtet und stimmt vollständig mit derjenigen überein, die *Kanig* (3) an kaltverstreckten Proben nach Temperung im eingespannten Zustand gefunden hat.

In einigen Proben konnte unmittelbar an der Bruchfläche keine oder nur eine sehr schmale Zone mit verändertem Gefüge beobachtet werden. Dafür tritt dann aber in einiger Tiefe unter der Bruchfläche ein scharf begrenzter Bereich mit verändertem Gefüge auf. Bild 10 belegt diesen Sachverhalt. Wenn man hier überhaupt von einer Gefügeveränderung an der Bruchfläche sprechen kann, dann erstreckt sich diese Zone höchstens bis in eine Tiefe von 0,25 μm. Deutlich ist aber in einer Tiefe von hier 3 μm ein schmaler Streifen (etwa 0,25 μm breit) mit gestörtem Gefüge zu erkennen. Zwischen der Bruchfläche und diesem Streifen ist das Gefüge nicht verändert. Es ziehen

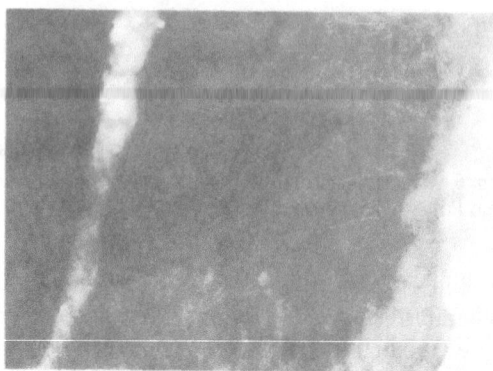

V = 20 000

Abb. 10. Fließzonenbildung in linearem Polyäthylen nach Tieftemperaturbruch (Probentyp B)

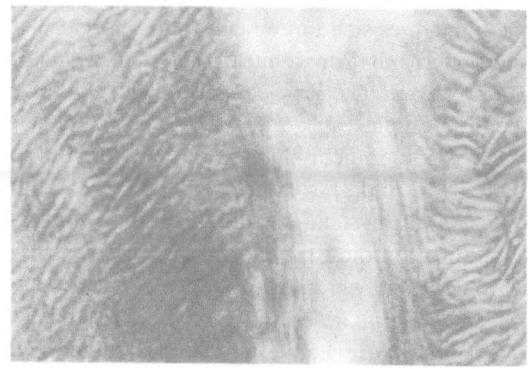

V = 100 000

Abb. 11. Ausbildung der Lamellen in einer Fließzone (lineares Polyäthylen, Probentyp B)

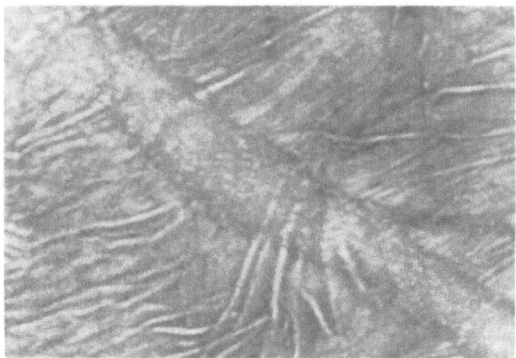

V = 100 000

Abb. 12. Ausbildung der Lamellen in einer Fließzone (lineares Polyäthylen, Probentyp B)

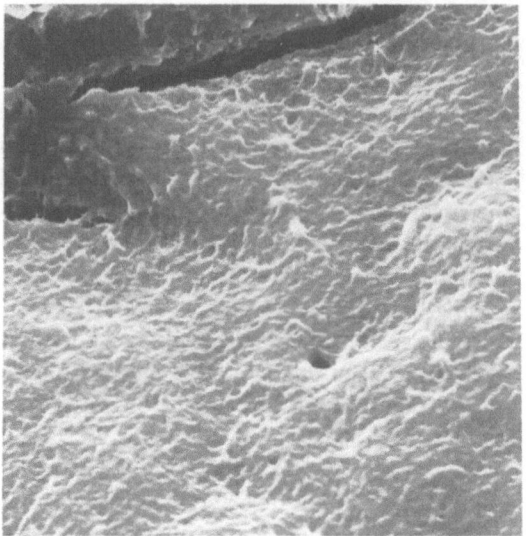

V = 8000

Abb. 14. Bruchfläche mit Mikrozipfeln in linearem Polyäthylen

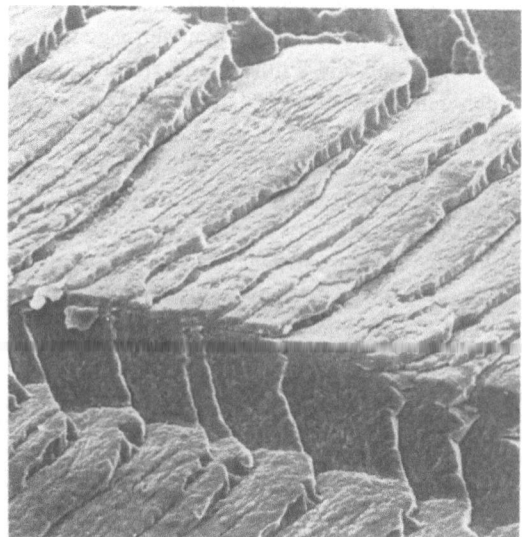

V = 200

Abb. 13. Stufenbruchformationen in linearem Polyäthylen

sich lediglich einige Linien fast senkrecht zur Bruchfläche ins Innere der Probe. Diese Linien sind bisher noch nicht deutbar. Die Bilder 11 und 12 zeigen bei hoher Vergrößerung die Art der Gefügeveränderung in den Bändern mit gestörtem Gefüge. Im Bild 11 erkennt man im Inneren des Bandes eine Ausrichtung der Hell-Dunkel-Kontraste mit geringer Neigung gegen die Bandgrenzen. Diese Morphologie ist mit der Gefügeausbildung an der Schmalseite des Bildes 5 vergleichbar. In Bild 12 wird deutlich, daß dieselben Kristallamellen, die außerhalb des Bandes völlig unbeeinflußt sind, sich in dessen Innerem in Bruchstücke aufgelöst haben. Verglichen mit Bild 7 ist die Bildung von Lamellenbruchstücken hier weiter fortgeschritten.

Das rasterelektronenmikroskopische Bild 13 zeigt Stufenbruchformationen, die bei Polyäthylenen für einen sogenannten „spröden" Gewaltbruch typisch sind. Bild 14 beweist, daß die in der Bruchfläche auftretenden Mikrozipfel hier eine Maximallänge von weniger als 0,5 µm besitzen.

Diskussion

Bei tiefen Beanspruchungstemperaturen (unterhalb der Glasübergangstemperatur T_g) und hohen Belastungsgeschwindigkeiten sind die molekularen Umlagerungsmöglichkeiten in Polymeren stark eingeschränkt. Es ist daher zu erwarten, daß sich eine Probe bei schneller Biegebeanspruchung nach Kühlung in flüssigem Stickstoff spröde verhält. Bei einem eventuellen Bruch wird sich dann nur ein kleines Volumen unmittelbar vor der fortschreitenden Rißfront verformen, während das übrige Material unbeeinflußt bleibt.

Der hier beobachtete splitternde Bruch, der üblicherweise als ein makroskopisches Kriterium für sprödes Verhalten angesehen wird, steht somit im Einklang mit der Theorie.

Bei der Interpretation rasterelektronenmikroskopischer Bilder von Polymerbruchflächen wird unter anderem die Länge der sogenannten Mikrozipfel auf der Bruchfläche gern zur Charakterisierung des Bruchtyps (4) verwandt. Dahinter steht die Annahme, daß die Zipfel etwa ebenso

lang sind, wie das Verformungsfeld in das Material hineinreicht. Zur quantitativen Abgrenzung der Bruchtypen gegeneinander hat man die weitgehend anerkannte Konvention (4) getroffen, bei Zipfellängen von weniger als 1 μm von einem Sprödbruch zu sprechen. Wenn hier also Zipfellängen von weit weniger als 0,5 μm auftreten, also Sprödbruchverhalten vorliegt, steht das in völliger Übereinstimmung mit der theoretischen Erwartung.

Die transmissionselektronenmikroskopischen Ergebnisse zeigen nun aber, daß in den Bruchzonen eine Verformung vorliegt, die deutliche Züge der Zug- und Scherverformung aufweist, ja mitunter sogar die einer Warmverformung (Zellularstruktur). Die Breite der Verformungszone liegt mit 7 μm (Bilder 1 und 2) um mehr als eine Größenordnung über derjenigen, die aufgrund der Zipfellänge aus dem rasterelektronenmikroskopischen Bild geschlossen wurde.

Die theoretische Überlegung, der makroskopische Eindruck und die Deutung der rasterelektronenmikroskopischen Bilder führen zwar zu in sich konsistenten Aussagen. Wie die transmissionselektronenmikroskopischen Ergebnisse beweisen, sind sie hier aber allesamt nicht zutreffend. Bei schneller Biegebeanspruchung von Polyäthylen nach Kühlung in flüssigem Stickstoff wird wesentlich mehr Volumen plastisch verformt als bisher angenommen wurde.

Das überraschende Ergebnis steht vermutlich mit dem Phänomen des „Environmental-Stress-Cracking" (ESC) im Zusammenhang. Unter dem Einwirken von Spannungen können aktive Agenzien in das Innere des Materials gelangen und dort eine erhebliche Entfestigung bewirken. Beim Überschreiten gewisser Grenzwerte führt das zum Bruch (ESC). Es ist bekannt, daß Stickstoff in der Nähe seines Kondensationspunktes in dieser Hinsicht für Polyäthylen ein sehr aktives Agenz darstellt (5).

Auf den ersten Blick scheinen bei unseren Versuchen die Voraussetzungen für ESC nicht gegeben zu sein.

1. Während der Lagerung in flüssigem Stickstoff werden von außen keine Spannungen an die Probe angelegt.

2. Das Aufbringen von Spannungen (Biegen) erfolgte erst nach dem Herausnehmen aus dem Stickstoff.

Berücksichtigt man aber, daß sich beim Eintauchen in den Stickstoff das Material an der Au-

ßenhaut zusammenzieht, wegen der geringen Wärmeleitfähigkeit in Polyäthylen der Probenkern seine ursprüngliche Länge aber vorerst beibehält, wird klar, daß sich allein durch das Abkühlen Spannungen aufbauen. Eine grobe Abschätzung zeigt, daß an der Außenhaut eine Schrumpfung bis zu 4% möglich ist. Unter diesen Bedingungen ist ein Eindringen von Stickstoff in das Material durchaus denkbar. Mit fortschreitendem Temperaturausgleich werden die Spannungen zwar wieder abgebaut, doch sollte die bis dahin eingelagerte Stickstoffmenge ausreichen, daß beim anschließenden Biegen die Voraussetzungen für ESC erfüllt sind.

Die Existenz von unverformten und verformten Bereichen in den Ultradünnschnitten mit größtenteils scharfen Abgrenzungen gegeneinander zeigt, daß die Entfestigung in Polyäthylen unter den hier vorliegenden Versuchsbedingungen nicht an allen Stellen gleich groß ist. Ob hierfür allerdings eine vom jeweiligen örtlichen Stickstoffgehalt abhängige Erniedrigung der Glasübergangstemperatur verantwortlich ist, kann mit Hilfe der bisher vorliegenden experimentellen Ergebnisse ebenso wenig entschieden werden, wie die Frage, ob die Verformung durch die fortschreitende Rißspitze erzeugt wird, oder ob der Riß einer bereits vorverformten Zone folgt. Für die zweite Möglichkeit könnte die Beobachtung der Fließzonen ohne Bruch (Bilder 10 – 12) sprechen, wobei die Fließzonen „crazes" oder zumindest deren Vorstufe äquivalent wären. Zur Klärung dieser Fragen bedarf es jedoch weiterer gezielter Experimente, die auch eine umkehrbar eindeutige Zuordnung von Verformungsverhalten und Gefügeveränderung zulassen.

Zusammenfassung

Probenkörper aus linearem Polyäthylen wurden mit flüssigem Stickstoff gekühlt und durch schnelles Biegen gebrochen. Die Bruchstücke wurde mit Chlorsulfonsäure behandelt und mit Uranylacetat kontrastiert. Nach Einbettung in Epoxidharz wurden Ultradünnschnitte hergestellt. Die Orientierung wurde dabei so gewählt, daß Bruchfläche und Schnittebene senkrecht aufeinanderstehen.

Die Ultradünnschnitte wurden im konventionellen Transmissionsverfahren elektronenmikroskopisch untersucht. Dabei ließen sich in allen Fällen Gefügeveränderungen an der Bruchfläche beobachten, die teilweise bis in eine Tiefe von einigen μm reichen. Zusätzlich wurden in einigen Proben neben der Verformung an der Bruchfläche auch Fließzonen gefunden, die etliche μm in das Material mit unverändertem Ausgangsgefüge hineinreichen.

Dieser an verschiedenen Polyäthylen-Sorten und nach unterschiedlichen Formgebungsverfahren reproduzierbare Befund zeigt, daß zumindest nach schneller Biegebeanspruchung in linearem Polyäthylen auch nach Kühlung im Stickstoff nicht ausschließlich ein Sprödbruchverhalten zu erwarten ist. Es wird versucht, die beobachteten Phänomene mit Hilfe des „Environmental-Stress-Cracking" (ESC) zu deuten.

Summary

Specimens of high density polyethylene were cooled by liquid nitrogen and fractured by fast bending. The fragments were treated by chlorosulfonic acid and stained with uranyl acetate. After being embedded in epoxy resin, ultrathin sections were prepared. A perpendicular orientation between the plane of fracture and the cutting plane was chosen.

The ultrathin sections were examined using a conventional transmission electron microscope (CTEM). In all cases changes in structure could be found in the fracture zone. These changes in structure had sometimes a depth of several μm. In addition, yield zones which extended several μm into the material with mechanically unaffected structure could be found near the fracture surface in a few specimens.

This effect has been found to be reproducible with different kinds of polyethylene and with different methods of preparing the specimens. This demonstrates that brittle fracture is not the only breaking process which occurs with high density polyethylene at liquid nitrogen temperatures. In this paper it will be attempted to explain this observed phenomenon in terms of environmental stress cracking (ESC).

Literatur

1) *Kanig, G.,* Colloid and Polymer Science, **225,** p. 1005 – 1007 (1977).
2) *Kanig, G.,* Progress in Colloid and Polymer Science, **57,** p. 176 – 191 (1975).
3) *Kanig, G.,* Kunststoffe, **64,** p. 470 – 474 (1974).
4) *Engel, L., H. Klingele, J. Ehrenstein und H. Schaper,* Rasterelektronenmikroskopische Untersuchung von Kunststoffschäden, Carl Hanser Verlag (1978).
5) *Brown, N.,* Journal of Polymer Science, Polymer Physics Edition, **11,** p. 2099 – 2111 (1973).

Anschrift der Autoren:
W. Rose, Ch. Meurer
Siemens AG
Zentralbereich Technik
Zentrale Forschung und Entwicklung
FL ALE 2
Postfach 32 40
8520 Erlangen

Progr. Colloid & Polymer Sci. **67,** 175 – 182 (1980)
© 1980 by Dr. Dietrich Steinkopff Verlag GmbH & Co. KG, Darmstadt
ISSN 0340-255 X

Vorgetragen auf der Hauptversammlung der Kolloid-Gesellschaft e.V. in Regensburg,
2. bis 5. Oktober 1979

Fachbereich Physikalische Chemie der Philipps-Universität 3550 Marburg/Lahn, Lahnberge

Dehnungskalorimetrische Untersuchungen an Poly-α-aminosäuren

G. Ebert, G. Knispel, A. Maeda und *F. H. Müller*

Mit 8 Abbildungen und 3 Tabellen

Einleitung

Poly-α-aminosäuren können bekanntlich sowohl in Lösung als auch im festen Zustand in verschiedenen Konformationen auftreten. Dies ist auf die strukturellen Besonderheiten der Monomereinheiten zurückzuführen, wozu insbesondere die relativ starre Carbonamidgruppierung des Polypeptidkettengerüstes sowie die Art der Seitengruppen R gehören (Abb. 1). Je nach Art dieser Reste R kann man nach *Blout* und *Fasman* zwischen α-Helix- und β-Faltblattbildnern unterscheiden (vgl. Tab. 1). Man sieht, daß α-Aminosäuren, die am β-C-Atom eine Verzweigung oder ein Heteroatom wie O oder S aufweisen zur Gruppe der β-Faltblattbildner gehören. Während Polymere dieser Aminosäuren im allgemeinen nur in dieser periodischen Konformation − und natürlich in nichtperiodischen Konformationen − auftreten,

schließt die Zugehörigkeit zur Gruppe der α-Helixbildner nicht aus, daß die betreffenden Polymeren unter bestimmten äußeren Bedingungen auch in der β-Konformation vorkommen. Dies gilt z. B. für das Poly-[L-lysin], das in Lösung bei alkalischen pH-Werten > 11 und erhöhter Temperatur in die β-Konformation übergeht oder z. B. für das Poly-[L-alanin], das im festen Zustand durch Verstrecken zunehmend aus der α-helicalen Konformation in die der β-Faltblattstruktur überführt werden kann. Dieses Phänomen wird auch an natürlich vorkommenden Faserproteinen wie etwa den Keratinfasern beim Dehnen vor allem im feuchten Zustand beobachtet.

Außer in diesen und anderen periodischen Konformationen können Poly-α-aminosäuren naturgemäß auch in nichtperiodischen, sog. „Knäuel"-Konformationen vorliegen.

Tab. 1. Konformation einiger Poly-α-aminosäuren im festen Zustand *) (α_R: rechtsgängige α-Helix).

Substanz	Seitenkette R	Konformation
Poly-[L-alanin]	$- CH_3$	α_R
Poly-[L-leucin]	$- CH_2CH(CH_3)_2$	α_R
Poly-[L-asparaginsäure]	$- CH_2COOH$	α_R
Poly-[L-glutaminsäure]	$- CH_2CH_2COOH$	α_R
Poly-[L-lysin]	$- (CH_2)_4NH_2$	α_R
Poly-[L-methionin]	$- (CH_2)_2SCH_3$	α_R
Poly-[L-valin]	$- CH(CH_3)_2$	β
Poly-[L-isoleucin]	$- CH(CH_3)-CH_2-CH_3$	β
Poly-[L-serin]	$- CH_2OH$	β
Poly-[L-threonin]	$- CH(CH_3)OH$	β
Poly-[L-cystein]	$- CH_2SH$	β

*) Näheres hierüber s. Walton, A.G. und J. Blackwell, Biopolymers, Academic Press New York 1973, S. 372 ff.

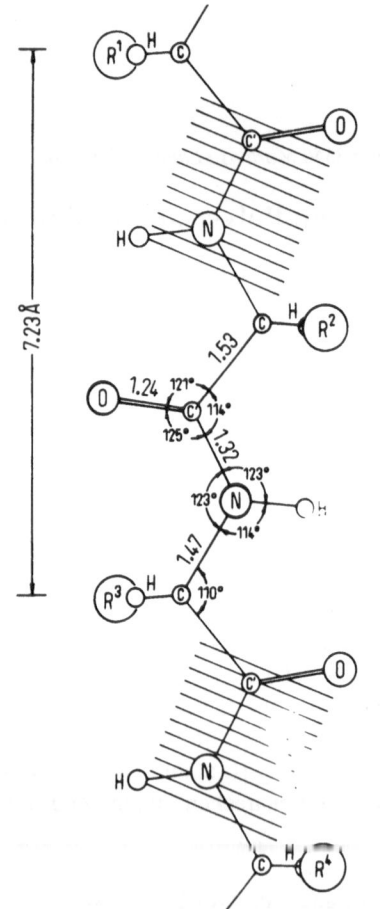

Abb. 1. Ausschnitt aus einer gestreckten Polypeptidkette. Die relativ starren, planaren (äußeren) −NH−CO-Gruppen sind schraffiert, die Seitengruppen sind mit R_1, R_2... bezeichnet. (In der Faltblatt-Anordnung ist die Identitätsperiode von 7,23 Å auf 7,0 Å verkürzt.)

Es ergibt sich nun die Frage, ob die Konformationsänderung etwa von der α- in die β-Konformation, mit einer Änderung der inneren Energie verbunden ist, d. h. also, ob die inneren Energien beider Konformationen verschieden voneinander sind. Theoretische Untersuchungen hierüber liegen von *Hopfinger* (1) vor, der isolierte α-helicale und β-Faltblatt-Moleküle im Vakuum betrachtete. Hiernach soll sich die innere Energie beider um 3,2 kcal unterscheiden. *Birshstein* und *Skvortsov* (2) gehen jedoch davon aus, daß diese beiden periodischen Konformationen dieselbe innere Energie haben.

Ein experimenteller Beitrag zur Klärung dieser Frage erscheint nun möglich durch Untersuchung der kalorischen Effekte beim Dehnen von Fasern und Folien aus Poly-α-aminosäuren, die hierbei einer Konformationsumwandlung unterliegen.

Bei der durch Dehnen bewirkten Deformation einer Probe treten außer der Konformationsänderung und u. U. auch Kristallisation oder Schmelzen auf. Die durch die Kraft F an der Probe geleistete Arbeit A bewirkt bekanntlich eine Änderung der inneren Energie ΔU und eine Wärmeproduktion Q gemäß dem 1. Hauptsatz der Thermodynamik

$$A = \Delta F = \Delta U + Q. \qquad [1]$$

Ist man also in der Lage, die Arbeit und die bei der Deformation der Probe auftretenden Wärmeeffekte Q gleichzeitig zu messen, so kann man damit die Änderung ΔU ermitteln. Wenn man die mit den Konformationsänderungen einhergehenden Energieänderungen bestimmen will, so muß man natürlich durch unabhängige Methoden die Anteile der verschiedenen Konformationen vor und nach der Deformation ermitteln. Dies erfolgte bei den vorliegenden Untersuchungen durch infrarotspektroskopische Messungen. Als Proben wurden dabei zunächst Fasern und Folien aus Poly-[L-alanin] sowie dessen Copolymeren mit S-Carbobenzoxy-L-cystein(S-Cbo-L-Cys) verwendet, worüber an anderer Stelle berichtet wurde (3). Bei diesem handelt es sich, wie bei Cystein und seinen Derivaten im allgemeinen, um einen β-Faltblattbildner und es sollte daher als Keim in einer Sequenz von L-Alaninresten die $\alpha \rightarrow \beta$ Konformationsumwandlung erleichtern. Außerdem wurden Fasern aus Poly-[L-leucin] (PLLeu) und Poly-[γ-methyl-L-glutamat] (PMLG) sowie PMLG-Folien verwendet. Diese sind recht gut dehnbar und können durch Behandeln mit Ameisensäuredampf partiell in die β-Konformation überführt werden.

Experimentelles

Poly-[L-alanin] wurde ebenso wie die Copolymeren mit S-Cbo-Cystein durch thermische Polymerisation der N-Carboxyanhydride hergestellt und aus Dichloressigsäurelösung zu Fasern versponnen. Für die Herstellung von nahezu rein α-helicalen Fasern wurde Wasser von 43 °C als Fällbad verwendet, wobei auf ein Verstrecken der ausgefällten Fäden während des Spinnens verzichtet wurde (4)[1]. Die beim Spinnen im Verhältnis 1 : 2 verstreckten, β-Faltblattstrukturen enthaltenden Fasern wurden in Wasser von 62 °C ausgefällt (4a). Die PLA-Filme wurden aus Dichloressigsäure in Wasser ausgefällt (nahezu vollständig α-helical) und bei Raumtemperatur um 90%, bzw. in Wasser von 75 − 90 °C um 100% ($\alpha + \beta$-Struktur) verstreckt.

[1] Herrn Dr. *R. Zander* sei für die Herstellung und Überlassung der Proben bestens gedankt.

Abb. 2. Oben: Wärmestrom-
kurve beim Dehnen und Entlasten von Poly-[L-alanin]-Fa-
sern. Unten: Kraft *F* als Funktion der Zeit (die schraffierte
Fläche gibt die aufgewandte
Arbeit an).

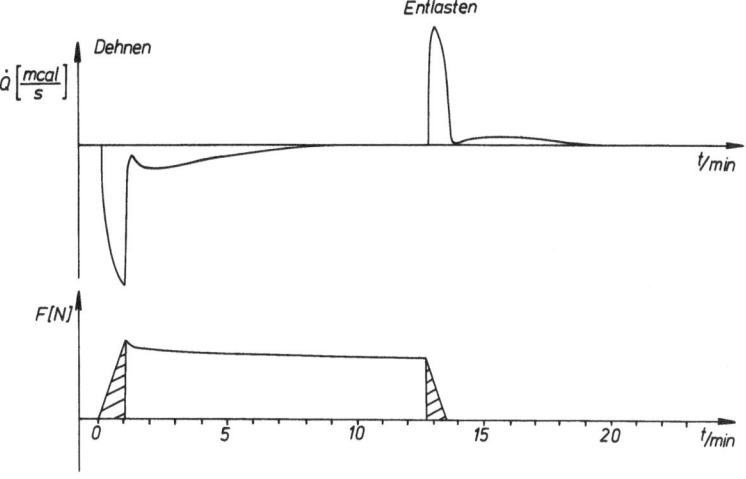

Die Poly-L-Leucin-Fasern wurden uns freundlicherweise von Herrn Prof. *J. Noguchi,* Sapporo überlassen, wofür ihm auch an dieser Stelle bestens gedankt sei.

Poly-[γ-methyl-L-glutamat]-Fasern mit praktisch rein α-helicaler Konformation stammen von Herrn Prof. *R. Sakamoto,* Gifu, dem wir gleichfalls an dieser Stelle vielmals danken.

PMLG-Folien wurden aus einer uns dankenswerterweise von der Fa. Kyōwa Hakkō Kōgyō (Japan) zur Verfügung gestellten Lösung in Dichlorethan hergestellt.

Die Messung der Wärmeeffekte während der Deformation wurde mit Hilfe des von *A. Engelter* und *F. H. Müller* (5, 6) entwickelten Dehnungskalorimeters in der von *D. Göritz* verbesserten Form verwendet (7).

Dabei handelt es sich im Prinzip um ein modifiziertes Gasthermometer mit einer Empfindlichkeit von 10^{-7} cal sec^{-1}. Durch die Erwärmung oder Abkühlung der Probe beim Dehnen wird die Temperatur und damit der Druck eines konstanten Gasvolumens proportional zum entsprechenden Wärmeeffekt verändert. Die auftretende Druckdifferenz zwischen Meß- und Referenzbehälter wird benutzt, um über eine Heizvorrichtung im Referenzgefäß die gleiche Temperatur bzw. denselben Druck einzustellen wie im Probengefäß und somit die Druckdifferenz auf Null abzugleichen. Die Änderung des Heizstroms ist somit ein Maß für die auftretenden kalorischen Effekte bei der Probendeformation. Die hierfür benötigte mechanische Arbeit wird gleichzeitig als Funktion der Zeit registriert. Hinsichtlich der apparativen und methodischen Einzelheiten sei auf die Literatur verwiesen (5 – 7).

Ergebnisse und Diskussion

Die bei der Dehnung der bisher untersuchten Proben von Poly-α-aminosäuren erhaltenen kalorimetrischen Kurven zeigen bei geringen Dehnungen bis zu etwa 1% einen endothermen Peak, bei der Entlastung einen dementsprechenden exothermen (3). Hier liegt demnach ein rein energieelastisches Verhalten vor, das mit einer Abkühlung beim Dehnen verbunden ist. Bei höheren Dehnungsgraden von 2 – 4% wird an Poly-[L-alanin]fasern bei konstant gehaltener Dehnung ein exothermer Peak beobachtet, der den vorangehenden endothermen überlappt, so daß dieser asymmetrisch wird (Abb. 2). Dehnt man auf die gleiche Weise Fasern aus Poly-[L-alanin] oder Poly-[L-leucin], die Dichloressigsäure oder Glyzerin als Weichmacher erhalten, um eine höhere Dehnbarkeit zu erreichen, so zeigen die Proben einen „yieldpoint", bei dem die Probe fließt (Abb. 3). In diesem Fall tritt der o. a. exotherme Peak bereits während des Verstreckens ein, ist deutlicher vom vorangehenden endothermen getrennt und wird anscheinend von einem zweiten exothermen Vorgang überlappt, der am Ende des Fließens und bei konstant gehaltener Dehnung auftritt (Abb. 3). Entlastet man, so beobachtet man ausschließlich einen exothermen Peak, der dem zu Beginn der Dehnung auftretenden endothermen entspricht. Die beim Dehnen auftretenden exothermen Vorgänge sind somit irreversibler Natur, ohne daß hier Aussagen darüber gemacht werden sollen, welcher Art sie sind. Es wurde daher zunächst damit begonnen, die aus der Dehnungsarbeit und der Wärmetönung berechnete Änderung der inneren Energie pro Gramm ($\Delta U/m$) in Abhängigkeit vom Verstrekkungsgrad zu ermitteln (Abb. 4). Dabei nimmt $\Delta U/m$ bis zu 1% Dehnung also im Bereich zumindest partieller energieelastischer Reversibilität nur um 60 – 70 mcal/g zu. Bereits bei Erhöhung des Dehnungsgrades auf 2% wird $\Delta U/m$ jedoch auf ≈ 350 mcal/g bei weichmacherfreien, nicht vorverstreckten Fasern erhöht. Bei den weichmacherhaltigen Poly-[L-alanin]fasern steigt $\Delta U/m$ nur um ca. 200 bzw. 120 mcal/g. Interessanter-

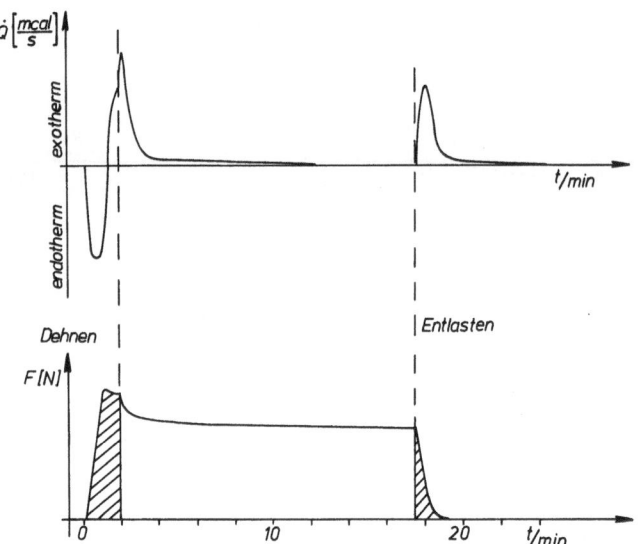

Abb. 3. Oben: Wärmestromkurve beim Dehnen und Entlasten von Poly-[L-alanin]-Fasern, die Dichloressigsäure als Weichmacher enthalten. Unten: zugehörige Kraft als Funktion der Zeit (*t*).

weise ist hingegen bei den Fasern des Copolymeren mit 10% S-Cbo-cystein $\Delta U/m$ mit ≈ 600 mcal/g wesentlich höher. Obwohl in diesen Fällen etwa infrarotspektroskopische Untersuchungen des Gehalts an α,β- und random-Konformation vor und nach der Verstreckung noch ausstehen, so

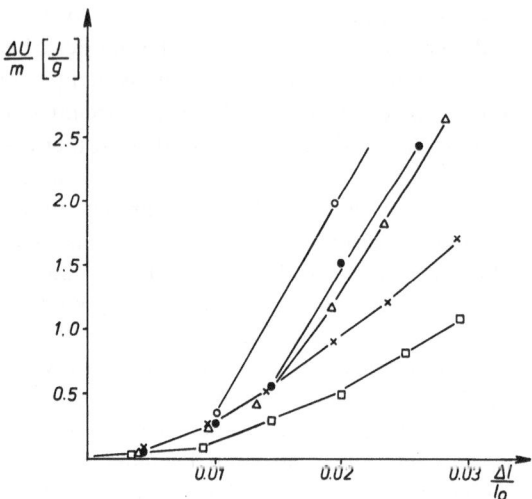

Abb. 4. Innere Energie pro Gramm ($\Delta U/m$) in Joule/g einiger Poly-α-aminosäurefasern als Funktion der Dehnung $\Delta l/l_0$.

● Poly-[L-alanin]fasern, nicht vorverstreckt, frei von Weichmacher

× Poly-[L-alanin]fasern, nicht vorverstreckt, + Dichloressigsäure

△ Poly-[L-alanin]fasern, im Verhältnis 1 : 2 vorverstreckt

□ Poly-[L-alanin]fasern, im Verhältnis 1 : 2 vorverstreckt, + Glyzerin

○ Copoly[L-Alanin, S-Cbo-L-cystein] 90 : 10, nicht vorverstreckt, ohne Weichmacher.

kann man doch vermuten, daß die recht erhebliche Zunahme von $\Delta U/m$ oberhalb von $\Delta l/l_0 = 0,01$ insbesondere bei den Copolymeren durch eine Erhöhung des β-Anteils bedingt wird. Beim Copolymeren scheint die Zunahme von $\Delta U/m$ um ca. 70% gegenüber dem Homopolymeren auf die erwarteten Keimbildungswirkung des S-Cbo-Cys zurückzuführen zu sein. Durch den Weichmacherzusatz andererseits wird offenbar das Abgleiten der Molekülketten aneinander erleichtert und damit die Konformationsänderung vermindert. Dasselbe Verhalten wurde auch bei den während des Spinnens 1 : 2 vorverstreckten Fasern beobachtet: auch hier setzt ein Gehalt an Dichloressigsäure $\Delta U/m$ deutlich herab. Nimmt man die Vorverstreckung bei 75 °C – 90 °C vor, so wird der Anteil an β-Faltblattstruktur wesentlich größer. Die Dehnbarkeit dieser Proben ist recht gering, sie reißen bereits bei 2% Dehnung. Dies könnte auf die durch den hohen Anteil an β-Konformation bedingte erhöhte interchenare Verknüpfung benachbarter Ketten durch Wasserstoffbrückenbindungen zurückzuführen sein, da in diesem Fall Abgleitvorgänge stark behindert sind.

Daß die an den PLA-Proben beim Verstrecken festgestellte relativ erhebliche Zunahme von $\Delta U/m$ anscheinend durch eine Konformationsänderung bedingt ist, wird durch dehnungskalorimetrische Messungen an Poly-[L-leucin]fasern unterstützt. Für diese Untersuchungen dienten einmal beim Verspinnen im Verhältnis 1 : 1,4 vorverstreckte Fasern und zum anderen dieselben Fasern nach 3stündiger Behandlung mit siedendem Dioxan,

Abb. 5. Innere Energie ($\Delta U/m$ in J/g) von α-helicalen PMLG-Folien mit unterschiedlicher Vorverstreckung als Funktion der Dehnung $\Delta l/l_0$.

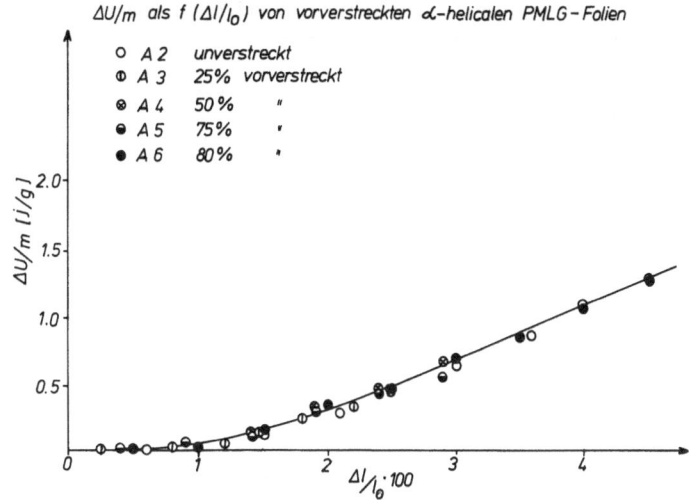

Abb. 6. Summe der inneren Energie von Dehnung und Entlastung (Dehnungszyklus) $S(U_D + U_E) = \Delta U_{res}$ als Funktion der maximalen Dehnung von α-helicalen PMLG-Folien mit unterschiedlicher Vorverstreckung.

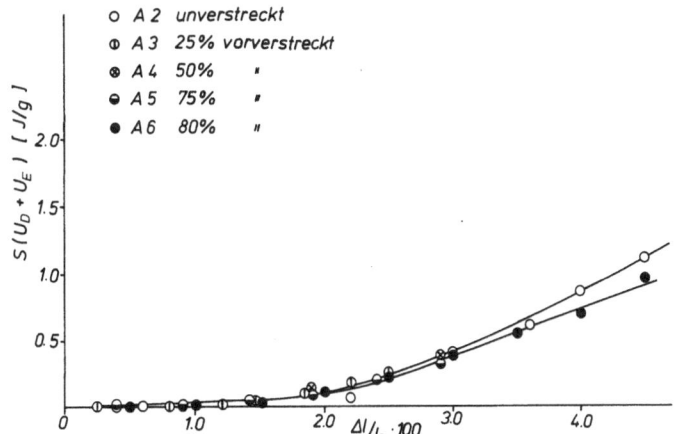

wobei unter Desorientierung der fibrillären Bereiche ein starkes Schrumpfen auftritt. Aufgrund unserer Beobachtungen mittels Röntgenbeugung liegt der Anteil an β-Struktur in beiden Fällen unter der Nachweisgrenze. Andererseits hat ein partieller Helix-Knäuel-Übergang bei der Dioxanbehandlung nicht in merklichem Umfang stattgefunden. Deutlich ist jedoch die Abnahme des Orientierungsgrades aus den Röntgen-Faser-Diagrammen zu entnehmen. An beiden Faserproben − vorverstreckten sowie den geschrumpften − wurde nur eine recht geringe Zunahme von $\Delta U/m$ (0,55 bzw. 1,1 J/g) festgestellt. Es hat somit den Anschein, daß die mit dem Dehnen der Poly-[L-leucin]proben einhergehende Orientierung der α-helicalen Polymermoleküle mit einer nur geringen Änderung von $\Delta U/m$ verbunden ist.

Diese Überlegungen werden durch Messungen an praktisch vollständig α-helicalen Fasern aus Poly-[γ-methyl-L-glutamat] bestärkt. Bis zu 4,5%

Dehnung konnte keine α→β-Umwandlung festgestellt werden und $\Delta U/m$ war − wie Abb. 5 zeigt − recht gering. Diese wird offensichtlich durch die mit dem Dehnen einhergehenden Abgleit- und Orientierungsvorgänge hervorgerufen. Nimmt man die Dehnung in Stufen vor, wobei jeweils um kleine Beträge von 0,2% gedehnt und anschließend entlastet wird, und trägt die Summe der Änderung der inneren Energie $S(U_D + U_E)$ gegen $\Delta l/l_0$ auf, um nur die irreversiblen Anteile von ΔU zu erfassen, so findet man bis 2% Dehnung ein angenähert reversibles energieelastisches Verhalten (Abb. 6). Auch bei $\Delta l/l_0 = 0,04$ beträgt $S(U_D + U_E)$ nur ≈ 1 J/g, im Fall des nahezu vollständig α-helicalen PMLG. Man kann jedoch an PMLG-Fasern bzw. -folien eine weitgehende α→β-Umwandlung von etwa 2% auf 50−64% β-Anteil durch Behandeln mit Ameisensäuredampf − wie aus der Tab. 3 hervorgeht − bewirken. Bei diesen Untersuchungen zeigte sich, daß an rein α-

Tab. 2. Änderung der inneren Energie $\Delta U/m$ (J/g) für eine irreversible Dehnung von $\Delta l/l_0 = 0.01$.

Probe	Konformation	ΔU (J/g)
1. Poly-[L-alanin]-Film vorverstreckt 1:1,9	α	2,1
2. Poly-[L-alanin]-Film vorverstreckt 1:1,9 + DCE	α	1,1
3. Poly-[L-alanin]-Fasern unverstreckt	α	0,95
4. Poly-[L-alanin]-Fasern 1:2 vorverstreckt	$\alpha + \beta$	1,1
5. Poly-[L-alanin]-Fasern 1:2 vorverstreckt + Glyzerin	$\alpha + \beta$	0,6
6. Copoly-[L-alanin-SCbo-L-cys]-Fasern 90:10, 1:2 vorverstreckt	α, wenig β	2,4
7. wie 6, + Glyzerin	α, wenig β	2,4
8. Poly-[L-leucin]-Fasern 1:1,4 vorverstreckt	α, stark orientiert	1,1
9. wie 8, 3^h mit siedendem Dioxan behandelt	α, gering orientiert	0,55
10. Poly-[γ-methyl-L-glutamat]-Fasern	α, gering orientiert	0,5

Tab. 3. Konformation and ΔU_{res} von PMLG-Folien vor und nach Vorverstreckung sowie vor und nach Behandlung mit HCOOH-Dampf (φ_β(IR): aus den IR-Spektren bestimmter β-Strukturgehalt).

Folien Nr.	Behandlung	Konformation (Röntgen-Diagr.)	φ_β(IR)	ΔU_{res}(J/g) ($\Delta l/l_0 = 0,01$)
A1	unverstreckt, unbehandelt		0,02 $\pm$ 0,005	0,49 J/g
A2	unverstreckt, (in Wasser)		0,02	–*)
A3	25% verstreckt (in Wasser)		0,02	–
A4	50% verstreckt (in Wasser)		0,02	–
A5	75% verstreckt (in Wasser)		0,02	–
A6	80% verstreckt (in Wasser)		0,02	–
A12	0% verstreckt, mit HCOOH behandelt	$\alpha + \beta$	0,506	0,45
A13	25% verstreckt, mit HCOOH behandelt	$\alpha + \beta$	0,600	0,45
A14	50% verstreckt, mit HCOOH behandelt	$\alpha + \beta$	0,643	0,47
A15	75% verstreckt, mit HCOOH behandelt	$\alpha + \beta$	0,616	0,85
A16	100% verstreckt, mit HCOOH behandelt	$\alpha + \beta$	0,639	0,94

*) Die bleibende Dehnung ist zu gering, um ΔU_{res} für $\Delta l/l_0 = 0,01$ hinreichend genau zu bestimmen.

helicalen Proben von PMLG zwischen 0 und 80% Vorverstreckung die Änderung $\Delta U/m$ unabhängig vom Vorverstreckungsgrad ist, wie man aus Abb. 6 ersieht. Die Meßpunkte liegen alle auf einer Kurve. Demgegenüber findet man nach Vorbehandlung mit HCOOH-Dampf an den $\alpha + \beta$-Strukturen enthaltenden PMLG-Folien eine sehr deutliche Abhängigkeit vom Vorverstreckungsgrad: je höher dieser ist, umsomehr nimmt $\Delta U/m$ beim Dehnen zu (Abb. 7). Wir vermuten, daß dies durch die starken zwischenmolekularen Wechselwirkungen der β-Faltblattanteile über Wasserstoffbrücken, die die Abgleitvorgänge zumindest behindern, bewirkt wird. An den nicht mit HCOOH-Dampf behandelten α-helicalen Folien ist wie oben erwähnt kein solcher Effekt zu beobachten. Eine Konformationsumwandlung *beim Dehnen* tritt jedoch weder an den unbehandelten noch an den mit HCOOH-Dampf behandelten Proben auf, zumindest konn-

te in dem von uns untersuchten Bereich keine Zunahme an β-Struktur festgestellt werden. Damit ist es zunächst nicht möglich an PMLG eine Bestätigung für den an Poly-[L-alanin] für die Konformationsumwandlung von der nichtperiodischen Konformation in die β-Faltblattstruktur gefundenen Wert von 3,8 kcal/Mol (16 kJ/Mol) zu erhalten. Es müssen daher weitere Messungen an Poly-[γ-methyl-D-glutamat]Folien abgewartet werden, da bei diesen anscheinend eine dehnungsinduzierte Konformationsumwandlung auftritt. Obwohl an PMLG-Fasern und Folien unter den hier angewandten Bedingungen keine dehnungsinduzierte Konformationsumwandlung stattfindet, so sind gerade deswegen die Resultate von Messungen an diesem Polymeren recht interessant. Sie zeigen (Tab. 2, Abb. 7, 8), daß wie bei den Untersuchungen an PLA postuliert, mit steigendem Gehalt an β-Struktur die Werte von ΔU_{res} stark zunehmen, wobei an den um 100% vorver-

Abb. 7. Innere Energie ($\Delta U/m$ in J/g) als Funktion der Dehnung $\Delta l/l_0$ von vorverstreckten PMLG-Folien, die mit HCOOH-Dampf behandelt wurden (β-Strukturanteil > 50%).

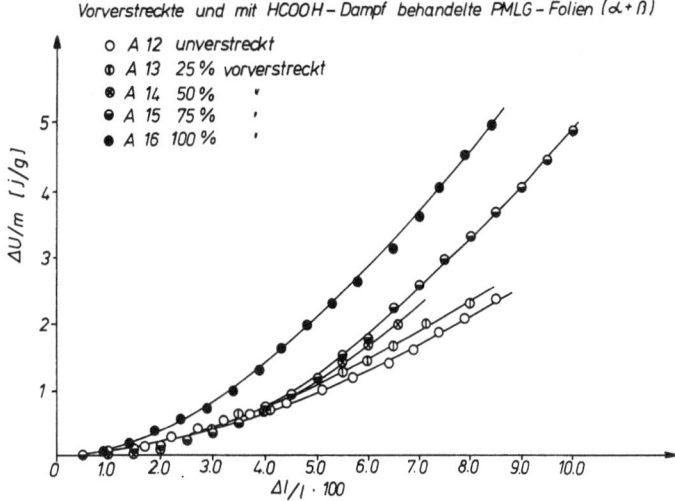

Abb. 8. Summe der inneren Energie von Dehnung und Entlastung jedes Dehnzyklus $S(U_D + U_E) = \Delta U_{res}$ von vorverstreckten und mit HCOOH-Dampf behandelten PMLG-Folien (β-Strukturanteil >50%).

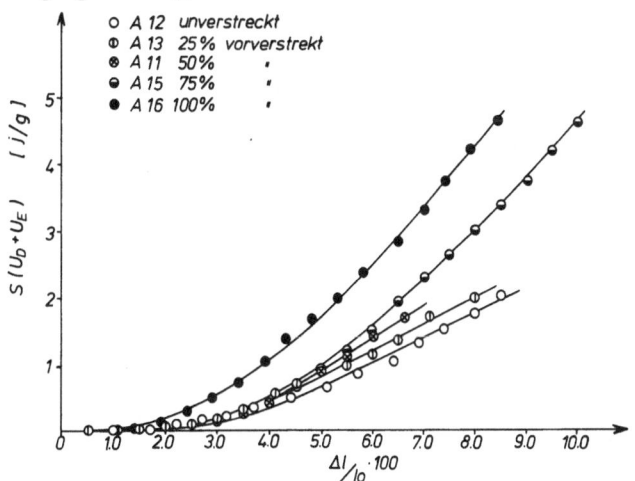

streckten und mit HCOOH-Dampf behandelten Proben (Nr. A 16) der reversible energieelastische Bereich auf 1 − 1,5% Dehnung abgenommen zu haben scheint. Die Dehnbarkeit der Folien hat dabei trotz des hohen β-Gehaltes (s. Tab. 2) von ca. 4 auf etwa 10% zugenommen, während beim Poly-L-alanin ein gegenteiliges Verhalten festgestellt wurde. Es scheint als ob dieser Unterschied darauf beruht, daß bei PMLG die α-helicalen Folien zunächst stark verstreckt wurden, wobei eine Orientierung der Ketten eintritt und erst danach die − partielle − $\alpha \rightarrow \beta$-Umwandlung durch die Ameisensäuredampf-Behandlung erfolgte. Die deutliche Abhängigkeit der ΔU, $\Delta l/l_0$-Kurven von der Vorverstreckung scheint zu zeigen, daß für 1% Dehnung eine höhere Energie infolge der miteinander durch interchenare Wasserstoffbrücken verknüpften Ketten erforderlich ist, je stärker diese orientiert sind. Andererseits geht aus den an α-helicalen PLLeu-Fasern mit unterschiedlichem Orientierungsgrad (vor und nach Behandlung mit siedendem Dioxan (s. Tab. 2)) erhaltenen $\Delta U/m$-Werten hervor, daß an orientierten Proben unabhängig von interchenaren Wasserstoffbrücken eine höhere Zunahme von $\Delta U/m$ beim Dehnen auftritt als bei weniger stark orientierten. Dies ist also offenbar ein allgemeines und auch leicht verständliches Phänomen.

Für die Diskussion dehnungskalorimetrischer Meßresultate an Poly-α-aminosäuren, bei denen zusätzlich dehnungsinduzierte Konformationsumwandlungen auftreten, ist es daher von Bedeutung diese Wärmeeffekte in geeigneter Weise zu berücksichtigen.

Frau *M. Dalir* danken wir für ihre engagierte Mitarbeit bei der experimentellen Durchführung der Messungen und ihrer Auswertung, der Deutschen Forschungsgemeinschaft für die Unterstützung dieser Arbeiten durch Personal- und Sachmittel.

Zusammenfassung

Es wurden die Wärmestromkurven von Poly-[L-alanin] und einigen Copolymeren mit S-Cbo-cystein, Poly-[L-Leucin] und Poly-[γ-methyl-L-glutamat] in Abhängigkeit von der Vorbehandlung untersucht.

Allgemein tritt bei Dehnungen bis $\Delta l/l_0 = 0{,}01$ ein reversibler endothermer, d. h. energieelastischer Peak auf. Bei stärkerer Dehnung werden irreversible exotherme Vorgänge beobachtet.

Die innere Energie ΔU nimmt bei PLA-Fasern, die Glyzerin oder Dichloressigsäure als Weichmacher enthalten, infolge der Dehnung wesentlich weniger zu als bei weichmacherfreien. Fasern eines Copolymeren mit 10% S-Cbo-L-cystein, das möglicherweise die $\alpha \rightarrow \beta$-Konformationsumwandlung als Keimbildner begünstigt, zeigen eine etwa 70% höhere Zunahme von $\Delta U/m$ beim Dehnen oberhalb des rein energieelastischen Bereichs. An PLLeu-Fasern, die praktisch keine β-Strukturen enthalten, wird eine erheblich geringere Zunahme von $\Delta U/m$ beim Dehnen beobachtet. Sie ist bei Fasern, die während des Spinnens verstreckt und damit eine hohe Vorzugsorientierung der Moleküle aufweisen, mit 1,1 J/g doppelt so hoch wie bei den durch Behandlung mit siedendem Dioxan geschrumpften Fasern, deren Moleküle weitgehend desorientiert sind (0,55 J/g). Eine $\alpha \rightarrow \beta$-Konformationsumwandlung wurde an den PLLeu-Fasern beim Dehnen nicht beobachtet.

Das gleiche gilt für Fasern und Folien aus PMLG bei Dehnungen bis zu $\Delta l/l_0 = 0{,}1$. Allerdings kann man durch Behandeln mit HCOOH-Dampf eine recht weitgehende $\alpha \rightarrow \beta$-Umwandlung (> 50%) hervorrufen. Die dehnungskalorimetrischen Messungen ergaben, daß an α-helicalen PMLG-Folien bei Vorverstreckung zwischen 0 und 80% die Zunahme von $\Delta U/m$ unabhängig vom Vorverstreckungsgrad ist. Im Unterschied dazu zeigen verstreckte und danach durch HCOOH-Behandlung partiell in β-Struktur umgewandelte PMLG-Folien eine ausgeprägte Abhängigkeit der Zunahme von $\Delta U/m$ vom Vorverstreckungsgrad.

Summary

Films and fibers of poly-[L-alanine] (PLA) and some copolymers with S-cbo-L-cysteine, poly-[L-leucine] (PPLeu) and poly-[γ-methyl-L-glutamate] (PMLG) were investigated by stretching calorimetry depending on pretreatment.

In general an reversible endothermic (energyelastic) process occurs up to an elongation of $\Delta l/l_0 = 0{,}01$. At higher degrees of elongation irreversible exothermic processes take place.

Considering the change in the internal energy per g ($\Delta U/m$) by stretching we observed a decrease of $\Delta U/m$ in the case of PLA films and fibers by substances like glycerol or dichloroacetic acid acting as a plastifier. Fibers of PLA-copolymers with 10 mole% S-cbo-L-cystein, which probably favours the $\alpha \rightarrow \beta$ transition, show an increase in $\Delta U/m$ of 70% compared with the homopolymer above the energyelastic range.

The increase of $\Delta U/m$ during stretching observed on almost pure α-helical PLLeu-fibers is much lower. It depends however on the degree of orientation of the PLLeu-molecules. Fibers stretched during spinning with a higher orientation of the molecules in the direction of the fiber axis show an increase of $\Delta U/m$ 100% higher than of the same fibers disorientated by treatment with boiling dioxane. A stretching-induced $\alpha \rightarrow \beta$-conformation change was not observed.

Also in the case of PMLG-films no conformation change was observed up to $\Delta l/l_0 = 0{,}1$. However, in an atmosphere of HCOOH an $\alpha \rightarrow \beta$ conformation change occurs to a higher degree (> 50%). Investigating pure α-helical PMLG- samples it was found, that $\Delta U/m$ is independent on the degree of prestretching up to $\Delta l/l_0 = 0{,}8$. On the contrary prestretched and HCOOH-treated PMLG-films show a remarkable dependence of $\Delta U/m$ on the degree of prestretching.

Literatur

1) *Hopfinger, A. J.*, Macromolecules **4**, 731 (1971).
2) *Birshtein, T. M.* und *A. M. Skvortsov*, Biopolymers **15**, 1061 (1976).
3) *Ebert, G., G. Knispel* und *F. H. Müller*, Colloid and Polymer Sci. (im Druck).
4) *Zander, R.*, Dissertation Marburg (L), (1978).
4a) *Werner, W.*, Dissertation, Marburg (L), (1976).
5) *Engelter, A.* und *F. H. Müller*, Kolloid Z. und Z. Polymere **157**, 89 (1958).
6) *Müller, F. H.*, Proc. of the Fifth International Congress on Rheology (Kyoto), Univ. of Tokyo Press, S. 61 (1969).
7) *Göritz, D.*, Dissertation, Marburg (L), (1973).

Anschrift der Verfasser:

Prof. Dr. *G. Ebert*
Fachbereich Physikalische Chemie
der Philipps-Universität
Hans-Meerwein-Str., 3550 Marburg/Lahn

A. Maeda, M. Sc.
z. Zt. (w. o.)

Dr. *G. Knispel*
Bayer AG. Leverkusen

Prof. Dr. *F. H. Müller*
Haselhecke 26, 3550 Marburg/Marbach
(oder FB Phys. Chem. Phillip-Univ.)

Progr. Colloid & Polymer Sci. **67,** 183–184 (1980)
© 1980 by Dr. Dietrich Steinkopff Verlag GmbH & Co. KG, Darmstadt
ISSN 0340-255 X

Lectures during the conference of the Kolloid-Gesellschaft e.V.,
October 2–5, 1979 in Regensburg

CORRECTIONS

"On the Energy-Elasticity of Rubberlike Materials"

Progr. Colloid & Polymer Sci. **66,** 367–375 (1979)

T. Alts

Due to a wrong definition of the specific heat capacity the relations [4.18], [4.19], [5.19], and [6.1] must be corrected.

The right expressions are:

Specific heat capacity c_p in the thermal convective reference configuration:

$$c_p\,(T, P; \varrho_R) = \frac{\partial h}{\partial T}\bigg|_{\substack{p=P\\I_1=I_2=3}} = -\frac{P\,T}{2\,\varrho_R}\frac{d}{dT}\left[\frac{f_0'(T)}{\sqrt{f_0(T)}}\right] + \frac{\partial \hat{\varepsilon}}{\partial T}\bigg|_{I_1=I_2=3}, \qquad [4.18]$$

where $h = \varepsilon + p/\varrho$ is the specific enthalpy;

Entropy and internal energy of thermoelastic materials:

$$\eta = \eta_R + \int_{T_R}^{T}\frac{1}{T'}\,c_p\,(T', P; \varrho_R)\,dT' + \frac{P}{\varrho_R}[\sqrt{f_0(T)} - 1] - \frac{P}{2\,\varrho_R}\left[\frac{f_0'(T)}{\sqrt{f_0(T)}} - \frac{f_0'(T_R)}{\sqrt{f_0(T_R)}}\right]$$

$$-\frac{1}{2\,\varrho_R}\frac{f_0'(T)}{\sqrt{f_0(T)}}\,(p-P) - \frac{1}{2\,\varrho_R}\frac{\partial}{\partial T}\left[\int_3^{I_1}\hat{L}_1\,(T, I_1', I_2; \varrho_R)\,dI_1' + \int_3^{I_2}\hat{L}_2\,(T, 3, I_2'; \varrho_R)\,dI_2'\right], \qquad [4.19]$$

$$\varepsilon = \varepsilon_R + \int_{T_R}^{T}c_p\,(T', P; \varrho_R)\,dT' - \frac{P}{\varrho_R}[\sqrt{f_0(T)} - 1] - \frac{T}{2\,\varrho_R}\frac{f_0'(T)}{\sqrt{f_0(T)}}\,(p-P)$$

$$+\frac{1}{2\,\varrho_R}\left(1 - T\frac{\partial}{\partial T}\right)\left[\int_3^{I_1}\hat{L}_1\,(T, I_1', I_2; \varrho_R)\,dI_1' + \int_3^{I_2}\hat{L}_2\,(T, 3, I_2'; \varrho_R)\,dI_2'\right];$$

Entropy and internal energy for rubberlike materials:

$$\eta = \eta_R + c_p\ln\frac{T}{T_R} + \frac{P}{\varrho_R}\alpha_0\cdot(T-T_R) - \frac{\alpha_0}{\varrho_R}(p-P)$$

$$-\frac{1}{2\,\varrho_R}\left(\frac{f_0^{1/6}}{T_R} + \frac{T}{T_R}\frac{\alpha_0}{3}f_0^{-1/3}\right)[\hat{l}_1^0\cdot(I_1-3) + \hat{l}_2^0\cdot(I_2-3)],$$

$$\qquad [5.19]$$

$$\varepsilon = \varepsilon_R + \left(c_p - \frac{P}{\varrho_R}\alpha_0\right)(T-T_R) - \frac{\alpha_0}{\varrho_R}T(p-P)$$

$$-\frac{T}{2\,\varrho_R}\frac{T}{T_R}\frac{\alpha_0}{3}f_0^{-1/3}[\hat{l}_1^0\cdot(I_1-3) + \hat{l}_2^0\cdot(I_2-3)];$$

Entropy and internal energy for rubber in simple extension:

$$\eta = \eta_R + c_p \ln \frac{T}{T_R} + \frac{P}{\varrho_R} \alpha_0 \cdot (T - T_R) - \frac{1}{2\,\varrho_R} \frac{f_0^{1/6}}{T_R} \left[\mathring{l}_1 \cdot \left(\lambda^2 + \frac{2}{\lambda} - + \mathring{l}_2 \cdot \left(2\,\lambda + \frac{1}{\lambda^2} - 3 \right) \right] \right.$$

$$+ \frac{\alpha_0}{6\,\varrho_R} \frac{T}{T_R} f_0^{-1/3} \left[\mathring{l}_1 \cdot \left(\lambda^2 - \frac{4}{\lambda} + 3 \right) + \mathring{l}_2 \cdot 3 \left(1 - \frac{1}{\lambda^2} \right) \right],$$

$$\varepsilon = \varepsilon_R + \left(\mathring{x}_0 \frac{\partial u}{d} - d_0 \right)(T - T_R) + \frac{\alpha_0 T}{6\,\varrho_R} \frac{T}{T_R} f_0^{-1/3} \left[\mathring{l}_1 \cdot \left(\lambda^2 - \frac{4}{\lambda} + 3 \right) + \mathring{l}_2 \cdot 3 \left(1 - \frac{1}{\lambda^2} \right) \right].$$

[6.1]

These corrections have no influence on the main conclusion of the paper, namely the energy-elastic effect of rubber.

Thorsten Alts
Hermann-Föttinger-Institut
für Thermo- und Fluiddynamik
Technische Universität Berlin
Straße des 17. Juni 135
1000 Berlin 12

Mitarbeiter-Bedingungen · Note to Contributors

Originalbeiträge sind an die folgenden Herren zu senden:

Arbeiten aus dem Bereich der **Polymerforschung** an
    Prof. Dr. F. H. Müller (Bereich Polymere Fachbereich Physikal. Chemie, Marburg/Lahn) Haselhecke 26, 3550 Marburg-Marbach;

Arbeiten aus dem Bereich der **Kolloidchemie** und **Biochemie** an
    Prof. Dr. A. Weiss (Institut für Anorganische Chemie der Universität München) Meiserstr. 1, 8000 München 2;

Die Zeitschrift veröffentlicht nur angeforderte Originalbeiträge zu jeweils einem bestimmten Thema pro Band

Manuskripte sollen in zweifacher Ausfertigung eingereicht werden. Ihr Eiygang wird umgehend bestätigt. Ihr Inhalt muß unveröffentlicht sein. Die Verantwortung für den Inhalt liegt bei den Autoren. Publikationssprachen: Deutsch, Englisch oder Französisch. Jedem Manuskript ist eine Zusammenfassung in deutscher und englischer Sprache beizugeben. Die Typoskripte müssen einseitig und weitzeilig geschrieben sein. Abbildungen sind mit Legenden zu versehen und als klischierfähige Vorlagen einzureichen, wobei die Beschriftung auf einem transparenten Deckblatt anzubringen ist. Formeln bitte deutlich schreiben, insbesondere griechische Buchstaben und Indices! Die Zahl der Abbildungen und Tabellen ist auf das unbedingt Notwendige zu beschränken. Für Literaturangaben gelten die international üblichen Regeln. Die Literatur ist am Schluß der Arbeit zusammenzufassen. – Anstelle eines Honorars erhalten die Autoren insgesamt 75 Sonderdrucke kostenlos, weitere Exemplare auf ausdrücklichen Wunsch gegen Berechnung. – Kosten für nachträgliche Autorkorrekturen, soweit es sich um Textergänzungen in der Druckfahne handelt, werden dem Autor in Rechnung gestellt. – Ausführliche Sonderdrucke der geltenden Mitarbeiterbedingungen sind kostenlos beim Verlag erhältlich. – Nicht den Richtlinien entsprechende Manuskripte werden zurückgesandt.

Der Verlag erwirbt mit der Annahme des Manuskriptes das ausschließliche Recht der Vervielfältigung, gewerbsmäßigen Verbreitung, Übersetzung und Verwendung für fremdsprachige Ausgaben der in dieser Zeitschrift erscheinenden Beiträge. Gleichzeitig überträgt der Autor gemäß § 54 URG dem Verlag auch das Recht, die Herstellung von photomechanischen, xerographischen oder sonstigen Vervielfältigungen seines Beitrages oder eines Teils desselben nach Maßgabe des zwischen der Verwertungsgesellschaft Wissenschaft GmbH (ehemals Inkassostelle für urheberrechtliche Vervielfältigungsgebühren GmbH) und dem Bundesverband der Deutschen Industrie sowie anderen Verbänden abgeschlossenen Gesamtvertrages vom 15. 7. 1970 zu genehmigen. Diese Genehmigung bezieht sich auf die Herstellung von derartigen Vervielfältigungen in gewerblichen Unternehmen zum innerbetrieblichen Gebrauch. Das Abkommen sieht vor, daß 50% des Reinerlöses zugunsten eines Urheberfonds verbucht werden. Die Weitergabe von Vervielfältigungen, gleichgültig, zu welchem Zwecke sie hergestellt wurden, ist verboten und als Urheberrechtsverletzung strafbar.

Die Wiedergabe von Gebrauchsnamen, Handelsnamen, Warenbezeichnungen usw. in dieser Zeitschrift berechtigt auch ohne besondere Kennzeichnung nicht zu der Annahme, daß solche Namen im Sinne der Warenzeichen- und Markenschutz-Gesetzgebung als frei zu betrachten wären und daher von jedermann benutzt werden dürften.

The authors are requested to submit their **manuscripts** to the following Editors:

Contributions on **Polymer Science** to

Contributions on **Colloid Science** and **Biochemistry** to

This journal will publish original contributions only on request by the editors covering the special scope of each volume.

Manuscripts should be submitted in duplicate and should contain original work as yet unpublished elsewhere. Their receipt will be acknowledged promptly. Authors are fully responsible for the contents of their contributions. Publications languages: English, French or German. Each manuscript should include a summary in English and German. All manuscripts should be double-spaced, typed on one side only. Illustrations and drawings should be made carefully, with India ink on white drawing paper, blue tracing linen or coordinate paper ruled in blue only. Lettering at the sides of graphs may be pencilled in and will be typeset. Legends must accompany the drawings. Formulas, symbols and Greek letters should be carefully made and annotated and subscripts and superscripts clearly shown. The number of figures and tables should be held to a minimum. The list of references should be written on a separate page. It is recommended that abbreviation of the titles of the Journals be made in conformity with **Chemical Abstracts** (see List of Periodicals, 1961).

Authors will receive 75 reprints of their contribution free of charge and may order an additional number at cost. Authors making elaborate alterations and additions in proof will be required to bear the costs thereof. More detailed instructions to the authors can be obtained from the publisher free of charge. Manuscripts which do not conform with the above guidelines will be returned to the authors.

By accepting the manuscripts the publisher acquires the sole right of reproducing, selling, translating and using it for foreign language editions. The author also gives the publisher the right of photostating, xerographing and otherwise reproducing the paper or part of it in accordance with § 54 German Copyright Law (URG) and the Agreement of the Verwertungsgesellschaft Wissenschaft GmbH (formerly Inkassostelle für urheberrechtliche Vervielfältigungsgebühren GmbH) and the Bundesverband der Deutschen Industrie and other similar institutions of July 15, 1970, respectively. This permission includes reproduction by an industrial organization for internal use only. The Agreement cited above provides that 50% of the net profit is to be paid into the account of a Copyright Fund. The distribution of any reproduced material to other persons or institution is prohibited and will be prosecuted as a violation of the copyright laws.

The reproduction of brand names, trade names, trade marks etc. in this journal should not be interpreted to mean that such names are not covered by the Trademark and Tradename laws, and that they can be used freely.

Geschäftliche Bedingungen · Note to Subscribers

Erscheinungsweise:
Zwanglos nach Bedarf in Bänden verschiedenen Umfangs.

Bezugspreis dieses Bandes:
DM 120,— plus Porto.
Bezieher der Zeitschrift „Colloid and Polymer Science" erhalten den Band automatisch im Rahmen ihres Abonnements mit 20% Nachlaß.
Die Zeitschrift wird automatisch zur Fortsetzung weitergeliefert, sofern nicht vier Wochen vor Jahresende eine Abbestellung vorliegt.

Photokopier-Wertmarken:
Für jedes Photokopierblatt eines Beitrages oder Beitragsteiles aus dieser Zeitschrift ist eine Wertmarke von DM –,40 zu verwenden, erhältlich bei der Inkassostelle für urheberrechtliche Vervielfältigungsgebühren GmbH, VG Wort, Abt. Wissenschaft, Goethestr. 49, 8000 München 2.

Verlag, Copyright und Anzeigenverwaltung:
Dr. Dietrich Steinkopff Verlag GmbH & Co. KG, Postfach 11 10 08, 6100 Darmstadt 11, Telefon (Phone): (0 61 51) 2 65 38/9 – Postscheckkonto (Postal Account) Frankfurt/Main 956 97-607 – Bank (Bankers): Deutsche Bank Darmstadt No. 026 0117. Foreign subcribers are advised to pay by cheque.

Frequency of Publication:
Irregularly in volumes of different size.

Subscription rate of this volume:
DM 120,— plus postage.
Subscribers to "Colloid and Polymer Science" will receive this volume additionally with a 20% discount.
The subscription will be extended automatically for unless there is a cancellation received four weeks before the end of each year.

Photostat-Stamps:
Each photostat-sheet of an article or part of an article published in this journal must show a stamp of DM –,40, which may be obtained by the Inkassostelle für urheberrechtliche Vervielfältigungsgebühren GmbH, VG Wort, Abt. Wissenschaft, Goethestr. 49, 8000 München 2.

Publisher, Copyright and Advertising Manager:

Titel-Abkürzung:

Abbreviation of Title:

Progr. Colloid & Polymer Sci.